水辺の生物多様性保全に向けて

とりもどせ！
琵琶湖・淀川の原風景

西野麻知子 編著

現在の琵琶湖・淀川水系地形図
地図は、国土地理院発行の数値地図 50m メッシュ（標高）日本－Ⅲ を使用して作成

❶ 幾何補正した米軍撮影の大中の湖、西の湖等周辺写真（1945年撮影：米国立公文書館所蔵、㈶日本地図センター調整）
❷ 幾何補正した西の湖の航空写真（2006年撮影）

❶ 現在の城北ワンド群（淀川河川事務所撮影）
❷ 三川合流点から桂川（左）、宇治川（中央）、木津川（右）を望む。宇治川と木津川にはさまれた地域が巨椋池干拓地（旧巨椋池）

1 原野環境の例

2 湖畔林と河畔林

❶ ヤナギを主体とする湖畔林の一例(安曇川デルタ、高島市)。下層にはノウルシ群落が成立している
❷ コブシを交える河畔林の一例(知内川、高島市)

❶ 鵜殿(淀川河川敷、高槻市)
❷ 西の湖(近江八幡市)
❸ 安曇川デルタ(琵琶湖岸、高島市)

3 琵琶湖に生育する海浜植物

❶ タチスズシロソウ(近江中庄浜、高島市)
❷ ハマゴウ(マイアミ浜、野洲市)

1 寒地性の稀少植物

❶ ヤナギトラノオ（曽根沼、彦根市）
❷ ツルスゲ（西の湖、近江八幡市）
❸ オニナルコスゲ（曽根沼、彦根市）

2 湧水の豊富な農業水路

3 オニビシの種をつけたコハクチョウ

胸のあたりの黒い点がオニビシの種子（琵琶湖岸、長浜市）

❶ ナガエミクリの繁茂する水路（安曇川デルタ、高島市）
❷ バイカモの繁茂する水路（高島市マキノ町）

4 竹生島の植生図経年変化

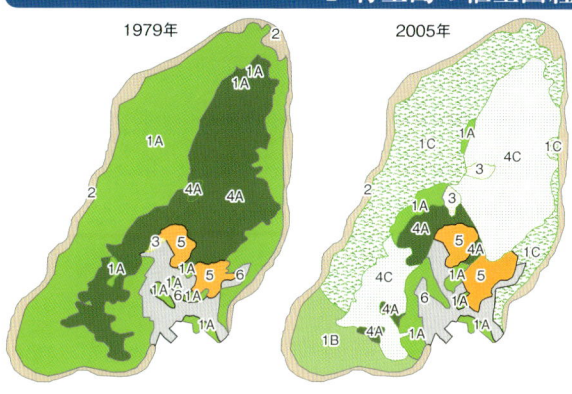

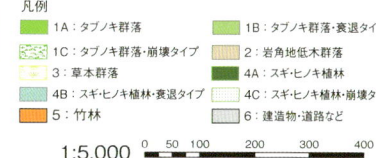

1979年と2005年の空中写真をもとにGISによって作成された竹生島の植生図（前迫，未発表）

1　琵琶湖の遺存固有種（左側）と大陸産近縁種（右側）

❶ ワタカ　❷ カワヒラ（韓国・漢江産）
❸ ハス　❹ コウライハス（韓国・洛東江産）

2　シーボルトが琵琶湖から持ち帰った淡水魚

左側はシーボルト標本（オランダ王立ライデン自然博物館所蔵）、右側は鮮魚または活魚（琵琶湖・淀川水系産）
❶❷ ゲンゴロウブナ　❸❹ ニゴロブナ　❺❻ アユモドキ

1 淀川の代表的魚貝類

❶ 二枚貝に産卵しようとする淀川のシンボルフィッシュ・イタセンパラ（左：メス、右：オス）
❷ 西日本を代表する日本固有種カワバタモロコ　❸ 水底をはうイシガイの幼貝
❹ イチモンジタナゴ

2 1970～1980年代の改修によって大きく変化した淀川河道内の環境

摂津市（右岸）－守口市（左岸）～高槻市（右岸）－枚方市（左岸）の同一区間（国土地理院撮影）

1 導水によるヨシ原の回復状況

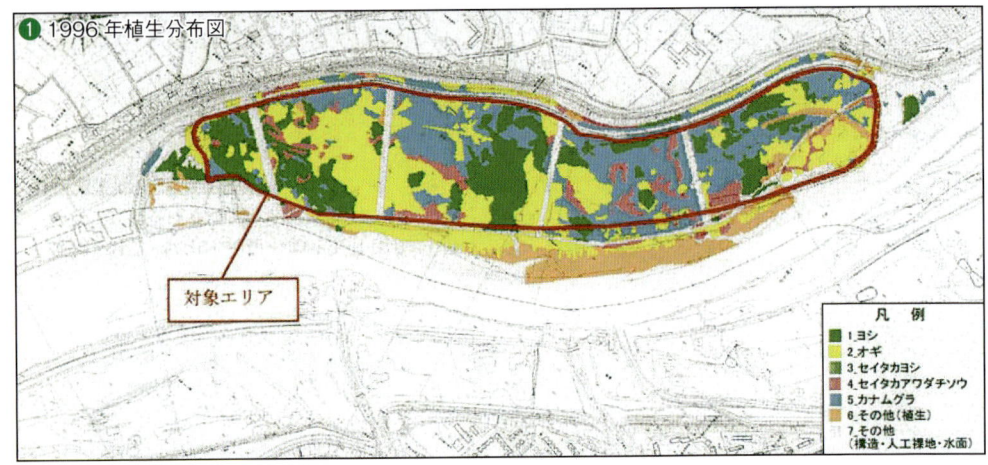

❶ 1996年植生分布図

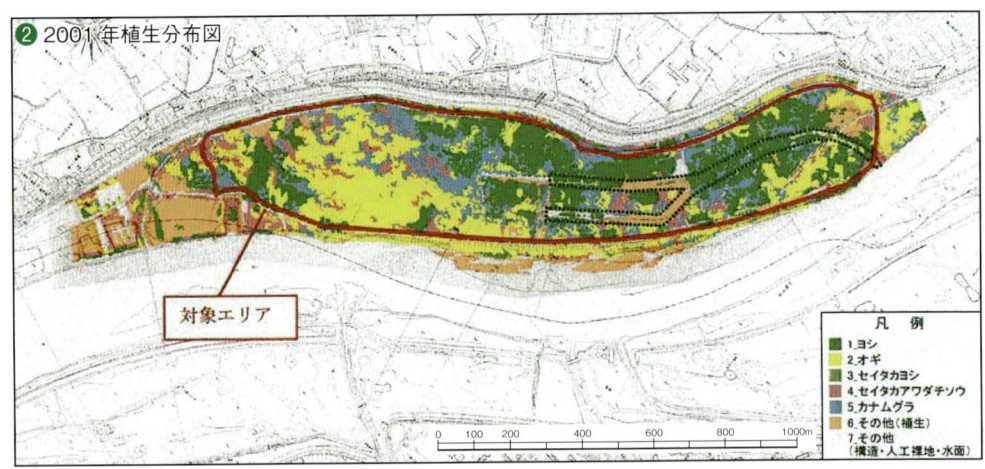

❷ 2001年植生分布図

図からわかるように、導水を開始してから水路の周囲がヨシを示す凡例に変わっている

2 枚方付近の変遷

❶ 1968年

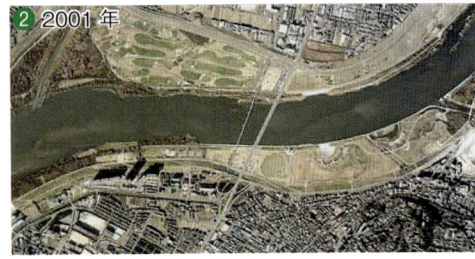

❷ 2001年

とりもどせ！琵琶湖・淀川の原風景
水辺の生物多様性保全に向けて

西野麻知子 編

SUNRISE

はじめに

　原風景とは、心象風景のなかで原体験を想起させるイメージのこと（広辞苑）ですが、いつ、どこの、どのような風景のイメージかは人によって様々です。しかし、過去のある時点での風景を成り立たせていた地形や地質、植生、そこで暮らしていた生き物達は確実に存在し、人々の心象風景に大きな影響を与えていたはずです。

　本書のタイトルにある琵琶湖・淀川水系の原風景とは、かつて本水系のあちこちでごく普通にみられたであろう地形や地質、生き物達の姿形(すがたかたち)をさしています。本書では、それらを過去の地図や、航空写真、生物標本や現在の生物分布などにもとづきながら、再構築を試みました。その過程で、かつての琵琶湖・淀川水系では、琵琶湖周辺に広がっていた内湖、今は干拓で消失してしまった巨椋池、そして淀川周辺に3大湿地帯が広がっており、多くの動植物がそれらの湿地帯を利用していたことが浮き彫りになってきました。

　そこで、まず1章では、琵琶湖・淀川水系の歴史的変遷と生物相の特性およびその現状と変遷について概観しました。2章では、本水系の植物相に注目し、氾濫原に特有の貴重植物とその分布特性、氾濫原に生育する広分布種であるヨシの遺伝的多様性の現状と保全、水鳥による植物の種子散布の効果、

および本水系に広く分布するタブノキ林の現状と保全について最新の研究成果を紹介しました。

　3章では、琵琶湖・淀川水系を特徴づける淡水魚の由来と現状について紹介し、琵琶湖周辺内湖や淀川本来の魚類相とその現状および今後の保全・回復の方向性について詳述しました。

　一方、かつての3大湿地帯で繰り広げられたであろう自然のいとなみを取り戻すには、人間の側からの働きかけが不可欠です。そのためには、科学的根拠にもとづき、効果を検証しながら保全・再生のための活動を進める必要があります。そのため4章では、市民や行政など、様々な主体によって進められてきた本水系の環境保全や自然再生の取り組みの現状と課題について紹介しました。これらの試みはまだ始まったばかりであり、様々な課題を抱えています。しかし新たな芽であることは確かです。これらの芽が成長し、林や森に育つには、さらなる社会的な広がりが求められます。

　本書によって、琵琶湖・淀川水系を特徴づける湿地環境が保全・再生され、水系本来の生物多様性がとり戻される一助となれば幸いです。

西野麻知子

CONTENTS

はじめに

1章　生物多様性からみた琵琶湖・淀川水系
- 1-1　地史・地形からみた琵琶湖・淀川水系 ……………………………… 8
- 1-2　琵琶湖・淀川水系の生物多様性 ……………………………………… 24
- 1-3　生存を脅かされる琵琶湖・淀川水系の在来生物 …………………… 40
- **コラム**　明治時代地形図からみた湖岸地形の変化　61

2章　琵琶湖・淀川水系の植物
- 2-1　植物からみた琵琶湖・淀川水系の特性 ……………………………… 68
- 2-2　原野・準原野の植物と寒地性植物 …………………………………… 81
- 2-3　地形と貴重植物 ………………………………………………………… 86
- 2-4　ヨシ原保全：何に配慮すべきなのだろうか？ ……………………… 96
- 2-5　水鳥による水生植物の運搬機能と湿地保全 ………………………… 110
- **コラム**　「東アジア・オーストラリア地域フライウェイ・パートナーシップ」
  　　　湿地のネットワークを守る国際的枠組み　119
- 2-6　琵琶湖が育む照葉樹林：タブノキ林とその保全 …………………… 121

3章　琵琶湖・淀川水系の魚介類
- 3-1　琵琶湖の淡水魚のルーツ ……………………………………………… 134
- 3-2　内湖の"原風景"を知る—標本を用いた魚類相の復元— ………… 152
- 3-3　在来魚と外来魚の繁殖環境の違い：西の湖の事例から …………… 166
- 3-4　淀川の原風景：ワンド・タマリと魚貝類 …………………………… 185
- **コラム**　シーボルトが持ち帰った琵琶湖の淡水魚　147

4章　とりもどせ！琵琶湖・淀川の原風景

- 4-1　ヨシ保全と住民との関わり　202
- 4-2　市民による琵琶湖の自然再生　213
- 4-3　外来魚が侵入しにくい環境構造　224
- 4-4　コイ・フナ類の産卵に配慮した琵琶湖水位操作の試み　231
- 4-5　琵琶湖と田んぼを結ぶ取り組み　241
- 4-6　魚のゆりかご水田　248
- 4-7　淀川での自然再生の取り組み　254
- 4-8　桂川におけるアユモドキの保全　262

引用文献

あとがき

執筆者一覧

1章
生物多様性からみた琵琶湖・淀川水系

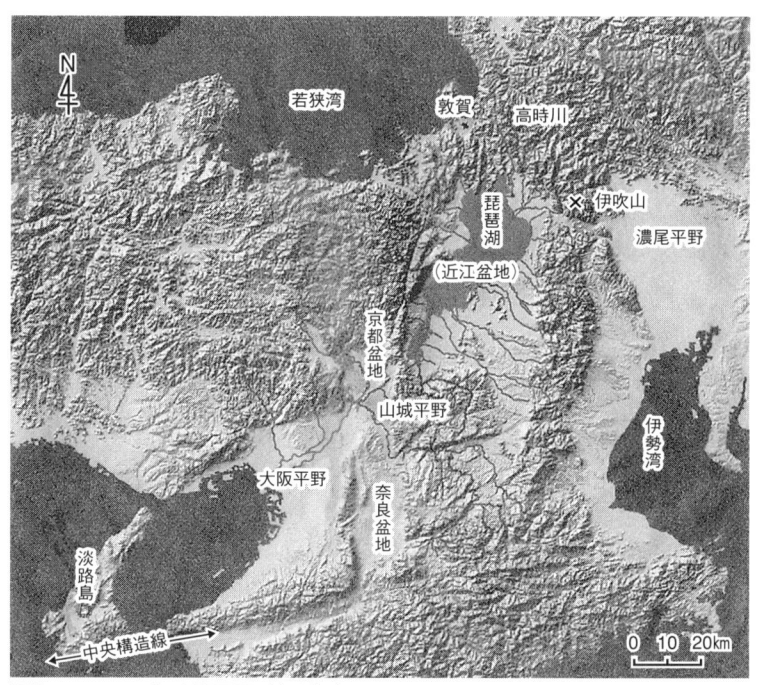

近畿トライアングルと琵琶湖・淀川水系

1-1　地史・地形からみた琵琶湖・淀川水系

1.　近畿トライアングル

　福井県敦賀付近を頂点に、東は伊勢湾、西は淡路島を結んだ線、そして和歌山を東西に横切る中央構造線に囲まれた三角形の地域を近畿トライアングルとよぶ（Huzita, 1962）。この地域は、日本列島の中でも特に活断層が集中する地域である。その中央付近に、琵琶湖を含む近江盆地、京都盆地、大阪平野および奈良盆地がほぼ連続した低地群として広がっている（1章扉）。これら盆地や平野を囲む山々はほぼ1000m級で、最も高い伊吹山でも標高1377mである。この近畿トライアングルに囲い込まれたような形で、琵琶湖・淀川水系の川は、あたかも血管のように、これら盆地や平野の間を縫うように、繋ぐように流れている。

　琵琶湖・淀川水系の幹川である瀬田川―宇治川―淀川の流程はのべ75.1km、河川勾配は淀川大堰上流で1/4700～1/2000、宇治川で1/2900～1/640と、日本の河川の中では緩やかな部類に入る（図1-1-1）。しかも急勾配なのは瀬田川とそれに続く宇治川の一部だけで、宇治川も、峡谷を抜けて平等院をすぎ、山城平野に入るあたりからぐっと流れが緩やかになる（写真1-1-1）。今から数十年前には、宇治川のすぐ下流に約8km²もの湖、巨椋池が広がっていた。

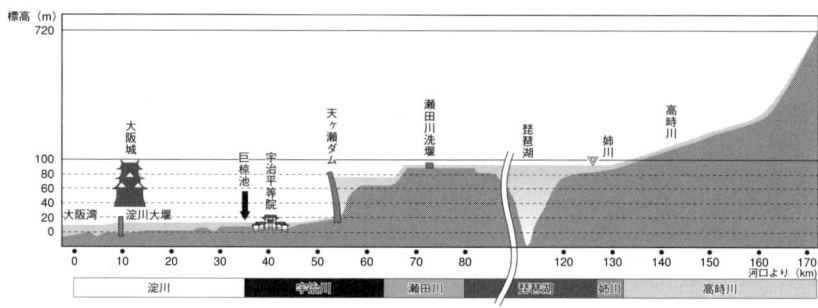

図1-1-1　高時川―姉川―琵琶湖―瀬田川―宇治川―淀川の河川勾配（淀川河川事務所HPに巨椋池の位置を追加）

1章　生物多様性からみた琵琶湖・淀川水系

写真1-1-1　天ヶ瀬ダム直下から平等院、山城平野を望む（2008年7月28日撮影）

巨椋池の平水位は大阪湾中等水位＋11.42m、平均水深は1mそこそこであったから、そこから淀川本川を経由して大阪湾までの約36kmにわたる流程の標高差はわずか10mほどしかない。淀川は、文字どおり水が澱む川（澱川）であった。

2．淀川とその河口

琵琶湖は地殻変動によって生じた構造湖で、古琵琶湖を含めると約400万年、現在の琵琶湖が形成されてからでも40数万年という古い歴史を有する（琵琶湖自然史研究会, 1994；Meyers *et al.*, 1993）。一方、淀川の歴史は、琵琶湖と比べて極めて新しい。約7000年前の縄文海進＊では、現在の淀川河口から約22km上流の桧尾川付近まで河内湾（海）が入り込み、湾口には上町台地から現在の大阪城付近にまで砂堆＊が延びており、淀川本川の大部分は海中に没していた（図1-1-2a）。

その後、海水面が下がるとともに、上町台地の砂堆が発達して北上したため、河内湾は閉塞し、淡水化して河内潟（汽水）となった（図1-1-2b）。弥生時代には、淀川や大和川から運ばれた土砂が堆積して面積がさらに縮小して河内湖（淡水）となり、江戸時代中期まで大小の沼沢地として残った。

縄文海進：縄文時代に日本周辺で生じた海水面の上昇のこと。現在より3～5m高かったといわれる。
砂堆：比較的浅い海（湖）底上の砂州・微高地。

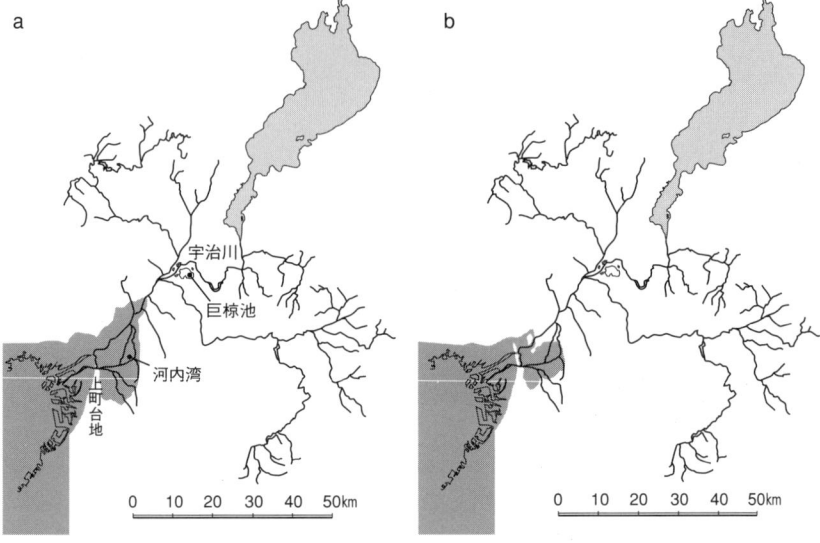
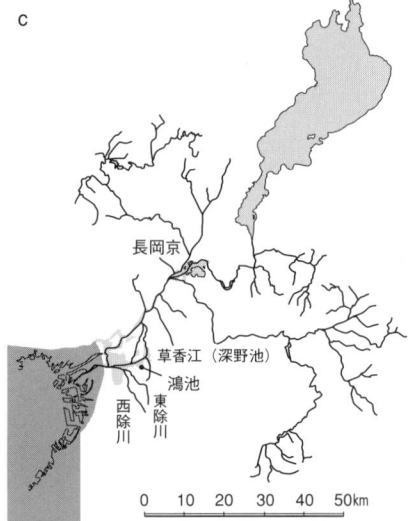

図1-1-2 現在の琵琶湖・淀川水系の地図（巨椋池は干拓前の地形）にa（約7000年前）、b（約3000年前）、c（5世紀頃）の水面（梶山・市原,1986による）を重ね合わせた図

濃い網かけ部分は海面、薄い網かけ部分は淡水を表す。aでは琵琶湖水位は現在より数m低く、巨椋池はまだ出現していない。琵琶湖周辺内湖は形状が不明のためa、b、cでは省いた。bでは巨椋池は出現していたが、形状が不明のため省いた。cの巨椋池の形状は巨椋池土地改良区（2001）による。

仁徳天皇(5世紀)の時代に修築された茨田堤は、これら低湿地を淀川の洪水からまもるための工事であった(小出, 1978)。その頃の淀川は、少なくとも河口から約22kmにわたって自然堤防※と氾濫原※が広がっていたと考えられている(梶山・市原, 1986)。

淀川の流路を辿ることができるようになるのは、5世紀頃からである。当時の淀川は南北2つの流路に分かれ、南側の流路には河内湖の名残である草香江(深野池)や鴻池(新開池)が広がり、そこに大和川が分流しながら合流し、その下流部で北側の流路と西除川、東除川が合流するなど、複雑な流路となって大阪湾に流入していた(図1-1-2c)。これら流路の河川勾配が極めて緩やかであったため、古代の水上交通(舟運)にとって格好の条件を備えており、日本の古代史を彩る奈良・平安時代の都は、すべて大和川を含めた琵琶湖淀川水系沿いに立地していた(松浦, 2000)。

しかし上流の琵琶湖からの水が宇治川、巨椋池を通じ、また木津川、桂川、さらには大和川までもが淀川に流入していた。そのため、古代より淀川周辺では洪水による氾濫がしばしば起こっていた。記録に残る淀川の洪水は飛鳥時代(623年)に始まり、約1350年の間に大小合わせて220回、平均して6年に1度はどこかで洪水被害が発生していた計算になる(鉄川ほか, 1981)。そのため茨田堤をはじめ、785年

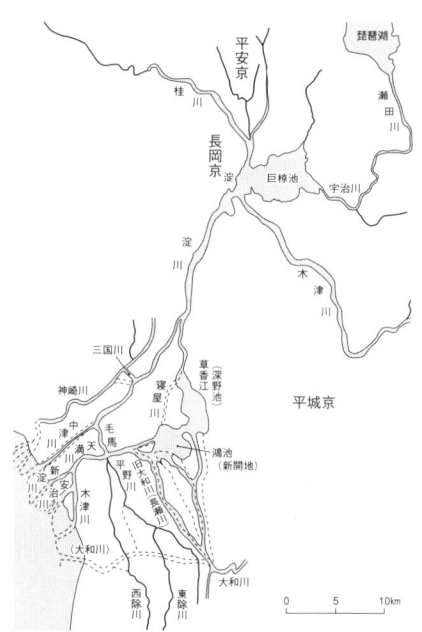

図1-1-3 古代の巨椋池と淀川概念図
(小出, 1978を一部改変)点線は現在の流路。

自然堤防:河川によって運搬された土砂が、川の両側に堆積してできた微高地。
氾濫原:河川の流水が洪水時に河道から氾濫する範囲にある平野部分、または谷底平野や扇状地、沖積平野、三角州などで洪水時に浸水する範囲。平常時の地盤高は、河川水面よりやや高いところにあり、河川流水が洪水時に河道から溢れた溢流水および河道内部における堆積作用によって形成される。

にも淀川を三国川（現在の神崎川）と繋ぐため、新川を掘って分流させる工事が行われた（図1-1-3）。また失敗に終わったが、788年には大和川を淀川から切り離して大阪平野に直接繋ごうとする工事も行われた。なお、この工事が実現し、大和川放水路が完成するのは江戸中期になってからで、大和川はそれまで淀川の一部だった。

淀川の河川勾配は極めて緩やかだったため、洪水の度に土砂が運ばれて堆積が進んだようで、紀貫之が935年に土佐から京の都に戻るさいに淀川を上ったところ、船が浅瀬に乗り上げ、四苦八苦したことが「土佐日記」に記されている。そのため度々浚渫が行われ、1831年（天保2年）の工事では、浚渫土砂で高さ10間（約20m）あまりの山（天保山※）が築かれた。一方、土砂の堆積した河口部では新田開発も盛んに行われ、陸地化が進んだ。

明治に入っても、淀川本川にはいたるところで土砂が堆積し、平水深は40cm前後、流心は一定でなく航路は迂回曲折していた（近畿地方建設局, 1974）。淀川を通過する船は100石以下で、実際には40石（5.6トン）より多く積載することはできず、河床の浅いところは澪掘りといって、数人の人夫が小舟に乗り、柄の長い鋤簾で土砂を浚渫し、船を進めるという状態だった。夏の渇水期には、航路が干上がることもあったという。このように、淀川は1000年以上も前から浅瀬の多い河川で、その周辺に自然堤防や氾濫原が広がり、河口には豊かな低湿地が広がっていた（小川・長田, 1999）。

3．洪水と淀川の変遷：明治以降

琵琶湖・淀川水系では、幕末から明治にかけて豪雨による氾濫被害が多発した。淀川では、1802年（享和2年）、1868年（明治元年）、1870年（同3年）、1872年（同5年）、1873年（同6年）、1876年（同9年）、1882年（同15年）、1885年（同18年）、1889年（同22年）、1896年（同29年）とたて続けに洪水に見舞われた。特に1885年6月には、未曾有の豪雨で本支川の堤防が決壊し、死者・行方不明者78名、損壊、流失などの被害家屋17,122戸、また151km²にのぼ

天保山：築かれた当時の高さは約20mだったが、幕末以降、河口を守る砲台が天保山に建設されたため山土が削り取られ、さらに工業地帯化された大正から昭和にかけて、地下水のくみ上げ過ぎで一帯の地盤沈下が起こり、現在の標高は4.53m。

1章　生物多様性からみた琵琶湖・淀川水系

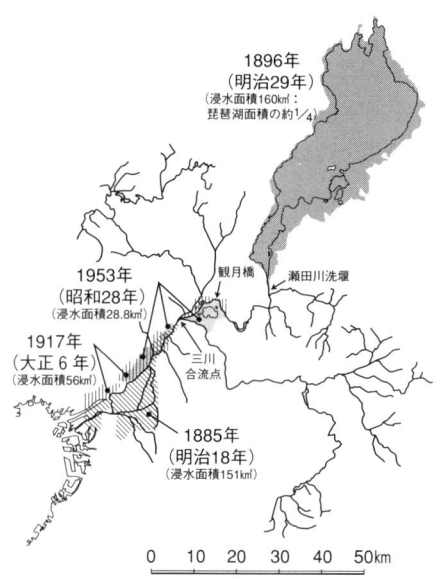

図1-1-4　明治、大正、昭和の洪水氾濫実績図
（近畿地方整備局, 2002を一部改変）

る田畑が浸水するなど甚大な被害を受けた（近畿地方建設局, 1974）。この時の氾濫実績図は古代からの低地の分布とほぼ重なり（図1-1-2、図1-1-4）、かつて淀川周辺に広がっていた低湿地や沼沢地がいかに広面積であったかがわかる。さらに1896年8～9月の台風は、それを上回る規模の豪雨をもたらし、4775カ所の堤防が決壊し、死者・行方不明者359人、被害家屋5690戸という大きな被害を受けた。

1885年の大洪水がきっかけとなり、1896年に治水法ともいわれる河川法が新たに制定され、淀川改良工事が始まった。この工事では、1885年と1889年の洪水から宇治川、桂川、木津川の計画高水流量*をそれぞれ設定し、河床掘削と川幅の拡大等の工事を行うとともに、上流の瀬田川を掘削して疎通能力を高め、堰（南郷洗堰）を建設して琵琶湖水位を人為的に調節するようにした。さらに、宇治川の流路を付け替えて巨椋池から完全に切り離し、新淀川を開削して河口から16kmを直線化した（図1-1-5c）。

しかし、1917年（大正6年）10月の大雨で淀川が再び破堤し（通称　大塚切れ）、右岸を中心に56km²が浸水する被害が出た。そのため、翌年から淀川改修増補工事が行われ、木津川の計画高水流量を高め、観月橋より下流の堤防強化を図った。その後、1953年（昭和28年）9月、台風13号が淀川流域全体に6時間にわたる強雨をもたらした結果、宇治川（向島堤）が破堤し、旧

計画高水流量：ダムなどの施設によって洪水を調節した後、河道に流下させることとした流量で、河道改修の基本となる流量。

巨椋池干拓田を中心に28.8km²が約25日間も浸水する被害がでた。そこで翌1954年、これまでの治水計画を根本から見直した淀川水系改修基本計画が策定された。これは基本高水のピーク流量※を高くし、上流にダム群を建設することで洪水の一部を制御するとした計画で、さらに1959年、1961年の洪水を受けて大幅に改訂された淀川水系工事実施基本計画が策定され、長年これに基づいた河川整備計画が進められてきた。2008年には、新たに淀川水系河川整備基本方針が定められた。

このように、淀川では明治以降、洪水で甚大な被害が出る度に治水計画の対象となる降雨規模が増大し、それに基づいて計画高水流量が改定され（表1-1-1）、計画規模の流量が流れても河道からあふれないよう河床を大幅に掘削し、一部の地域では川幅を拡幅するとともに、堤防をかさ上げし、蛇行していた流れを直線化する工事を行ってきた。さらに淀川上流では、瀬田川を掘削するとともに1961年に瀬田川洗堰を建設して電動化し、天ヶ瀬ダム

表1-1-1　淀川水系の計画高水流量（m³／秒）の変遷（近畿地方建設局, 1974、国土交通省河川局, 2008等より作成）（猪名川は除いた）
宇治川は宇治、桂川は羽束師、木津川は加茂、淀川は枚方が計画の主要な地点となっている。
2段目の（　）内の数字は基本高水のピーク流量、3段目の数字は計画規模の洪水の降雨が生じる確率年（例：1/100は、100年に1回の生起確率）。

	計画年	計画のもととなった洪水年	宇治川	桂川	木津川	淀川本川	備考
淀川改良工事計画	1896～1910年	1885年、1889年	835	1,950	3,600	5,560	南郷洗堰建設
淀川改修増補工事	1918～1933年	1917年	835	1,950	4,650	5,560	
淀川修補工事	1939～1954年	1938年	835	2,780	4,650	6,950	
淀川水系改修基本計画	1954～1964年	1953年	900 (1570) (1/80)	2,850 (1/80)	4,650 (5,900) (1/80)	6,950 (8,650) (1/100)	瀬田川洗堰、天ヶ瀬ダム・高山ダム建設（うち上流ダム群で1,700）
淀川水系工事実施基本計画	1965～1970年	1953年、1959年	900	2,850 (1/80)	4,650 (6,200)	6,950 (8,650) (1/100)	
淀川水系工事実施基本計画改訂	1971～2007年		1,500 (1/150)	5,100 (1/150)	6,100 (1/150)	12,000 (17,000) (1/200)	日吉ダム等（うち上流ダム群で5,000）
淀川水系河川整備基本方針	2008年～		1,500	5,300	6,200	12,000 (17,500)	

基本高水流量：河川の各地点にダム等の洪水量を調整する施設がない状態で流出してくる流量のこと。そのピーク流量は治水計画を立てるうえで基本となる量。

1章　生物多様性からみた琵琶湖・淀川水系

写真1-1-2　天ヶ瀬ダムを上流側から望む（2008年7月28日撮影）

（1964年完成、写真1-1-2）、高山ダム（1969年）、青蓮寺ダム（1970年）、日吉ダム（1997年）など複数のダムを建設して洪水量の調節を行ってきた。これらのハード対策を組み合わせることで、淀川本川での洪水被害はほとんど起こらなくなっている。だが水害が長い間なかったことで、過去の洪水被害が忘れ去られ、とくに淀川では土地利用が進み、堤防ギリギリまで家屋が密集するようになっている（口絵Ⅲ）。

　その一方で、淀川水系ではダムや堰によって水や土砂の流れが分断され、川を流れる水は河道内に押し込められた。淀川の河床は、河道内の度重なる掘削で著しく低下し、大雨が降ってもかつての氾濫原が冠水することはほとんどなくなっている（3-4参照）。淀川の周囲に広がっていた氾濫原の大部分は消失し、現在、淀川でみられる低湿地は、鵜殿や城北ワンド、干潮域の十三干潟など、極めて限定した地域に残るだけとなっている。鵜殿周辺でも、河床低下に伴い、かつての低湿地はほとんど冠水しない高水敷に変わり、一部はゴルフ場などに利用されている。

　近年、地球温暖化等による気候変動により、各地で未曾有の大水害が発生している。国土交通省は、今後、大洪水が起こった場合に備え、淀川周辺の浸水想定区域図を2002年に公表した（http://www.yodogawa.kkr.mlit.go.jp/safe/inundation/index.html）。これは、淀川流域に2日間で約500㎜（1953年台風13号の2倍）の降雨があった場合、河川の水が溢れたり堤防がこわれて浸水が予想される地域で、浸水想定面積は約320㎢、最大浸水深は5mを

15

超える。現在の治水技術をもってしても、自然の猛威を押さえつけ、洪水被害をゼロにすることは不可能といえる。いかなる洪水が来ても死者を出さず、壊滅的な被害を防ぐにはどうすればよいか、ダムや堤防などのハード対策だけに頼るのでなく、避難体制や土地利用、洪水保険の検討などソフト対策を組み込んだ対応こそが求められる。

4．巨椋池

　巨椋池の歴史も淀川同様新しく、縄文後期（約4,000年前）に成立したと考えられている（諏訪部ほか，2001）。弥生時代には山城盆地に広がる大きな湖沼となり、琵琶湖から流出した瀬田川が宇治川となって流入し、木津川、桂川の一部も流入していた。巨椋池とその周辺はこの3河川の氾濫原として広大な低湿地帯を形成し、大雨による増水時には一大遊水池となった。ただ流路が定まらないうえに、流量の大きい3河川が激しい乱流を起こして流入していたため、池の水位変動は極めて大きかったと考えられている（小出，1978）。

　桓武天皇が784年に造営した長岡京は、巨椋池の西に位置していた（図1-1-5a）。平城京から遷都した有力な要因は、長岡京が舟運の便が極めて良かったことにあるとされる（松浦，2000）。その頃から、池の周辺も水上交通の要衝となり、多くの都人が宇治や巨椋池を訪れるようになった。

　宇治川で詠まれた歌、
　　巨椋（おほくら）の入江（いりえ）響（とよ）むなり　射目人（いめひと）の
　　　　　　伏見が田居に雁渡るらし（万葉集　巻9 1699）
には、浅い湖であった巨椋池から、羽ばたきや鳴き声を響かせながらガンの群れが飛び立つ光景が描かれている。

　　船とむる淀のわたりの深きよに
　　　　　　枕に近く千鳥鳴くなり（隣女和歌集：鎌倉末期）
　　おほくらの入り江の月の跡に
　　　　　　また光残して蛍とぶなり（詠千首和歌：13世紀）

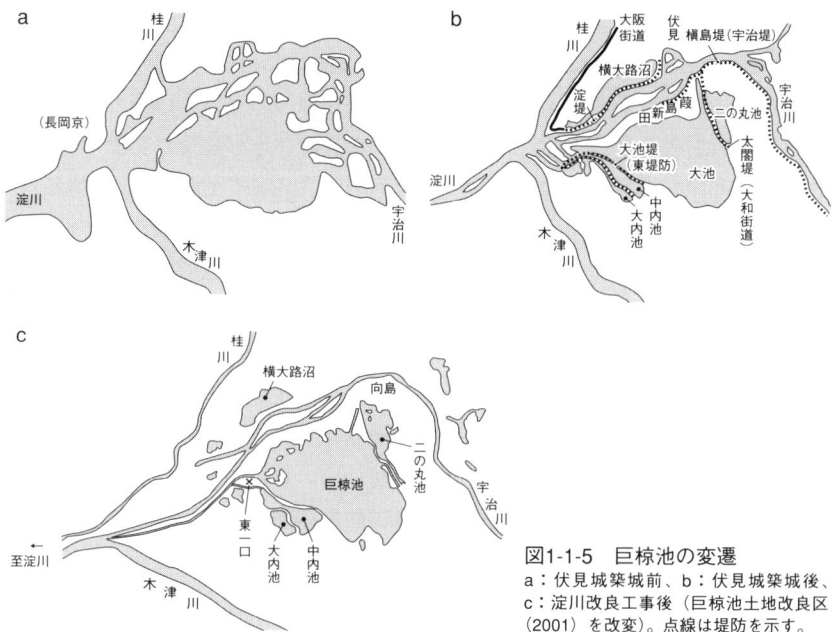

図1-1-5　巨椋池の変遷
a：伏見城築城前、b：伏見城築城後、c：淀川改良工事後（巨椋池土地改良区（2001）を改変）。点線は堤防を示す。

　万葉人や平安貴族が遊び、鎌倉時代の文人が楽しんだ巨椋池は、ガンやチドリの仲間が飛来し、蛍飛び交う低湿地であったことがうかがわれる。
　一方、巨椋池もまた、ひとたび氾濫すると水はけが悪く、水が引くのにかなりの日時を要し、その間に伝染病が発生するなど被害は深刻だった。長岡京遷都のわずか10年後（794年）に平安京へ都を移したおもな理由は、792年8月におきた大水害だったとも考えられている（松浦，2000）。その頃の巨椋池にも、南東から宇治川、南から木津川、北から桂川が流入し、増水時にはこれら3河川の水を受け入れ、一大遊水池としての機能を果たしていた。その一方で、巨椋池には、木津川や大戸川※流域等から運ばれた土砂が大量に堆積した。宇治から淀にかけての巨椋池には、36島とも呼ばれる多くの島州が形成され、何度も流路が変わったという（図1-1-5a）。

大戸川：信楽山地の高旗山（標高710m）を源とし、滋賀県甲賀市信楽町から大津市南部を流下して瀬田川に合流する、流域面積190km²、流路延長38kmの一級河川。大戸川上流の田上山地一帯では、藤原宮（694年）や平城京（710年）の造営、東大寺、興福寺などの建立のため、大量の巨木が伐採され、その後も森林伐採が続きはげ山となった。荒廃した田上山からは、大雨のたびに大量の土砂が流出し、大戸川と合流する瀬田川や下流の宇治川、巨椋池や淀川にまで影響を与えた。

5．巨椋池の変遷

　その後、豊臣秀吉が伏見城の築城（1592年）に伴い、宇治川から巨椋池の北側に沿って槇島(まきしま)堤(づつみ)を築き、宇治川の流路を変更して伏見に導いた（図1-1-5b）。さらに淀堤、太閤堤、大池堤などを築堤して池を分断したため、巨椋池は横大路沼、大池（＝巨椋池）、二の丸池、大内池、中内池に分割され、水面面積も大幅に縮小した（図1-1-5b）。この工事により、それまで低湿であった大阪平野の中に、京都と大阪を結ぶ安定した陸上交通路が整備された。

　しかし改修後の巨椋池では、洪水があると4〜5mも水位が上下するようになった。大洪水が起きると、堤がしばしば決壊し、周囲数十km²にわたって冠水し、周辺の新田開発が進んだこともあって大きな被害がでた。その一方で、洪水による氾濫に伴って多くの魚類が産卵し、大繁殖したという（巨椋池土地改良区, 1962）。

　1868年（明治元年）の洪水では、木津川の堤防が決壊し、山城平野一帯が冠水する被害が生じ、それをきっかけに木津川と巨椋池との合流点が淀川の下流側に付け替えられた。これが、現在の木津川の河道となっている。しかし、その後も洪水による被害が続いたため、1910年（明治43年）、淀川改良工事の一環として宇治川の付け替えが行われ、巨椋池は宇治川から切り離された（図1-1-5c）。その結果、巨椋池は淀川と一本の運河で繋がるだけとなり、流入河川との繋がりを断たれた巨椋池（大池）では水が滞留して蚊が発生し、マラリアの被害も生じるようになった。

　この頃の巨椋池は、周囲16km、面積約8km²の湖に縮小していた。大部分の水深は0.9m以下で、それより深い水深はわずか16％にすぎず、多くは1.4m前後だった。水面にはヨシ、マコモ、ハス、ガガブタ、エビモが密生し、ほぼ全面が浮葉植物や沈水植物で覆われていた。透明度は1.6〜2mで、水はすこぶる濁り、薄緑褐色を呈していたという（巨椋池土地改良区, 1962）。

　にもかかわらず、昭和初期になっても巨椋池の漁獲は極めて豊かで、記録に残っているだけでもコイ・フナ類、ハス、ワタカ、モロコ、ナマズ、ギギ、

エビなど15種にのぼり、スズキ、ボラなどの海産魚も大阪湾から巨椋池まで遡上していた。池周辺の漁家数は200戸にものぼり、年間漁獲高の7割を占めたとされる東一口(いもあらい)の年間漁獲量は112トンにのぼった。この値から当時の巨椋池の年間漁獲量は160トンと推定されるが、これは同時期の琵琶湖の魚類漁獲量(1927〜1931年：1,686トン)の約10分の1に相当する。当時の巨椋池の面積が現在の琵琶湖面積の1.2%にすぎなかったことを考えると、池の水産資源の豊かさを推しはかることができる。漁業者1戸あたりの収入は、巨椋池沿岸農家の米作収入と大差なかったという(巨椋池土地改良区, 1962)。

しかし食糧増産の目的で1933年から池の干拓が開始され、1941年にすべて農地となって巨椋池は消失した(写真1-1-3)。干拓にあたっては、巨椋池の遊水池としての機能が失われることが懸念されたが、上流の南郷洗堰で代用するとされた。ところが、前述したように1953年の台風13号に伴う降雨で宇治川(向島)が決壊し、干拓農地は約25日間も浸水するという被害を受けた。そのため翌年に策定された淀川水系改修基本計画およびその後の治水計画では、巨椋池がかつて有していた遊水池機能を、琵琶湖や上流のダム群に負わせることとなり、本水系の治水計画に大きな影響を与えることとなった。

写真1-1-3　巨椋池干拓地を東南から望む(2008年7月28日撮影)
ほぼ中央を左右に横切るのは京滋バイパス。干拓地の向こう側を宇治川が右から左に流れている。

6．琵琶湖周辺内湖

　日本最大の面積を誇る琵琶湖の周囲には、内湖と呼ばれる浅い水域や低湿地群が点在している。内湖は、本来琵琶湖の一部であった水域が、砂州や砂嘴、浜堤あるいは川から運ばれた土砂等によって琵琶湖と隔てられ、独立した水塊となったが、水路等で琵琶湖との水系が繋がったままの水域と定義される（西野，2005）。明治後期（1892～1909年）に作られた「2万分の1正式図」からは、大小103もの内湖が琵琶湖の周囲に広がっていたことが読みとれる（1章コラム、図3参照）。この地図から求めた内湖の水面面積は35.13km²、現在の地形図から求めた琵琶湖の水面面積（669.23km²）の5.2%に相当する（1章コラム、表1）。

　内湖の成因は潟湖とほぼ同じで、前方に本体となる海や湖があり、背後に湖岸や浜堤への砂礫供給地である丘陵や山地があることが内湖・潟湖形成のための必要条件となる（池田，2005）。湖への流入河川が運搬する砂礫によって内湖が形成され、運搬された砂礫が堆積することで沖積（湖岸）平野が形成される。地形発達的には、湖岸平野の拡大にともなって古い内湖が陸封され、その前面に新しい内湖が生じるという過程を辿ったと考えられている。つまり内湖は、沖積平野形成末期の数百年の間に生じたり、消滅したりしている極めて若い地形である（池田，2005）。なお、縄文前期に生じた河内湾から河内潟への変化もまた、海水面の低下に加えて潟湖形成と同様のメカニズムが働いたためと推測される。

　明治時代に存在していた各々の内湖がいつ頃形成されたのかは定かでないが、湖底遺跡の調査から、松原内湖と入江内湖（いずれも1940年代に干拓で消失）は縄文～平安時代には水面で、その後、陸地化と水没を何度か繰り返したことがわかっている（滋賀県埋蔵文化財センター，2005）。また10世紀後半には筑摩江（入江内湖の古名）にちなんだ歌も残されている。

　　近江にかありといふなる三稜草生ふる
　　　　　　人くるしめの筑摩江の沼　　（藤原道信　後拾遺和歌集）
　　筑摩江の底の深さをよそ乍らひける

　　　　　菖蒲の根にて志る哉　　（和泉式部）
　これらの歌からは、当時の入江内湖が、現在の内湖と同様、水辺にヨシやミクリ、ショウブなどの抽水植物が生い茂る低湿地だったことを示している。
　また大中の湖干拓時に発見された大中の湖遺跡には、縄文、弥生、古墳～平安時代の遺跡が続いている。遺跡が三つの時代に分かれているのは、各時代の後に水位上昇に伴って集落が水没し、移動をくり返したためと考えられており、大中の湖もまた時代によって大きさや形状は異なってはいたが、縄文時代から存在していたといえる。少なくとも1000年以上前にも、琵琶湖周辺に複数の内湖が分布していたことは間違いない。
　なお琵琶湖沿岸や内湖の湖底に残る遺跡の分布から、縄文前期（約7000年前）の琵琶湖水位は現在より数m低かったと考えられている（濱, 1994；秋田, 1997）。その頃の内湖についての情報は乏しいが、松原内湖や入江内湖、大中の湖が既に存在していたことは前述の通りである。歴史時代以降の琵琶湖水位は、変動しつつも上昇傾向にあった（濱, 1994）。水位の上昇は、琵琶湖の唯一の自然流出河川である瀬田川の河床が過去数度の地震で上昇したこと、また江戸時代以降は、森林伐採による田上山地の荒廃等により、大戸川から運ばれてきた土砂等で瀬田川の河床が高くなった事などが原因とも考えられている（秋田, 1997）。
　とくに幕末から明治にかけては、歴史時代をつうじて琵琶湖水位がもっとも高い時代で、当時の平均水位は現在の琵琶湖基準水位[*]より約80cmも高かった。大雨が降ると琵琶湖水位が上昇し、湖岸周辺の低湿地はしばしば冠水した。琵琶湖と陸のはざまに位置していた内湖の多くは、琵琶湖水位が上がると琵琶湖の一部となり、水位が下がると独立した水体となるような水域で、洪水時の遊水池としての機能も果たしていた。

7．内湖の変遷：明治以降

　琵琶湖周辺でも、淀川や巨椋池と同様、明治以降豪雨が多発し、1884年（明治17年）（最高水位：琵琶湖基準水位+212cm）、1885年（同＋271cm）、1889年

---

[*]琵琶湖基準水位：琵琶湖水位の基準となる水位（Biwako Surface Level：B.S.L.）で、東京湾中等水位（T.P.）+84.371mとされている。

写真1-1-4 瀬田川下流から瀬田川洗堰（中央）を望む（2008年7月28日撮影）
上方は琵琶湖南湖。洗堰のやや上流東（右）側に旧南郷洗堰の一部が残されている。洗堰下流の東（右）側から流入しているのは大戸川。

（同+200cm）、1896年（同+376cm）と浸水による被害が続出した。そのため1896年制定の河川法にもとづき、1905年、当時の内務省が瀬田川を浚渫して南郷洗堰（写真1-1-4）を建設した。琵琶湖の水位はそれ以来、人為的に調節されるようになった。その後、下流の京阪神で工業化が進んで水需要が高まり、琵琶湖水位は長期的に低下することとなる（図1-1-6）。水位の低下に伴い、内湖は遊水池としての機能を失い、干拓にむけての動きが活発になる。戦中・戦後の食糧難を背景に、1942年から1971年にかけて国営、県営あわせて約25km²にのぼる大規模な干拓事業が行われ、内湖は急速に姿を消した（琵琶湖干拓史編纂事務局, 1970）。

現在、琵琶湖周辺に残存する内湖の数は23、水面面積は人造内湖を含めてもわずか6.20km²、明治時代の内湖面積の18％にすぎない（1章コラム、表1参照）。過去100年の消失面積は、琵琶湖と内湖を合わせて47.48km²にのぼる。内湖の水深は昔も今も1～2mと極めて浅いが、現在の琵琶湖（本湖）で水深2m以浅に相当する水面面積は17.06km²（滋賀水試, 1999）、それに現在の内湖を加えた23.26km²が現存する琵琶湖周辺の浅水域面積である。これに消失した水面面積を加えると70.74km²となるが、これは現在の琵琶湖と内湖を加えた水面面積（675.43km²）の10％に相当する。つまり、明治時代には、現在の水深2m以浅の水面面積の3倍に相当する浅水域が琵琶湖とその周辺に広がっており、過去100年の間にその3分の2以上が消失したことになる。にもかかわらず、現在でも琵琶湖周辺に広がるヨシ帯面積の60％が内湖に分布し、内湖は、琵琶湖周辺の低湿地帯として多くの貴重植物や在来魚、水鳥類を育んでいる（西野・浜端, 2005）。

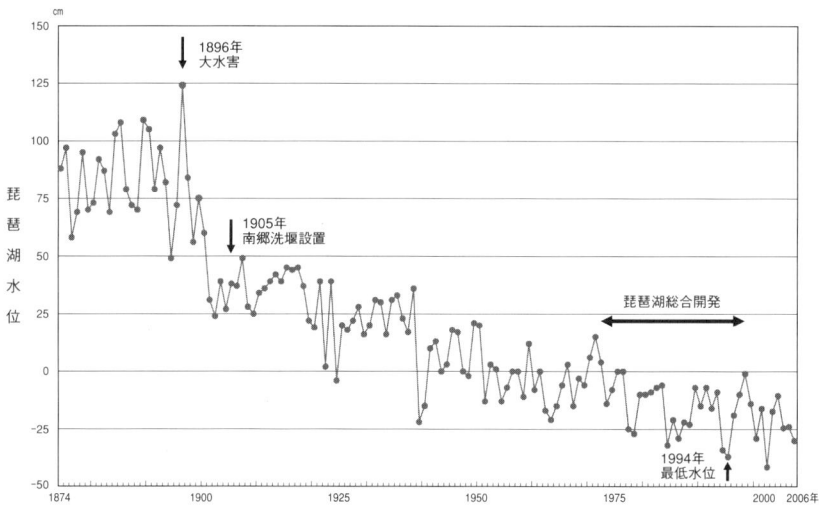

図1-1-6　琵琶湖の年平均水位の変化

8．3大湿地帯

　琵琶湖は、過去数千年の間に数mもの水位変動を経験してきたが、その時々の湖岸には浅い水域や低湿地、氾濫原環境が形成されていたはずである。巨椋池も、増水時には水位が数mも上昇する浅い止水域で、淀川の周囲にも過去数千年もの間、広大な沼沢地や低湿地、氾濫原が広がっていた。琵琶湖と巨椋池は止水、淀川は河川であるから全く異なった環境のように思えるが、いずれも周囲に浅い止水域や低湿地および氾濫原を有している点が共通している。

　明治時代に入っても琵琶湖周辺には100あまりの内湖が広がり、巨椋池にも広大な低湿地が残っていた。淀川周辺も、氾濫原が広がる低湿地だった。つい100年ほど前までは、これら3地域に広大な低湿地と氾濫原が広がっており、この3大湿地帯を背景に、琵琶湖・淀川水系の生物多様性は、少なくとも数千年にわたって育まれてきたのである。

（西野麻知子）

1-2 琵琶湖・淀川水系の生物多様性
1. 世界の古代湖と琵琶湖

地球上には面積100ha以上の湖沼が845万も存在する（Reynolds, 2004）。その多くは過去1万年以内に生じた湖であるが、例外的に長寿命（おおむね10万年以上）の湖がごく少数存在する。それらの湖は古代湖とよばれ、豊かな生物相と多くの固有種を擁している。琵琶湖は、古琵琶湖まで遡ると約400万年、現在の位置に湖が生じてからでも40数万年の歴史を有する（Meyers et al., 1993）。これまで琵琶湖から報告された水生動植物の種数は1000種余りであるが、このうち61種が固有種*（亜種、変種を含む）として報告されており（図1-2-1）、琵琶湖はれっきとした古代湖といえる（Nishino and Watanabe, 2000；西野, 2007）。

地球上に現存する最古の湖はロシアのバイカル湖で約2500万年、次に古いとされるのがアフリカ大地溝帯*に位置するタンガニィカ湖で約1000万年の歴史があるとされる（Coulter, 1991；森野・宮崎, 1994）。また世界最大の湖であるカスピ海の成立は550万年前といわれる。古い滋賀県の観光ブックや研究書には、琵琶湖は世界で3番目に古い湖と紹介されている。これは事実ではないが、琵琶湖が世界で何番目に古い湖かはよく分かっていない。世界中に約20あるといわれる古代湖のうち、地質学的調査や湖底ボーリング等で正確に成立年代が推定されている湖は少なく、また古琵琶湖と現在の琵琶湖との関係に見られるように、どの湖も複雑な成立過程をたどったと考えられ、何を基準として成立年代を比較するかも曖昧だからである。

バイカル湖やタンガニィカ湖では複数の固有属、固有科の生物が生息し、固有種数は1000種以上にのぼる。一方、琵琶湖の固有種はこれまでに61種が報告されているだけで、その多くは1属1種で、概して分化（進化）の程度が低い（Nishino and Watanabe, 2000；西野, 2007）。固有属もナガタニシ属（写真1-2-1）とオグラヌマガイ属（写真1-2-2）の2属のみで、いずれも1属1種である。15の固有種を擁するビワカワニナ亜属は中国にも分布し、

固有種：世界で限られた地域に分布する種のこと。琵琶湖の固有種はこれまでに61種報告されているが、ササノハガイ、メンカラスガイ、ウツセミカジカ等種の独立性が疑われている種もある（近藤, 2008など）。ユスリカ類については、現在琵琶湖からしか報告のない種が8種いるが、琵琶湖以外の水域での調査が十分では固有種としては計数していない。その他の分類群でも、近年、琵琶湖から新種が次々と記載されており（Foissner et al., 2008；Smith and Janz, 2008）、固有種数は今後、研究が進めばさらに増加するのは間違いない。
アフリカ大地溝帯：プレート境界の一つで、アフリカ大陸を南北に縦断する巨大な谷。

1章 生物多様性からみた琵琶湖・淀川水系

写真1-2-1　ナガタニシ（琵琶湖固有種）　　写真1-2-2　オグラヌマガイ（琵琶湖固有種）

琵琶湖固有の亜属ではないとされる（Matsuoka, 1987）。そのような古代湖は琵琶湖だけではない。バイカル湖の源流に位置するモンゴルのフプスグル湖は、バイカルリフト系に属し、成立年代は約250～400万年前と考えられている。しかし、固有種は分かっている限りで20数種、ほとんどが1属1種で、種群※と考えられる分類群もみられない（Goulden *et al.*, 2006）。

一方、タンガニィカ湖と同様、アフリカ大地溝帯に位置するビクトリア湖には、500種以上のシクリッド科魚類が生息し、そのほとんどが固有種である。この湖は約100万年前に成立したとされるが、1万2千年ほど前に湖が完全に干上がったことが知られている。DNA解析の結果から、固有シクリッド科魚類は、それ以降、たった1種の祖先種から進化したと考えられており（ゴールドシュミット, 1999）、固有種の数は、必ずしも湖の歴史の古さのみと関係するわけではない。

ところで琵琶湖は、タンガニィカ湖、バイカル湖、ビクトリア湖などの古代湖と比べると、面積も容積もかなり小さい（表1-2-1）。フプスグル湖ですら、面積では琵琶湖の4倍、最大水深は2.5倍ある。固有種の分化には生殖的隔離※が重要な役割を果たすと考えられており、湖の古さだけでなく、湖の広さや大きさ、環境構造の多様さもまた種間の生殖的隔離を進め、固有種の分化を促してきたと考えられる。

生殖的隔離：二つの個体群の間での生殖がほとんど行えない状況のこと。生殖的隔離が存在することは、その両者を異なった種と見なす重要な証拠と考えられている。
種群：単一の祖先種から湖内で多様に進化した初期固有種の集合で、その地域に不釣り合いに多くの近縁種が存在する。琵琶湖では、ビワカワニナ亜属が唯一の種群である。

2．琵琶湖固有種※の特性

　固有種は、分化あるいは進化した時期から、過去に進化し、一部は広く分布もしたが、現在はその地域にだけ生き残った遺存固有種と、新たに湖内で進化した初期固有種があると考えられている（西村，1974）。遺存固有種の典型はビワコオオナマズで、古琵琶湖層で最も古い伊賀累層（大山田湖：約400万年前）から祖先種とみられる化石が出土する（Kobayakawa and Okuyama, 1994）。ただ、化石種の大きさは現生種の3分の1程度で、現生種と同じような生態的特性を有していたかどうかはわからない。また約100万年前の堅田累層からは、セタシジミやイケチョウガイの化石が出土する。イケチョウガイは西日本の他の地域から化石が見つかっており（琵琶湖自然史研究会，1994）、これら2種もまた遺存固有種と考えられる（Nishino and Watanabe, 2000）。なお、伊賀累層以降の古琵琶湖層では、現生固有種の化石は堅田累層（＝堅田湖：約100万年前）を除くと見つかっていない。

　堅田累層からはビワカワニナ亜属の化石が出土している（Matsuoka, 1987）。本亜属は15種もの固有種を擁し、現在の琵琶湖が形成された後、ハベカワニナ類似の単一の祖先種から湖内で多様に分化した初期固有種の集合（species flock：種群）と考えられている（Nishino and Watanabe, 2000；西野，2001）。巻貝のオウミガイや水生昆虫のビワコエグリトビケラなど固有種の中には、湖内で異なった形態をもつ地域個体群が知られている。さらに固有種ではないが、日本周辺に広分布するアユやスジエビでは、琵琶湖の個体群は他の地域と比べて卵サイズが小さく、1雌あたりの孕卵数、抱卵数が多いなど、特徴的な形態や生態的特性を有している（東，1973；Nishino, 1980）。これらの種は、将来、新たな固有種に進化していく可能性があり、琵琶湖は、現在もいくつかの分類群が進化途上にある湖だと考えられる（西野，2001）。

表1-2-1　代表的古代湖の成立年代と大きさ

	タンガニィカ湖	ビクトリア湖	バイカル湖	フブスグル湖	琵　琶　湖
面積 k㎡	32000	68800	31500	2760	670
容積 k㎡	17800	2750	23000	380.7	27.5
最大水深	1470	84	1620	262.4	103.6
成立年代	約1000万年前	約100万年前（1万2千年前に完全に干出）	約2500万年前	250〜400万年前	古琵琶湖は約400万年前、現在の琵琶湖は43万年前

3．琵琶湖・淀川水系にすむ固有種

　湖の生物は生活型から、水中に漂うプランクトン（浮遊生物）、水中を遊泳するネクトン（遊泳生物＝魚類）、湖底で生活するベントス（底生生物）、水表で生活するプリューストン（水表生物）に大別される。琵琶湖固有種を生活型でみると、最も多いのが底生動物（貝類など39種）、ついで遊泳動物（魚類：15種）で、プランクトン（5種）や底生植物（沈水植物：2種）は少ない（図1-2-1）。また最も固有種数が多い分類群は、貝類が29種、ついで魚類15種となる。その他、甲殻類4種、昆虫類3種、ツヅミモ類3種、珪藻類2種、水生維管束植物2種、扁形動物1種、環形動物（ヒル類）1種、原生生物1種と続く。分類群別では貝類と魚類とで固有種全体の73％を占めており、琵琶湖の固有種は、貝類と魚類に代表されるといってよい。

　ただ、琵琶湖の固有種は琵琶湖だけに生息しているわけではない。固有種の一部は下流の瀬田川や宇治川、淀川、そして干拓前の巨椋池にも生息しており、これらを総称して琵琶湖水系固有種とよんでいる。

　琵琶湖水系固有魚類15種のうち、現在、琵琶湖とその周辺水域だけに分布する種は9種、琵琶湖と下流（巨椋池・淀川等）に共通して分布する種は6種で、前者は後者の1.5倍である（表1-2-2）。貝類では、琵琶湖からしか報告のない固有種は14種、琵琶湖と淀川の両方に分布記録のある固有種は15種で、前者と後者の種数は大きく変わらない（表1-2-3）。ただ、ビワカワニナ亜属

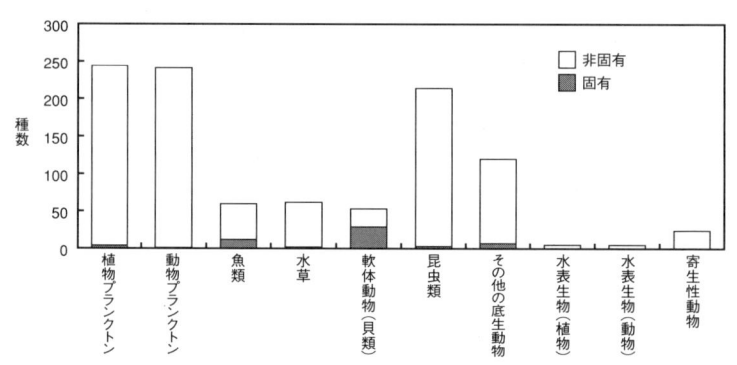

図1-2-1 生活様式からみた琵琶湖の生物の種数（Nishino and Watanabe, 2000を一部改変）

では、琵琶湖のみに生息する種が10種と2地域型と多く、1種以外は湖内で局在分布する。一方、琵琶湖と巨椋池・淀川から報告された種は5種しかない。その他の固有種では、ナリタヨコエビが宇治川から確認（西野, 未発表）されている以外に下流河川からの報告はない。

　つまり、これまでに報告されている琵琶湖水系固有種61種のうち、琵琶湖および巨椋池も含めた下流河川から記録があるのはわずか21種、固有種全体の34％にすぎない。琵琶湖の水は、瀬田川や琵琶湖疏水をつうじて常に流出しているので、湖にすむ生物が下流でみつかっても不思議はない。にもかかわらず、固有種の3分の1しか下流で報告されていないのは何故だろうか？原生生物や水生昆虫類などの小型無脊椎動物には分類学的研究が十分進んでいない分類群もあり、巨椋池や淀川の調査が不十分であった可能性は否定できない。しかし魚類や貝類については、巨椋池でも淀川でも古くから専門家による調査が行われており、見落としは少ないはずである（東, 1962；巨椋池土地改良区, 1962；紀平, 1992；長田, 1975；宮地・川村, 1935；水野, 1965など）。上流の琵琶湖から、これら固有種が繰り返し供給されたとしても、餌や産卵環境などの環境条件が整っていなければ、下流でかれらが生き残ることは難しいだろう。

表1-2-2 琵琶湖・淀川水系に生息する在来魚類と環境省レッドリスト、滋賀県、京都府、大阪府レッドデータブックの絶滅種および上位3カテゴリー（環境省, 2007；滋賀県生き物総合調査委員会, 2006；京都府企画環境部環境企画課, 2002；大阪府, 2000）
[ ] 内は絶滅種の種数。ハリヨ、スイゲンゼニタナゴ、河川源流部に生息する種および海産、汽水産種はリストから除いた。

琵琶湖と周辺水域に生息	環境省	滋賀県	琵琶湖および宇治川、桂川、巨椋池、淀川のいずれかに生息	環境省	滋賀県	京都府	大阪府	宇治川、桂川、木津川または淀川に生息	環境省	京都府	大阪府
ビワマス※	NT		スナヤツメ	VU	危増	絶危	絶危I	コウライモロコ			
アブラヒガイ※	CR	絶危	ウナギ					カワヒガイ	NT		絶危
ビワヒガイ※		希少	アユ					スジシマドジョウ小型種淀川型	EN	絶寸	絶危I
スジシマドジョウ小型種琵琶湖型※1)	EN	絶危	サツキマス	NT				スジシマドジョウ中型種	VU	絶滅	
スジシマドジョウ大型種※	EN	絶危	カワムツ			準絶危	絶危I	ミナミトミヨ	絶滅	絶滅	絶滅
イワトコナマズ※	NT	危増	ヌマムツ					オヤニラミ	VU	絶危	
ビワヨシノボリ※			オイカワ								
イサザ※	CR	危増	ハス	VU	希少	希少					
ウツセミカジカ※2)			カワバタモロコ	EN	絶危	絶寸	絶危II				
			ウグイ								
			アブラハヤ			絶寸					
			タカハヤ								
			ワタカ	EN	絶危						
			ホンモロコ※	CR	危増						
			タモロコ								
			ムギツク			希少	絶危II				
			モツゴ			希少					
			カマツカ								
			ツチフキ	VU		絶寸	絶危II				
			ゼゼラ			希少	絶危				
			スゴモロコ※	NT							
			デメモロコ	VU							
			イトモロコ1)			危増	準絶				
			ズナガニゴイ			危増	絶危II				
			コウライニゴイ								
			ニゴイ								
			コイ	LP3)							
			ニゴロブナ※	EN	希少						
			ゲンゴロウブナ※	EN	希少						
			ギンブナ								
			ヤリタナゴ	NT	危増	準絶	絶危II				
			アブラボテ	NT	絶滅	準絶	準絶				
			ニッポンバラタナゴ	CR	絶滅	絶滅	絶滅				
			カネヒラ			絶危					
			イタセンパラ	CR	絶滅	絶危	絶危I				
			イチモンジタナゴ	CR	絶滅	絶寸	絶危I				
			シロヒレタビラ	EN	絶危	絶危					
			アユモドキ	CR	絶滅	絶寸	絶危I				
			ドジョウ				絶危II				
			シマドジョウ1)								
			アジメドジョウ1)		希少	絶寸	絶危I				
			ホトケドジョウ1)	EN	危増	絶寸					
			ギギ				準絶				
			アカザ	VU		絶寸	絶危II				
			ビワコオオナマズ※			希少					
			メダカ	VU	危増	絶危	絶危II				
			ドンコ								
			トウヨシノボリ								
			ウキゴリ				絶危II				
			陸封型カジカ1)	EN	希少		絶危I				
計	9種	6種	6種	50種	23種+1個体群	27種[2種]	20種[1種]	20種	6種	5種[1種]	5種[1種]	2種[1種]

環境省レッドリストの上位4カテゴリー：絶滅、CR（絶滅危惧IA）、EN（絶滅危惧IB）、NT（準絶滅危惧）
滋賀県レッドデータの上位4カテゴリー：絶滅（絶滅種）、絶危（絶滅危惧種）、危増（絶滅危機増大種）、希少（希少種）
京都府レッドデータの上位4カテゴリー：絶滅、絶寸（絶滅寸前種）、絶危（絶滅危惧種）、準絶（準絶滅危惧種）
大阪府レッドデータの上位4カテゴリー：絶滅（絶滅種）、絶危I（絶滅危惧I類）、絶危II（絶滅危惧II類）、準絶（準絶滅危惧種）
※琵琶湖水系固有種
1) 琵琶湖内では採集されていない。
2) 京都府にもウツセミカジカが分布するとされているが、これは両側回遊型で日本海側にしか分布しない。この考え方に従うと、琵琶湖のウツセミカジカは固有種ではなく、湖沼（陸封）型となる。
3) 琵琶湖のコイ（野生型）は、絶滅のおそれのある地域個体群（LP）である。

表1-2-3 琵琶湖・淀川水系に生息する在来淡水貝類と環境省レッドリスト、滋賀県、京都府、大阪府レッドデータブックの上位指定カテゴリー

レッドデータの凡例は、表1-2-2と同じ。[ ]内は絶滅種の種数。点線より上は巻貝、下は二枚貝を表す。淀川のみに分布する種、琵琶湖・淀川水系以外の水系でのカテゴリー指定種、および同水系であってもコバヤシミジンツボ、サガノミジンツボなど洞穴等に生息する種、ニセマツカサガイなど小川や用水路等に生息する種の一部はリストから除いた。

琵琶湖と周辺水域のみに生息	環境省	滋賀県	琵琶湖と宇治川、巨椋池、淀川に生息	環境省	滋賀県	京都府	大阪府	淀川のみに生息	環境省	京都府	大阪府
ビワコミズシタダミ※	NT		オオタニシ	NT			準絶	カワザンショウガイ 4)			
モリカワニナ※1)	NT	希少	マルタニシ	NT	希少	準絶	絶危II	ムシヤドリカワザンショウガイ 4)	NT		
カゴメカワニナ※	NT		ナガタニシ	NT	希少	絶寸		イシガイ			
クロカワニナ※1)	VU	危増	ヒメタニシ					トンガリササノハガイ		NT	
フトマキカワニナ※1)		希少	マメタニシ	VU		絶危	絶危II	ヤマトシジミ 4)		NT	
ホソマキカワニナ※1)	NT	希少	チリメンカワニナ	NT							
タテジワカワニナ※1)		危増	ヤマトカワニナ※				絶危I				
オオウラカワニナ※1)		希少	ハベカワニナ								
タケシマカワニナ※1)	NT	希少	タテヒダカワニナ※	NT			絶危II				
シライシカワニナ※1)	NT	危増	イボカワニナ	NT	希少		絶危I				
ナンゴウカワニナ※1)		危増	ナカセコカワニナ※	CR+EN	危増	絶危	絶滅				
ヒロクチヒラマキガイ※			クロダカワニナ	NT	希少	準絶	絶危II				
タテボシガイ※			ワニナ 1)								
カワムラマメシジミ※			コシタカモノアラガイ								
			ヒメモノアラガイ				準絶				
			モノアラガイ	NT							
			オオミガイ※			絶寸					
			カワネジガイ	CR+EN		絶危	絶滅				
			ヒダリマキモノアラガイ	CR+EN	絶危	絶危	絶滅				
			ヒラマキガイモドキ								
			カドヒラマキガイ※	NT			絶危I				
			ヒラマキミズマイマイ								
			カワコザラガイ								
			スジイリカワコザラガイ								
			カタハガイ	VU	絶危	絶危					
			マツカサガイ	NT	危増	準絶	絶危II				
			オバエボシガイ	VU	危増	絶危	絶危I				
			オトコタテボシガイ※	VU	危増	絶寸	絶滅				
			ササノハガイ※3)				絶危II				
			マルドブガイ	VU	希少	絶危	絶危I				
			オグラヌマガイ※	CR+EN		絶危	絶滅				
			イケチョウガイ※	CR+EN	絶危	絶危	絶滅				
			ドブガイ								
			カラスガイ	NT			準絶				
			メンカラスガイ※3)		希少		準絶				
			ヌマガイ								
			マシジミ	NT	希少						
			セタシジミ※	VU	希少	絶危	絶危II				
			ドブシジミ								
			ビワコドブシジミ								
			マメシジミ				絶危I				
計 14種 (巻貝12種、二枚貝2種)	7種	9種	41種 (巻貝24種、二枚貝17種)	25種	17種	16種	23種 [5種]	5種 (巻貝2種、二枚貝3種)	3種	0種	0種

※琵琶湖水系固有種
1) 湖内で局在分布する。
2) 琵琶湖の流入河川に分布。
3) ササノハガイとトンガリササノハガイ、メンカラスガイとカラスガイは同種異名とする考えもある（近藤, 2008）。この場合、ササノハガイとメンカラスガイは琵琶湖水系固有種ではなくなる。
4) 汽水にも生息する。

4. 琵琶湖・淀川水系の在来生物
●魚類

　琵琶湖には、日本在来の純淡水魚約90種の3分の2にあたる約60種が生息しており、その多くが巨椋池や淀川からも報告されている（巨椋池土地改良区, 1962；東, 1962）。これまで琵琶湖でのみ報告され、淀川では分布記録がない在来魚はビワマス、イワトコナマズ、アブラヒガイ、ビワヒガイ、イサザ、ウツセミカジカなど9種の固有種である。一方、琵琶湖と巨椋池、淀川には43種もの在来魚が共通して分布している（表1-2-2）。在来魚では、琵琶湖のみに生息する種より下流との共通種の方が圧倒的に多い。また淀川中流域でも、昭和20〜25年頃には9市町村でのべ200人余りが兼業もふくめ漁業に従事し、年間漁獲量は57トンにのぼった（鉄川ほか, 1981）。漁獲物には、コイ、フナ、タモロコ、ハス*の他に固有種のワタカ（口絵写真）、スゴモロコやセタシジミも多く含まれていた。昭和初期の巨椋池も、昭和20年代の淀川も、現状からは想像もできないほど魚類生産量が高かった。

　ところで全国1、2級河川の魚種数を比較すると、1位は九州の那珂川（101種）、2位は関東の利根川と吉野川（いずれも93種）、以下、斐伊川（84種）、円山川（78種）、木曽川（75種）と続く。淀川は10位（68種）で、他の河川と比べて種数が豊富というわけではない（長田, 2000）。しかし、純淡水魚の種数では日本の河川の中で最も多い。淀川の魚類相*の特性は、日本の他の河川と比べて海産魚や汽水魚、両側回遊魚が少なく、純淡水魚が非常に多い点にある（図1-2-2）（長田, 1975）。

　しかも淀川本流とワンド*の両方で行われたどの調査でも、ワンドで採集された魚種が圧倒的に多い（図1-2-3）。3-4で詳述するように、淀川の豊かな魚類相は、淀川本流ではなく止水域のワンドやタマリがあることで維持されてきた。ワンドやタマリは明治以降、治水工事で作られた人工構築物（水制*）が長年の土砂堆積によって形状が変化したもので、そこにすむ生物は浅水域や低湿地の一部としてワンドを利用している（3-4参照, 小川・長田, 1999）。

ハス：コイ科の淡水魚。琵琶湖と福井県の三方湖（すでに絶滅したと考えられる）にしか分布しておらず、厳密には琵琶湖固有種ではないが、準固有種といってよい存在である。
魚類相：特定の水域に生息する魚類の種類組成。
ワンド：河川の本流周辺に位置する止水域で、本流に開口した水域（3-4参照）

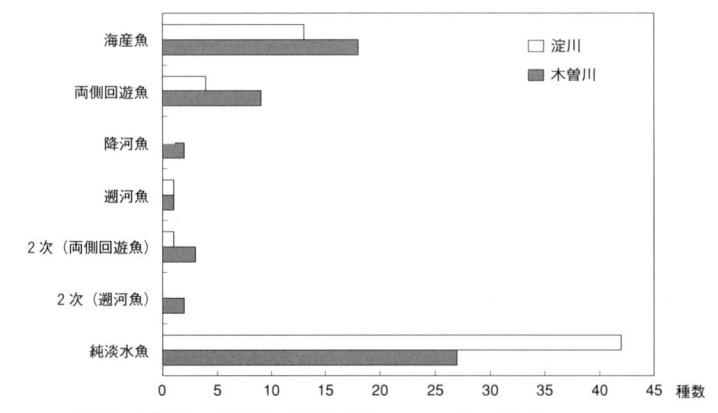

図1-2-2　淀川と木曽川の魚類相の比較（長田，1975より作図）

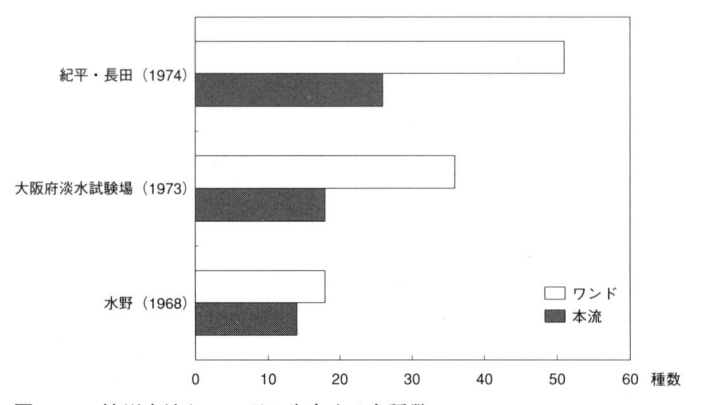

図1-2-3　淀川本流とワンドに生息する魚種数

　細谷（2005）は、琵琶湖・淀川水系の魚類の回遊様式を八つに分類した（図3-2-4）。琵琶湖にのみ分布する魚類の一つは琵琶湖定住型（A型）魚種で、イワトコナマズやアブラヒガイのように湖西や湖北部の岩石湖岸にかなり依存した生活環をもつ魚種である（細谷，2005）。一方、下流の巨椋池や淀川では、琵琶湖の岩礁・岩石湖岸や砂浜に典型的な生物はみられない。

水制：川の両岸から突きだした水制（沈床）を築くことで、水の流れを集め、土砂の掃流を促すことによって一定の水深を保つと同時に、流路の蛇行を促進させて河川勾配を緩やかにし、流速を抑える工事や仕組み。

琵琶湖と巨椋池、淀川に分布する魚種は、琵琶湖―内湖回遊型（B型）、琵琶湖―内湖―水田回遊型（C型）、内湖－水田回遊型（D型）、琵琶湖－流入河川回遊型（E型）、琵琶湖・内湖定住型（G型）などである。いずれも琵琶湖だけを生活の場とするのではなく、生活史の中で琵琶湖とその周辺水域を回遊する魚種という点が共通している。いいかえると、琵琶湖、巨椋池、淀川に共通する在来魚は、浅水域や低湿地をおもな生活の場とするか、あるいは生活史のどこかで浅水域、低湿地、氾濫原や水田などの一時的水域＊を利用する魚種といえよう。一方、琵琶湖の固有魚類の多くは、近縁種と同様、湖岸のヨシ帯、内湖、岩石質の湖底や流入河川で産卵する。そのため、近縁魚種との間で生殖的隔離が生じにくく、そのことが固有種への進化を妨げたとも考えられる。

　また、琵琶湖と淀川でそれぞれ別の近縁種・亜種＊が生息すると考えられるケースもある。琵琶湖には固有亜種ビワヒガイ*Sarcocheilichthys variegatus microoculus*、淀川には亜種のカワヒガイ*S. v. variegatus*が生息している。琵琶湖と周辺水域には固有種のスジシマドジョウ小型種琵琶湖型（*Cobitis* sp. S）とスジシマドジョウ大型種（*C.* sp. L）、淀川にはスジシマドジョウ小型種淀川型（*C.* sp. S）とスジシマドジョウ中型種（*C.* sp. M）の各2種が分布している。また琵琶湖には固有亜種のスゴモロコ*Squalidus chankaensis biwae*、木津川や桂川に亜種コウライモロコ*S. c. tsuchigae*、淀川に両亜種の中間型が生息している（川那部ほか，2001）。南郷洗堰ができる以前には、海アユやサツキマス＊が琵琶湖―宇治川―淀川と大阪湾の間を回遊＊し、琵琶湖―宇治川―淀川をあたかも一つの河川として利用していた。それに対応するのが、琵琶湖と流入河川を回遊するコアユやビワマスである。

● 貝類

　日本には、これまでに約130種の在来淡水貝類＊が報告されているが、ほぼ4割にあたる52種が琵琶湖・淀川水系から報告されている（波部，1973；西野，1991；Watanabe and Nishino，1995；紀平ほか，2003；近藤，2008）。このう

一時的水域：増水後に残った水たまりや、減水期には干上がってしまう水域など、湖沼や河川等と繋がってある特定の期間のみ出現する水域。外敵の侵入が困難である反面、浅くて水位や水温変動が激しいなどの特徴があり、平地に棲む魚の中にはこうした場所を積極的に利用して繁殖を行うものがいる。
サツキマス：琵琶湖には遡上していなかったという説もある（藤岡，2009）。
回遊：海や川、湖に生息する動物が、成長段階や環境の変化に応じて生息場所を移動する行動。
淡水貝類：汽水産・陸産を除く。

ち琵琶湖からしか報告のない種は14種で、すべて固有種である（表1-2-3）。ほとんどが巻貝（12種）だが、その大部分はビワカワニナ亜属（10種）で、しかも1種を除き、すべて湖内の島などに局在分布する種である（図1-2-4）。カワニナ類は卵胎生で、親貝は胎貝がある程度成長するまで保育した後、体外に産仔する。特にビワカワニナ亜属は他のカワニナ類に比べて胎貝が大きく、一腹の胎貝数が少ない。そのため生活史をつうじて分散能力に乏しく、生殖的隔離が容易に生じたと推測される（西野, 1993）。

一方、琵琶湖と淀川の両方に生息する在来貝類は41種と、魚類同様、琵琶湖と巨椋池、淀川との共通種が圧倒的に多い（表1-2-3）。在来魚と同様、在来貝類の多くもワンドやタマリなどの止水域に生息する（紀平, 1992）。このうち固有種は15種で、魚類とは異なり、琵琶湖にのみ生息する固有種とほぼ同数が下流にも分布している。また琵琶湖にのみ生息する種とは違って、下流との共通種では巻貝

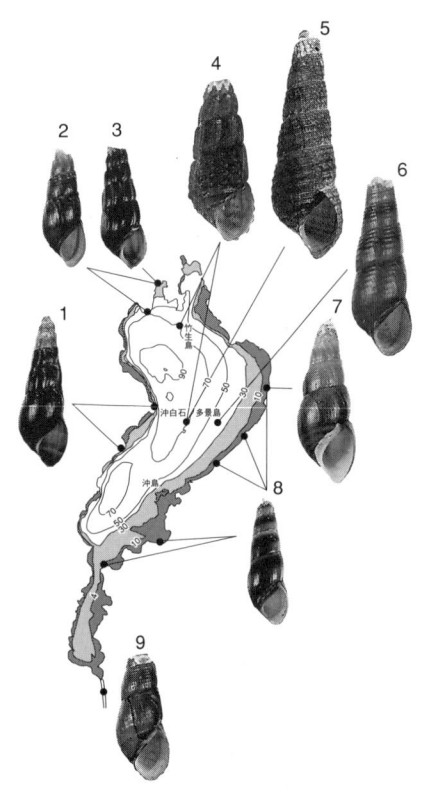

1. タテジワカワニナ
2. クロカワニナ
3. オオウラカワニナ
4. チクブカワニナ（ヤマトカワニナの地方型）
5. シライシカワニナ
6. タケシマカワニナ
7. フトマキカワニナ
8. ホソマキカワニナ
9. ナンゴウカワニナ

図1-2-4　琵琶湖内で局在分布する固有ビワカワニナ亜属の分布

(24種)は二枚貝(17種)よりやや多い程度だった。二枚貝の7割(12種)は、グロキディウム幼生を水中に放出し、幼生期に広く分散するイシガイ類だが、かれらは琵琶湖でも湖内に広分布する種である(西野, 1993)。イシガイ類をはじめとする二枚貝が下流との共通種の半数近くを占めるという事実は、彼らの分散様式と深く関連しているといえよう。

● その他の生物

日本からは、約200種の在来水草(沈水植物、浮葉植物、抽水植物)が報告されているが、この半数の96種が琵琶湖に生育する(角野, 1994;浜端, 1991;表1-3-1;表2-1-2参照)。水生昆虫類では、カゲロウ目が琵琶湖から16種報告されており(西野, 1991)、これは日本産同目約140種(河合・谷田, 2005)の11%に相当する。また、トビケラ目では44種が報告され(Tanida et al., 1999)、日本産同目約430種(河合・谷田, 2005)の約10%に相当する。ユスリカ科でも、これまで琵琶湖から97種が記録され(Sasa and Kikuchi, 1995;Sasa and Nishino, 1995, 1996;Kawai et al., 2002a, b; 成田・Kiyashko et al, 2002)、約1000種といわれる日本産同科のほぼ10%に相当する。水生昆虫には、主に湖沼にすむ止水性昆虫と河川にすむ流水性昆虫の両方がいることを考えると、止水である琵琶湖から日本産のほぼ10%に相当する種がこれらの分類群で報告されていることは、驚くべき数字といえる。ただ水草も含め、下流の淀川に何種が生息するかは分かっておらず、琵琶湖・淀川水系の生物相の全貌はまだ明らかになっているとはいい難い。

5. 琵琶湖と下流の景観構造

琵琶湖は大きく深く、多様な湖岸景観と底質をもつ湖である。湖岸には岩礁(転石)、岩石、礫、砂浜、抽水植物湖岸および人工湖岸と多様な湖岸景観がそれぞれ数kmにわたって広がっている(写真1-2-3、図1-2-5)。一方、琵琶湖周辺の内湖も巨椋池も、水辺に抽水植物帯が広がる沼あるいは低湿地で(巨椋池土地改良区, 1962;西野, 2005)、少なくとも岩礁(転石)、岩石、礫

| 岩礁湖岸 |  岩石湖岸 |  礫湖岸 |
|  砂浜湖岸 |  抽水植物湖岸 |  人工湖岸 |

写真1-2-3　琵琶湖の湖岸景観の6類型

質の湖岸はほぼ存在しなかったと考えて良い。淀川本川やワンド・タマリもまた、人工護岸を除けば、ヨシ等抽水植物が広がる浅水域である（3-4参照）。

また砂浜の湖岸や河岸は、現在の内湖の一部や淀川本川でも見ることができる。しかし、内湖や巨椋池および淀川には、氾濫原に生育する原野の植物や寒冷地植物は分布するが、琵琶湖の砂浜に生育する海浜植物はハマヒルガオを除いて生育していない（図2-1-4参照）。景観構造とそこにすむ生物からは、琵琶湖、巨椋池、淀川に共通するのは、浅い止水域やヨシを中心とした低湿地、および氾濫原といえる。

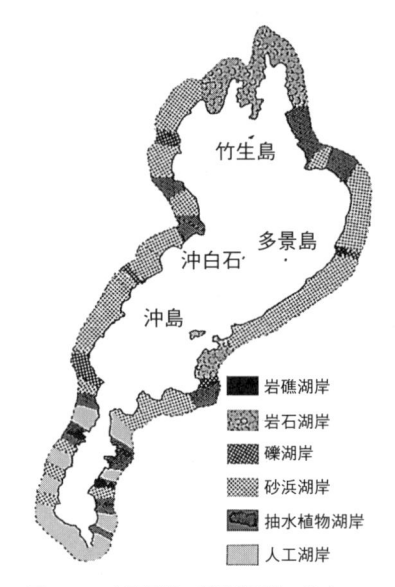

図1-2-5　琵琶湖の湖岸類型の分布

6．琵琶湖・淀川水系の生物多様性を支えてきた要因

　琵琶湖の生物相の豊かさは、しばしば琵琶湖そのものの歴史の古さや固有種の存在とセットで語られ、湖内の多様な環境と関連づけられることが多い。一方、琵琶湖・淀川水系全体からみると、琵琶湖周辺や巨椋池、淀川周辺に広がっていた浅い止水域や低湿地および氾濫原の存在が、本水系の在来生物相を極めて豊かにしてきた大きな要因といえる。

　琵琶湖・淀川水系の生物多様性を支えてきた要因は、大きく四つ考えられる。一つは地史的要因である。白亜紀（約1億4600万年前）の日本列島は中国大陸の一部で、その後島弧の形成が始まったが、中期中新世（約1600〜1000万年前）の海進で東日本が海底に沈んだ。しかし西日本の一部には陸地が残って淡水生物が生き残り、それが現在の日本の純淡水魚類の起源だと考えられている（水野，1987）。その後、東日本が隆起して西日本と繋がり、

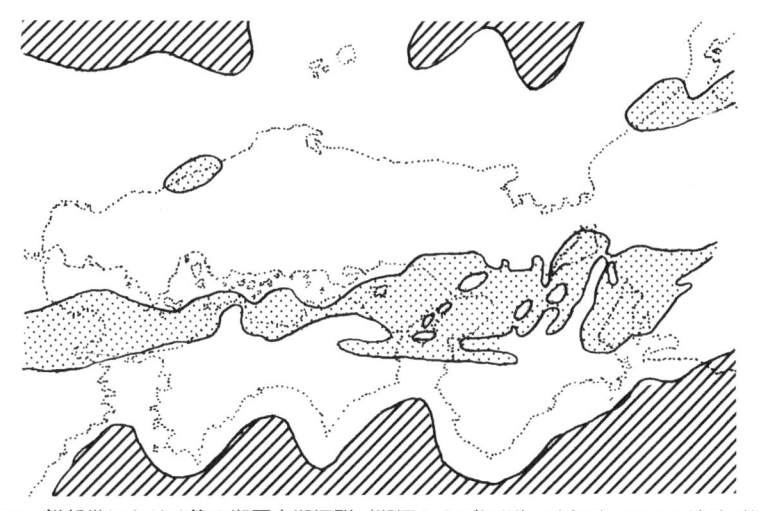

図1-2-6　鮮新世における第2瀬戸内湖沼群（湖沼および河川）が広がっていた地域（網かけ部）（市原，2001を簡略化）。
白い部分が陸地で、点線は現在の日本列島、斜線は海域を表す。古琵琶湖はまだ形成されておらず、東から西に向かって流れる巨大な古瀬戸内河湖水系が存在していたと考えられている。

現在の日本列島を形作ったのは鮮新世（約450万年前）で、この頃に濃尾平野、琵琶湖・淀川水系の盆地や平野、旭川水系、筑紫平野を繋ぐ第2瀬戸内湖沼群が広がっていた（図1-2-6；市原, 2001）。現在でも、日本列島の中で淡水魚類相が豊かな地域は、かつて第2瀬戸内湖沼群が広がっていた地域に限定されている。両生類のオオサンショウウオの分布もこれらの地域にほぼ限定されており、大型の巻貝や二枚貝もまた、西日本に多くの種が分布している。これらの生物の起源もまた、純淡水魚と同様だと考えられる。

その後、約400万年前に最初の古琵琶湖（大山田湖）が出現し、時代を変えて阿山湖、甲賀湖、草津湖、堅田湖が現れては消滅した（琵琶湖自然史研究会, 1994）。これらの古琵琶湖はいずれも浅い湖沼だったと考えられており、現在の琵琶湖になって初めて深い湖盆が形成された。

ところで植物の種子や微小な貝類など無脊椎動物の一部は、水鳥によって長距離を運搬される可能性がある（2-5参照）。しかし純淡水魚や両生類、大型の貝類は淡水を通じてしか移動できず、分布上の制約が大きい。琵琶湖は、鮮新世に広がっていた第2瀬戸内湖沼群から古琵琶湖まで数百万年もの間面々と続いた湖沼群の生き残りである。日本の純淡水魚種の3分の2が琵琶湖・淀川水系に生息するという事実は、本水系の地史的条件をぬきに考えることができない。

巨椋池や淀川の例を引くまでもなく、湖や川の歴史は極めて新しい。田中（2004）によると、周囲1km以上の日本の湖は867あるが、このうち成因が地滑り、山崩れ等による堰止め湖が48％、火山活動が16％、また風、波浪、生物の作用が21％を占める。地殻変動による湖（構造湖）は琵琶湖を含め僅か3％にすぎない。氷河期など、過去幾度となく訪れた気候変動をのりこえ、数十万年もの間、同じ場所に満々と水を湛えた湖が存在し続けてきたこと自体が奇跡的なことであり、水生生物にとって琵琶湖はある種のレフュージア（避難場所）としての役割を果たしていたと考えられる。

第2が地理的要因で、中央に琵琶湖を擁する滋賀県は、本州のほぼ中央に

位置し、太平洋側気候、瀬戸内気候、日本海型気候の接点となっている（村瀬, 1979）。また日本の沖積平野における湿原帯の区分（矢部, 1993）においても、滋賀県は無機質土壌型湿原帯と泥炭湿原帯の移行帯の境界に位置する。2-1で詳述するように、琵琶湖周辺の植物相は、①海浜植物、②多様な沈水植物相、③原野（氾濫原）の植物、④タブノキ林など暖温帯林、⑤寒地性植物で特徴づけられるが、暖温帯林や寒地性植物の存在には、琵琶湖と周辺水域が多様な気候帯の境界に位置するという地理的特性が反映されているのだろう。

　第3が地形的要因である。琵琶湖・淀川水系の河川はおもに盆地や平野の間を流れ、河川の周辺には3大湿地帯（琵琶湖周辺内湖、巨椋池、淀川中・下流）が広がっていた（1章扉参照）。この3大湿地帯の存在が、本水系の豊かな生物多様性を維持してきたといえよう。

　最後に、琵琶湖の存在そのものが果たしてきた役割がある。西日本には湖沼が少なく、成層*する湖は琵琶湖と鹿児島県の池田湖、鰻池（うなぎいけ）等と僅かで、安定した淡水の止水環境そのものが極めて稀な存在である。また琵琶湖は、古代湖であると同時に日本最大の面積（670.25km²）と容積（275億トン）を擁する大湖沼でもある。淀川は、流程の標高差が僅か10m前後しかないにも関わらず、上流に琵琶湖があったおかげで水が枯れたことはほとんどない。そのことが、少なくとも数千年の間、巨椋池や淀川周辺の豊かな低湿地や氾濫原環境を維持してきたと考えられる。

（西野麻知子）

成層：湖沼や河川の一部で、水温差や塩分濃度差などで上下の水の密度が変化して、混じり合わなくなること。

1-3　生存を脅かされる琵琶湖・淀川水系の在来生物
1．ホットスポット※としての琵琶湖・淀川水系

　前節で詳述したように、琵琶湖・淀川水系には日本の純淡水魚の約3分の2、淡水貝類の約4割、水草のほぼ半数の種が生息・生育しており、本水系は文字どおり日本の淡水生物の宝庫といってよい。しかし今、在来魚類では、既にミナミトミヨが種絶滅、環境省絶滅危惧ⅠA類のニッポンバラタナゴは、滋賀県と京都府で野生絶滅し、現在は大阪府の二つのため池で手厚い保護のもとにかろうじて絶滅を免れている（大阪府, 2000；環境省自然環境局野生生物課, 2003；京都府企画環境部環境企画課, 2002；滋賀県生きもの総合調査委員会, 2006）。淀川のワンドで細々と生き残っていたイタセンパラ（環境省絶滅危惧ⅠA類：口絵Ⅶ-1）も、2006年以降全く生息が確認できていない（3-4参照）。上記も含め、本水系の在来魚のなかで環境省レッドリスト（2007）の絶滅危惧Ⅰ類に17種〔+琵琶湖のコイ（野生型）：絶滅のおそれのある地域個体群〕、滋賀県レッドデータブック（以下RDBとよぶ）の絶滅危惧種に8種、京都府RDBの絶滅寸前種に10種、大阪府RDBの絶滅危惧Ⅰ類に9種が指定されている（表1-2-2）。絶滅種および各RDBの上位3カテゴリーには、環境省34種（+1個体群）、滋賀県33種、京都府25種、大阪府22種が指定されている（表1-2-2参照）。琵琶湖とその下流に分布する在来魚59種のなかで絶滅種と上記3カテゴリーに指定された種はのべ42種にのぼり、全体の7割を占める。この中には、ホンモロコやニゴロブナなど、近年まで琵琶湖の主要な漁獲対象であった魚種も含まれている。

　貝類でも事情は同じである。大阪府では本水系固有種のナカセコカワニナ、オトコタテボシガイ、イケチョウガイなど5種が既に野生絶滅し、環境省の絶滅危惧Ⅰ類（CR+EN）に5種、滋賀県の絶滅危惧種に5種、京都府の絶滅寸前種に5種、大阪府の絶滅危惧Ⅰ類に6種が指定されている。絶滅種および各RDBの上位3カテゴリーには、環境省35種、滋賀県26種、京都府17種、大阪府23種であわせて43種にものぼり、琵琶湖・淀川水系に分布する在

ホットスポット：非常に豊かな生物多様性を育んでいながら、人間活動によって深刻な被害を受けている地域。

表1-3-1　琵琶湖および内湖の在来沈水植物（浜端，1991および表2-1-2より作成）
雑種を含む。種の同定ができていないシャジクモ類は除いた。
凡例は表1-2-2と同じ。

和　　名	環境省	近畿	滋賀県	京都府	大阪府
バイカモ		A	希少	絶滅	
マツモ					
ゴハリマツモ		A	希少	絶滅	
オグラノフサモ	VU	A	絶危	絶危I	
ホザキノフサモ				準絶	
フサモ		A	絶危	絶寸	
タチモ	NT	C	絶寸		絶危I
キクモ					
ノタヌキモ	VU		希少	絶危	
イヌタヌキモ	NT		希少	絶滅	
フサタヌキモ	EN	A	絶滅	絶滅	絶滅
ヒメタヌキモ	NT	A	絶増	絶寸	絶危I
タヌキモ	NT	A	絶寸	絶寸	絶危I
ヤナギスブタ			希少	絶寸	絶危II
スブタ	VU	A	絶増	絶寸	絶危I
クロモ					
ミズオオバコ	VU		絶危	準絶	
ネジレモ※					
コウガイモ			絶危	絶滅	
セキショウモ			準絶	絶危I	
オオササエビモ					
サンネンモ※			絶増		
エビモ					
ガシャモク	CR	絶滅	絶危		
ヒルムシロ					
アイノコヒルムシロ					
フトヒルムシロ					
ヒロハノセンニンモ			絶増		
アイノコセンニンモ					
センニンモ					
ササバモ					
ササエビモ	VU				
ミズヒキモ					
ホソバミズヒキモ					
ヤナギモ					
リュウノヒゲモ	NT	A			
ヒロハノエビモ					
ホッスモ					
ヒロハトリゲモ（サガミトリゲモ）	VU	A	絶増	絶寸	絶危I
オオトリゲモ		A	希少	絶寸	絶危I
イバラモ		C		絶寸	絶滅
トリゲモ	VU				
ミゾハコベ					
計	14種	14種	17種	18種	13種

近畿はレッドデータブック近畿研究会（2001）のカテゴリー：
A（絶滅危惧種A）、B（絶滅危惧種B）、C（絶滅危惧種C）

来貝類60種の7割を占める（表1-2-3参照）。

　沈水植物でも、琵琶湖と内湖の在来43種（雑種を含む）のうちガシャモク、京都府でバイカモとフサタヌキモ、大阪府でイバラモとコウガイモが既に野生絶滅した（表1-3-1）。これら野生絶滅種およびRDB上位3カテゴリーには、環境省で14種、近畿RDB14種、滋賀県17種、京都府18種、大阪府13種が指定され、いずれかのRDBに指定された種は、琵琶湖の在来沈水植物のほぼ6割（25種）にのぼる。この中には、琵琶湖固有種のサンネンモ（滋賀県：絶滅危機増大種）も含まれる。琵琶湖・淀川水系はまさに日本の淡水生物のホットスポットといってよい。

2．在来魚への脅威

　滋賀県、京都府、大阪府の各RDBから抽出した在来魚の生存に対する脅威を表1-3-2に示す。最も多くの魚種の脅威とされたのは外来魚で29種、次いで河川改修25種、水質汚濁19種、圃場整備[※]13種、水位操作10種、湖岸改

[※] 圃場整備：耕地区画や用排水路の整備、土壌改良、農道の整備、耕地の集団化を実施することで労働生産性の向上を図り、農村の環境条件を整備すること。

写真1-3-1　湖岸堤で琵琶湖との繋がりが分断された内湖
(上が柳平湖、下が平湖)

変8種、二枚貝類の減少8種、乱獲8種、不明・その他9種の順となっている。このうち湖岸改変は、琵琶湖での湖岸堤※建設(写真1-3-1)など湖岸構造の改変、河川改修は砂防工事や河床掘削、堰堤建設などで、いずれも生息環境の物理的構造改変である。物理的改変や水質汚濁は非生物的要因、外来魚の侵入や二枚貝の減少、および乱獲は人も含めた生物的要因といえる。

　まず気づくのは、すべての魚種で複数の要因が脅威となっており、単一の要因が脅威となっている魚種はないという点である。またほとんどの魚種で、生物的、非生物的要因の両方が脅威に挙げられている。

● 生息環境の物理的改変

　3府県のRDBで、湖岸改変と河川改修、および圃場整備のいずれかが脅威となっている魚種は35種で、絶滅種および各RDBの上位3カテゴリーに指定された42種の83％を占める。最も多くの魚種に対する脅威は、生息環境の物理的改変、すなわち地形の改変といってよい。府県別では、滋賀県と京都府で各19種、大阪府20種で、うち15種については2または3府県で共通の要素が脅威として挙げられている(表1-3-2)。

　ダムや堰が脅威と明記されていた種は、滋賀県のアカザのみである。これは本水系の幹川に設置された瀬田川洗堰や天ヶ瀬ダムのような大規模な堰やダムは、建設から数十年以上が経過しており、現時点での脅威とは見なされていないこと、および設置前後を比較したデータがほとんどなく、科学的評価が十

湖岸堤：地盤が低く、琵琶湖から浸水するおそれのある一連の地区について、100年に一度の洪水に対処するため、琵琶湖総合開発事業の一環として整備された堤。大部分の湖岸堤は、琵琶湖の管理のための道路と併設された。

1章　生物多様性からみた琵琶湖・淀川水系

表1-3-2　琵琶湖・淀川水系の在来魚類のうち、滋賀県、京都府、大阪府レッドデータの絶滅種および上位3カテゴリーに指定された42種の生存に対する脅威
それぞれの府県レッドデータで挙げられている脅威を滋：滋賀県、京：京都府、大：大阪府で表示した。

和名	外来魚[4]	湖岸改変[5]	河川改修[6]	ダム・堰建設	水位操作[7]	ほ場整備等[8]	土砂流入[9]	湖底の泥質化	富栄養化、水質汚濁[10]	水質汚染（農薬等）	湧水・伏流水の消失	二枚貝類（イシガイ科）の減少	乱獲	不明・その他[11]
スナヤツメ		滋・京・大							滋・京・大	滋	滋			
カワムツ	京・大		滋・大						大					
ハス	滋													滋
カワバタモロコ	滋・京・大		京・大			京			大					
アブラハヤ			京											
ワタカ※		滋												
ホンモロコ※		滋	滋		滋				大					滋
ムギツク	大		大						大					滋
モツゴ		滋												滋
アブラヒガイ※		滋												
ビワヒガイ※		滋												
カワヒガイ	京		京		京				大			京		京
ツチフキ	大		大											
ゼゼラ	滋	滋	滋・京						大					
イトモロコ[1]		大	大						大					
ズナガニゴイ	京・大		滋・京・大						大					滋
コイ（野生型）[3]														
ニゴロブナ※		滋			滋									
ゲンゴロウブナ※		滋												
ヤリタナゴ	滋・大		滋・大			滋			大			滋・京・大		
アブラボテ	京・大		京・大						大			滋・京・大		
ニッポンバラタナゴ	滋・京・大		京						大			大		
カネヒラ	滋・大		大									大	京	
イタセンパラ[2]	京・大		大		大							大		滋・大
イチモンジタナゴ	滋・大		京・大		大				京・大	京		滋・京		
シロヒレタビラ			京									滋・京		
アユモドキ			京・大		大				大					
ドジョウ					大									
スジシマドジョウ小型種琵琶湖型[1]	滋		滋		滋									
スジシマドジョウ大型種[1]	滋		滋											
スジシマドジョウ小型種淀川型	大		大		大				大					
スジシマドジョウ中型種					京									
アジメドジョウ[1]			滋・京・大						滋・京		滋・京			
ホトケドジョウ[1]			滋・大						京					
ギギ		滋												
アカザ			滋・京・大			京・大								
イワトコナマズ※	滋													滋
ビワコオオナマズ※	滋													
メダカ	滋・京・（大）		大		滋	大・滋			京・大					
イサザ※									滋					滋
ウキゴリ			大											
陸封型カジカ[1]		滋・大				滋・大			大					
計	29種	8種	25種		10種	13種	3種		19種	5種	2種	8種	8種	9種
滋賀県	20種	8種	10種		4種	6種	1種		1種	1種	2種	4種	2種	8種
京都府	12種	0種	15種		0種	7種	2種		2種	2種	0種	6種	1種	1種
大阪府	13種	0種	16種		6種	3種	0種		19種	2種	0種	5種	1種	0種
琵琶湖水系固有種	10種	6種	1種		3種	2種	0種		0種	0種	0種	1種	0種	3種

1)〜3)、※は表1-2-2と同じ。
4) 外来魚による食害（捕食）、外来魚との餌や空間等をめぐる競争、外来魚の補食等による餌生物の減少、近縁外来魚との交雑による遺伝子汚染など。ニッポンバラタナゴは、タイリクバラタナゴとの交雑による遺伝子汚染と、オオクチバス・ブルーギルによる捕食や競争の両方が脅威となっている。（ ）内は、オオクチバス、ブルーギル以外の外来魚が脅威となっている場合。
5) 湖岸のコンクリート化、人工護岸化に伴う生息・産卵場所の消失、湖岸のヨシ面積減少や護岸工事による産卵場所の喪失など。
6) 河川の砂防工事等による土砂の流入や河川底質の多様性の喪失による生息・産卵場所の消失など。
7) 滋賀県では琵琶湖の水位操作、大阪府では淀川大堰による水位の安定化による影響。
8) 水田など一時的水域の減少や破壊、用水路の改修や消失、水田と水路の間の移動経路の分断など。
9) 上流域の山林伐採や道路工事等に伴う土砂の流入による生息場所や産卵場所の消失など。
10) 琵琶湖では富栄養化、河川域では水質汚濁が脅威となっている種。
11) 減少しているが、その原因が不明。その他は、コイヘルペスによる減少（コイ）、琵琶湖深底部の低酸素化や産卵場所である岩石・礫湖岸の環境悪化（イサザ）、宿主となる魚種の減少（ムギツク）、生息地となっていたため池の埋め立てなど。

分できていないことが背景にある。現在、本水系の幹川である琵琶湖－宇治川－淀川の間には、瀬田川洗堰（写真1-1-4）、天ヶ瀬ダム（写真1-1-2）、淀川大堰が、支川の桂川には日吉ダム、木津川には室生ダム、比奈知ダム、青蓮寺ダム、高山ダム、布目ダムが設置されている。これらの堰やダムによって、サツキマスや海アユ※、ウナギやモクズガニなど、大阪湾と琵琶湖や淀川など上流河川とを回遊する魚介類の遡上がほぼ不可能になっている（図3-2-4、3-4参照）。

　ダム・堰の建設は、湖岸改変や河川改修とは異なり、流水（河川）から止水（湖）へと劇的な環境改変を伴う。洪水調節が建設目的となっているダム湖では、大雨の前後で水位が著しく上下する。水位変動幅は数m以上に及び、湖岸浸食が激しい。そのため水辺植物がほとんど生育できず、在来魚の産卵場としても十分機能しないことが多い。のみならず、ダムは魚類や両生類、モクズガニなどの遡上・降下や、水生昆虫の遡上飛行※など、水生生物の移動経路をも分断してしまう。ダム下流では、河川流量が著しく低下するとともに、砂泥やレキの供給と流亡など土砂移動のバランスが失われる。また河床がアーマー化（河床表層の粗粒固化）し、魚類の餌となる付着藻類や水生昆虫の生育・生息場となるレキが激減するなど、底質が大きく変化する。そのため、定住性の魚種はもちろん、生活史の中で移動や回遊を行う水生動物にとっても二重の意味で脅威となる。

写真1-3-2　圃場整備された水田と水路

　圃場整備（写真1-3-2）もまた、用水路の改修や水路の消失などによってコイ、フナ類やアユモドキなど、一時的水域を利用する魚種にとっての生息環境を物理的に改変させる。それだけでなく、水田や水路、お

海アユ：アユは秋に河川で産卵するが、孵化した仔魚が海まで下り、幼魚になるまで海で生活し、春になると川に遡って成魚まで成長し成熟して川の下流部で産卵する生活史をもつアユのこと。琵琶湖のアユは、海に下らずに琵琶湖で一生を過ごすアユと、湖への流入河川に遡上するアユとがおり、湖産アユ、コアユと呼ばれる。
遡上飛行：河川にすむ水生昆虫成虫が、産卵のために下流から上流に向かって飛行すること。上流で孵化した幼虫は、流れにのって下流に分散するため、上流の密度が低下することを補うための飛行。遡上飛行は水面の近くを飛ぶため、ダムを越えられない。

よび湖や河川との移動経路を分断するため、ダムや堰と同様、二重の意味で脅威となっている。ただ3府県のRDBでは、圃場整備が脅威となっている種は湖岸改変や河川改修のそれよりずっと少ない。これは、圃場整備事業そのものが3府県のRDB編集時にほぼ終了していたためと考えられる。実際、圃場整備が脅威とされた魚種は滋賀県（6種）と京都府（7種）に比べて、人口密集地の大阪府（3種）が少ない。大阪府では、恐らく圃場整備事業実施以前に多くの水田が消失していたことが背景にあるのだろう。

さらに森林伐採や河川や湖岸の水辺で行われる道路工事も、河川や湖に土砂が流入して堆積し、粒子の細かい砂泥が川底や湖底のレキとレキの間を埋める等により、魚類や水生昆虫の餌場や生息場を奪う。また湧き水や伏流水の消失も、ハリヨやスナヤツメなど湧水や冷水を好む魚種の生息場を奪ってしまう。

● 水位操作

3-4で詳述するように、1983年に建設された淀川大堰では、上流部のワンド等の水位が安定した頃からイタセンパラなど在来6魚種の姿がみられなくなり、堰の水位操作との関連が指摘されている（大阪府, 2000；3-4参照）。

滋賀県でも、1992年に瀬田川洗堰操作規則[※]（以下、水位操作規則とよぶ）が制定されて以降、琵琶湖と周辺内湖では、多くのコイ科魚類の産卵盛期である6〜8月にコイ科の繁殖がほとんど見られなくなっている（山本・遊磨, 1999；4-3参照）。水位操作規則制定の目的の一つは、年間で最も降雨量の多い梅雨期と台風期に前もって水位を下げることで、大雨が降っても琵琶湖水位が上昇し、湖の周囲で浸水被害が起きないようにするためである。そのため、5月中旬以降、水位がそれまでの年より数十cmも低く維持されるようになっている（図1-3-1）。

その結果、湖岸のヨシ帯の多くがコイ科魚類の繁殖盛期に干出し、産卵場所が激減した。琵琶湖河川事務所によると、基準水位（B.S.L.）＋30cmから－20cmまで水位が下がると22haのヨシ帯が干出する計算になる（淀川水系流域委員会水位操作ワーキング資料, 2006）。1994年には観測史上最低の水位（B.S.L. －123cm）を記録したが、ヨシは通常水深1mまでしか生育しないため、

瀬田川洗堰操作規則：1992年に制定された琵琶湖の水位操作規則。日本で初めて水資源開発と水源地域開発とを一体的に進めた国家プロジェクトである琵琶湖総合開発の主要事業終了時に、「琵琶湖周辺の洪水防御」、「琵琶湖の水位の維持」、「洗堰下流の淀川の洪水流量の低減」、「流水の正常な機能の維持」、「水道用水および工業用水の供給」の5つの目的のために定められた。琵琶湖水位を、琵琶湖周辺5地点平均で表し、毎年6月16日〜8月31日まではB.S.L.－20cm、9月1日〜10月15日までB.S.L.－30cm、それ以外の時期はB.S.L.＋30cmを制限水位とする。制限水位を超えるとき、または超えると予測される時は、洗堰からの放流により、これらの水位に低下させ、または琵琶湖の水位上昇を抑制しなければならないと定められている。

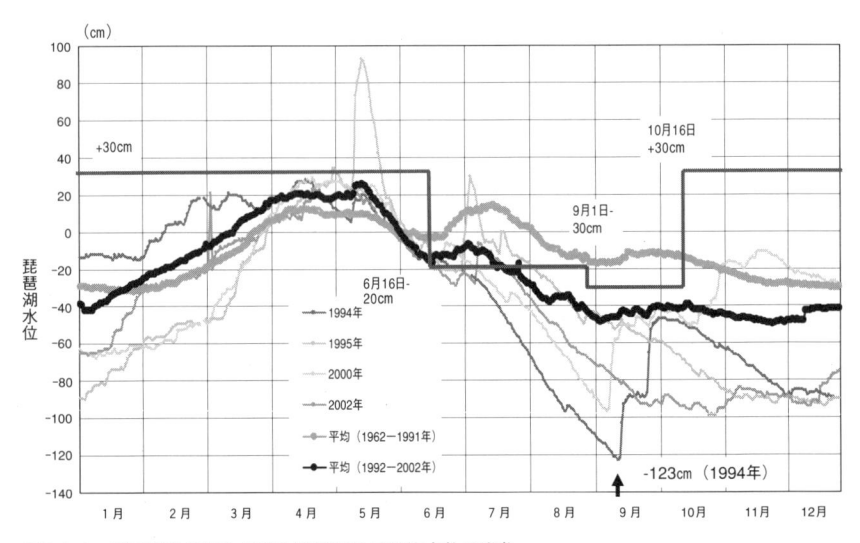

図1-3-1　瀬田川洗堰操作規則と琵琶湖の日平均水位の変化
薄い太線は1962年〜1991年、黒い太線は操作規則制定以降（1992〜2002年）の日平均水位。細線は、年最低水位がB.S.L.-90cm以下になった年の日水位。

湖岸のヨシ帯（138ha）のほぼ全てが干出したと考えられる。さらに琵琶湖では、コイ科魚類の卵や仔稚魚の多くは湖岸近くの密生したヨシ帯に集中分布することが知られている（山本・遊磨, 1999；藤原ほか, 1999）。そのためヨシ帯で繁殖するコイ科魚類にとって、わずか数十cm〜1m程度の水位低下がコイ科魚類の産卵に大きな影響を与えていると推測されている。ダム・堰による人為的水位操作が在来魚類に与えた脅威は、無視できないほど大きかったといえよう。

● **外来魚**

外来魚の脅威には、オオクチバス、ブルーギルによる仔稚魚や魚卵の捕食、空間・餌をめぐる競争などの直接的な影響が最も多い。また、これら2種の外来魚によって餌の小魚が減ったビワコオオナマズや、ニッポンバラタナゴのように、1970年代に外来の近縁亜種タイリクバラタナゴが侵入し、それとの交雑で遺伝的純系がほぼ消失し、1980年代以降はオオクチバス、ブルーギ

ルの影響で絶滅寸前となっている例もある。オオクチバスとブルーギルは、3府県あわせて在来29種にとっての脅威とされており、絶滅種および各RDBの上位3カテゴリーに指定された42種の69%を占める。2または3府県で、2種の外来魚が共通して脅威となっている在来魚は11種にものぼり、外来魚の脅威は生息環境の物理的改変同様、地域を問わない。とりわけ滋賀県では、京都（12種）、大阪（13種）のほぼ1.5倍にあたる20種にのぼり、2種の外来魚の脅威が琵琶湖で特に深刻なことを示している。

● 富栄養化・水質汚濁

富栄養化や水質汚濁（有機汚濁）※の脅威は大阪府が18種と最も多く、滋賀県（1種）や京都府（2種）では少ない。水野（1965）は、1960～61年に水質汚濁と淀川の魚類分布の関係を解析し、貧腐水性※～β中腐水性の宇治川、桂川および淀川の枚方地点では魚類の種数が豊富だが、α中腐水性の淀川下流（感潮域を除く）では種数が半分以下となり、さらに強腐水性の堂島川、

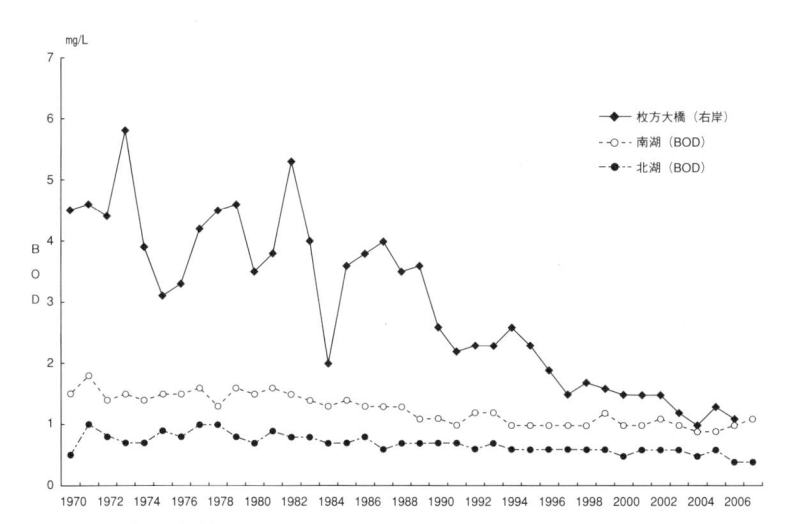

図1-3-3　淀川（枚方右岸）、琵琶湖南湖（全地点平均）、北湖（全地点平均）におけるBODの年変化
大阪府「環境白書」、滋賀県「環境白書」より作図

水質汚濁：河川、湖沼などの公共用水域の水の状態が、おもに人の活動によって損なわれること。原因として、火山噴火など自然現象もあるが、特に問題視されるのは生活排水や産業排水による水の汚濁や汚染（有害物質による）である。湖では、富栄養化によって植物プランクトンが異常増殖することを指すこともある。
腐水性：有機汚濁の程度を示す階級で、貧腐水性、β中腐水性、α中腐水性、強腐水性の順で有機汚濁の程度が大きくなる。

寝屋川では魚は皆無か少数のフナが生息するのみと述べている。確かに1960年頃の淀川右岸では、BOD[※]が8〜12mg/L（α中腐水性に相当）と高く、右岸へ流入する一部の支流では130〜170mg/Lと極めて高濃度のBODが記録されている（津田, 1964）。しかし1973年（4〜6mg/L）を境に、枚方地点および下流（鳥飼大橋）での水質は改善傾向にあり、平成2年以降のBOD（75%値）はいずれも環境基準（3 mg/L）以下、平成18年度は1.0〜1.3mg/Lの範囲内に収まっている（図1-3-3）。強腐水性だった寝屋川のBODも、1970年には63 mg/Lから2000年以降は5〜8.3 mg/Lとほぼ10分の1にまで低下している。人口密集地を流れる淀川では、30〜40年前には水質汚濁が魚類の生息に大きな影響を与えたことは間違いないだろう。しかし、現在でも水質汚濁が大きな脅威となっているかどうかは疑問である。

一方、琵琶湖南湖のBODは1970年頃でも1.5〜2 mg/Lで、当時の淀川の値よりはるかに低い。2007年には全地点平均で1.1mg/Lに減少している（図1-3-3）。富栄養化指標の一つである全リン濃度も、1970年の0.035mg/Lから0.016mg/L（2007年）とほぼ2分の1に低下した。琵琶湖北湖のBODは0.5〜1 mg/L（1970〜71年）から0.4mg/L（2007年）、全リン濃度は0.012〜0.010mg/L（1971年）から0.007mg/L（2007年）と南湖よりさらに低い（滋賀県, 1971〜2008）。BODの値からは、南湖の水質は30〜40年前も今も貧腐水性またはβ中腐水性、北湖は貧腐水性に相当すると考えられる。つまり琵琶湖や周辺水域では、水質汚濁や富栄養化はスナヤツメなど一部の魚種への脅威となってはいるが、在来魚への主要な脅威となっていたとは、過去も現在も考えにくい。但し、南湖への流入河川では、1970年代のBODは4.5mg/Lと比較的高く、魚類の生息に影響を及ぼしていた可能性は高い。

このように3府県のRDBでは、在来魚への共通した脅威は生息環境の物理的改変や外来魚と考えられており、それに加えて滋賀県では琵琶湖の水位操作、大阪府では淀川の水質汚濁や淀川大堰の水位操作が比較的多くの魚類にとっての脅威とされている。

BOD：水中の有機物などの量を、その酸化分解のために微生物が必要とする酸素の量で表したもの。BODの値が大きいほど水質が悪いとされる。

3. 在来貝類の脅威

● 生息環境の物理的改変

貝類では、湖岸改変と河川改修あわせて26種で、魚類同様、最も多くの種の脅威となっている（表1-3-3）。ただ滋賀県は両者あわせて5種だが、京都府14種、大阪府は22種と地域差が大きい。滋賀県（琵琶湖）で湖岸改変が脅

表1-3-3 琵琶湖・淀川水系の在来貝類のうち、滋賀県、京都府、大阪府レッドデータの上位3カテゴリーに指定された35種の脅威
それぞれの府県レッドデータで挙げられている減少要因を滋：滋賀県、京：京都府、大：大阪府で表示した。脅威の概要は、表1-3-2と同じ。点線より上は巻貝、下は二枚貝を表す。

和名	外来種	湖岸改変	河川改修・ダム・堰建設	ため池等池沼の改修	土砂流入	圃場整備等	水位操作	富栄養化・水質汚濁	水質汚染（農薬等）	湧水・伏流水の消失	乱獲	不明・その他
オオタニシ			大	大				大				
マルタニシ			大			滋・京・大						
ナガタニシ※			京					京				滋
マメタニシ			大	京				京・大				
ヤマトカワニナ※			大					大				
タテヒダカワニナ※			大					大				
イボカワニナ※			大									滋
ナカセコカワニナ※			滋・京・大				大	京・大				
モリカワニナ※												滋
クロカワニナ※							滋					
フトマキカワニナ※							滋					
ホソマキカワニナ※							滋					
タテジワカワニナ※							滋					
オオウラカワニナ※					滋		滋					
タケシマカワニナ※												滋
シライシカワニナ※												滋
ナンゴウカワニナ※					滋		滋					
クロダカワニナ			京・大					大				
ヒメモノアラガイ		大	大	大		大		大				
オウミガイ※			京					京				
カワネジガイ			京・大			京		大				滋
ヒダリマキモノアラガイ			京・大			京		大				滋
カドヒラマキガイ※			京・大					京・大				
カタハガイ			京	滋				京				滋
マツカサガイ		滋	滋・大			京	滋	京・大				
オバエボシガイ			京・大					京・大				
オトコタテボシガイ※		滋	京・大					京・大				
ササノハガイ※			大					大	※※			
マルドブガイ※			大					大	※※			
オグラヌマガイ			京・大					京・大				
イケチョウガイ※			京・大					京・大			※※	滋
カラスガイ			大	大				大				
メンカラスガイ※			大					大	※※			
マシジミ			滋									
セタシジミ※		京・大	滋	京・大				京・大	※※		※※	
計	2種	4種	25種	5種	2種	6種	7種	25種	4種	0種	2種	10種
滋賀県	0種	4種	2種	1種	2種	2種	6種	0種	4種	0種	2種	10種
京都府	1種	0種	14種	1種	0種	4種	0種	11種	0種	0種	0種	0種
大阪府	2種	0種	22種	3種	0種	2種	1種	22種	0種	0種	0種	0種
琵琶湖水系固有種	1種	2種	14種	0種	2種	0種	6種	14種	4種	0種	2種	6種

※：琵琶湖固有種
※※：は筆者による琵琶湖での減少要因

威とされた貝類が少ない理由の一つは、湖岸堤のほとんどが傾斜の緩やかな砂浜湖岸や抽水植物湖岸（ヨシ帯）に建設されたことが挙げられる。琵琶湖の水深2mまでの浅い湖岸に生息する大型貝類には、固有のビワカワニナ亜属を中心とする巻貝が多い。かれらは湖岸の傾斜が急な岩石・礫質の湖岸に生息する種が多いため（Watanabe and Nishino, 1995）、湖岸堤建設の影響を直接受けた種はそれほど多くなかったと推測される。

一方、大型二枚貝類は、おもに水深2～8mの湖底に生息するが（林、1972）。傾斜の緩やかな湖岸の多くは遠浅で、水深2～8mの湖底からは数百mも離れている湖岸が多い。そのため、湖岸堤が大型二枚貝類に与えた脅威はそれほど大きくなかったのかも知れない。

● 水位操作

しかし、水深1～2mに生息する種が多いビワカワニナ亜属にとっては、水位操作が大きな脅威となっている。とくに滋賀県（琵琶湖）では7種の固有カワニナ類がRDBの上位3カテゴリーに指定され、うち水位操作が脅威とされているのは6種にのぼる（表1-3-3）。淀川でも、ナカセコカワニナの絶滅と淀川大堰の水位操作との関連が指摘されている（大阪府, 2000）。

琵琶湖では水位操作規則が1992年に制定されて以降、水位が5月中旬から低く抑えられているため、梅雨期、台風期に雨が少ないと1m近くも水位が低下するようになった。明治7年（1874年）に琵琶湖水位の観測が始まって以来、水位がB.S.L.−90cm[※]を下回った年は1992年までの118年間で僅か2回にすぎない。ところが水位操作規則制定の2年後（1994年）には、観測史上初の低水位（B.S.L.−123cm）を記録し、1996年（同−90cm）、2000年（同−97cm）、2002年（同−99cm）とB.S.L.−90cm以下まで低下した年が16年間に4回という高頻度で生じている（図1-3-1）。遠浅の湖岸では、低水位になるたび数百mにわたって干上がった湖底で多くの貝類が死滅した（西野, 2003）。1994年の水位低下による干出で死亡したタニシ類は、琵琶湖全体の生息量の5.5%（湿重量96トン）、カワニナ類8.6%（同104トン）、二枚貝のタテボシガ

B.S.L.−90cm：琵琶湖では、水位がB.S.L.−90cm以下になると、本格的な取水制限を行うことになっているため、この数値を著しい水位低下の目安とした。琵琶湖の水位は1cm低下するだけで680万トン、−90cmの水位低下では単純計算で6.1億トンもの水量が失われる計算になる。これは琵琶湖の流入河川に現在計画中の丹生ダムの計画容量（1.5億トン）の4.5倍以上に相当し、決して少ない水量ではない。

イ8.0％（675トン）、ドブガイ16.6％（111トン）と推定されている（琵琶湖河川事務所HP）。

このように滋賀県のRDBでは、琵琶湖の水位操作が多くの在来魚類、貝類で脅威とされている。ただ、魚類では毎年5月中旬以降に水位が数十cm低く維持されることが、貝類では、前述のように降雨の少ない年に水位が著しく低下したことが脅威となっている。なお著しい水位低下が頻発化する背景には、水位操作に加え長期的な降雨量の減少傾向があると考えられ、今後もB.S.L.－90cmを超える低水位が生じる可能性は少なくない。

● 富栄養化・水質汚濁

富栄養化や水質汚濁は3府県あわせて25種もの脅威となっているが、魚類と同様に地域差が大きく、大阪府が22種、京都府11種に対し、滋賀県はゼロだった。琵琶湖では、富栄養化が直接の脅威と考えられている貝類はないといってよいだろう。

タナゴ類の産卵基質となる二枚貝（イシガイ類：口絵Ⅵ-2）では、滋賀県では農薬の影響が大きく、京都府と大阪府では物理的改変と水質汚濁の影響が大きかった。一方、外来種の影響は3府県とも小さく、滋賀県では皆無で、オオクチバス、ブルーギル等外来魚が脅威となっている貝類はいない。ただ外来のカワヒバリガイやシジミ類、スクミリンゴガイ等が既に3府県に侵入、分布を拡大しており、今後、外来貝類が新たな脅威となる可能性は否定できない。

このように貝類では、非生物的要因が脅威となっている種が多く、外来種など生物的要因の脅威はそれほど大きくない。また地域差が大きく、滋賀県では農薬と琵琶湖の水位操作、京都・大阪では物理的改変と水質汚濁が主な脅威とされていた。魚類と貝類に共通した脅威は、滋賀県では琵琶湖の水位操作、京都府と大阪府では河川改修と水質汚濁だった。

4．固有種への脅威
●固有魚類

では固有種への脅威は、在来種のそれと同じだろうか？ 滋賀県RDBでは、最も多くの固有魚種への脅威は外来魚（10種）、次いで湖岸改変（6種）、水位操作（3種）、乱獲（1種）、河川改修（1種）の順で、水質汚濁はゼロだった（滋賀県生き物総合調査委員会, 2006）。河川改修の脅威が少なかったのは、固有魚種の多くが生活史のほとんどを湖内ですごすためだと考えられる。例外は、琵琶湖への流入河川に遡上して産卵するビワマスや、湖に流入する小川や水路に生息し、水田で産卵するスジシマドジョウ小型種琵琶湖型、琵琶湖と小川や水路を利用するスジシマドジョウ大型種の3種である。ただビワマスでは、県漁連が産卵遡上した成魚を捕獲して人工授精・孵化事業を行っており、近年の年間漁獲量は13～30トンで維持されている。後2種では、外来魚、圃場整備、水路や小川の改修が脅威とされており、河川改修を除けば、固有魚種への脅威は在来魚のそれと大きく違わない（表1-3-2）。

●固有貝類

固有貝類では、湖岸改変と河川改修があわせて14種と、最も多くの種にとっての脅威となっている。ただ、ほとんどは京都（8種）・大阪府（12種）で、琵琶湖ではセタシジミとオトコタテボシガイ等3種にとどまる（表1-3-3）。富栄養化や水質汚濁の脅威も14種と多いが、これも魚類同様、滋賀県はゼロである。また3府県とも外来種の影響もそれほど多くない。逆に滋賀県で多いのが、水位操作（6種）と農薬等の水質汚染（4種）である。

●プランクトン、底生動物、沈水植物

魚貝類以外では、プランクトンのビワツボカムリやビワミジンコでは富栄養化が、沈水植物のサンネンモでは富栄養化と湖底の泥質化が脅威と考えられている（表1-3-1；表1-3-4）。

底生動物ではビワオオウズムシとアナンデールヨコエビは主に水深30m以深の湖底に生息し、富栄養化に伴う湖底への有機物の堆積と湖底直上水層の

表1-3-4 琵琶湖の固有種（魚類、貝類、沈水植物を除く）のうち、環境省レッドリスト（RL）および滋賀県RDBの上位3カテゴリーに指定された種への脅威

生活型	和名	環境省RL	滋賀県RDB	外来魚	湖岸改変	河川改修	水位操作	ほ場整備等	土砂流入	富栄養化・水質汚濁	水質汚染（農薬等）	湧水・伏流水の消失	二枚貝（イシガイ科）の減少	乱獲	湖底の泥質化	湖底の低酸素	不明・その他
P	ビワツボカムリ		絶危							滋							
P	ビワミジンコ		絶危							滋							
B	イカリビル		絶危							滋						滋	滋
B	ビワオオウズムシ	CR+EN	危増							滋						滋	
B	ビワカマカ		希少		滋				滋	滋							
B	アナンデールヨコエビ	NT	希少							滋						滋	
B	ナリタヨコエビ	NT	希少		滋				滋	滋							
	計			0種	2種	0種	0種	0種	2種	7種	0種	0種	0種	0種	0種	3種	1種

脅威の概要は表1-3-2と同じ。
Pはプランクトン、Bは底生動物。

貧酸素化が主な脅威と考えられている（表1-3-4）。同じく底生動物のイカリビルは1915年に北湖深底部で採集されて以降、全く分布記録がなかったが、最近、水深20mの湖底で採集された（Oka，1917；伊藤私信）。しかし本種の生態はよく分かっておらず、脅威については推測の域を出ない。ビワカマカとナリタヨコエビは沿岸部で生息するため、富栄養化、湖岸改変、土砂流入が脅威と考えられている。

水生昆虫のビワコエグリトビケラやビワコシロカゲロウは滋賀県RDBの分布上重要種に指定されている。しかし筆者の調査では、20年前に比べて両種の幼虫・成虫とも著しく減少しており、今後上位のカテゴリーに指定される可能性が高い。とくにビワコエグリトビケラ幼虫は、主に水深2m以浅の岩石の裏表面や窪みに固着して生活し、夏期に休眠する。そのため夏期に水位が1m近く低下すると、干上がった湖底ではほとんどの幼虫や蛹が死滅したと推測され、著しい水位低下の頻発化の影響を強く受けたと考えられる。

このように、固有種への脅威は魚類、貝類、プランクトン、その他の底生動植物で共通する要素とそうでない要素がある。滋賀県RDBからは、魚類と底生動物の一部では湖岸改変、河川改修、土砂流入が、プランクトンと底生動物の一部では富栄養化が脅威とされている。なお前節で述べたように、京都府、大阪府では、魚貝類以外の固有種についての報告例が少なく、生息の現状も脅威も不明である。

5. 琵琶湖の生物の減少要因

ところで環境省レッドリストが編集されたのは1980年代、その後、各府県でRDB編集が始まったのは1990年代後半である。そのため、各府県のRDBで挙げられている脅威は、編集時点で考えられた要因がほとんどと考えられ、過去の減少要因や脅威について必ずしも言及されているわけではない。野生生物の減少要因については各府県のRDBだけでは不十分で、他の資料も参考にしながら評価する必要がある。ここでは、比較的多くの文献資料が整っている琵琶湖の魚類や貝類を中心に、明治以降の変遷を概観する。

前述したように、洪水防御の目的で1905年に南郷洗堰が建設されたが、その前後で琵琶湖の平均水位は50cm近くも低下した（図1-1-6参照）。水位は、その後もさらに低下したため、周辺低地が次々に開田され、大正時代には約20km²もの水田が開かれた（藤野, 1975）。内湖でも水位が低下し、産卵のため内湖を訪れる魚類が減少して内湖漁業が寂れ、灌漑用水も提供できなくなった（田中, 1919）。内湖の利用価値は低下し、大正時代に入ると干拓への機運が高まる。また、大津や彦根の湖岸に製糸工場が誘致され、工業からの排水で、しばしば魚貝類の大量死が報告されている（大津市, 1982）。ただ動力船が普及する前で漁獲努力量が小さかったこともあり、戦前の環境影響を漁獲量等から評価することは困難である。

● 戦後の変化

戦後は、主に南湖岸を中心に埋め立てが始まるとともに、内湖干拓が本格化し、いずれも高度成長期（1960年代）にピークをむかえた。動力船が普及したこともあって、漁獲量は増大傾向にあったが、内湖干拓が終了した翌年の1972年をピークに、アユを除く※琵琶湖の魚類漁獲量が翌年から減少し始める（図1-3-2上図）。圃場整備事業も、内湖の干拓と相前後して1963年から始まるが、圃場整備累加面積とコイ・フナ類の漁獲量との間には有意の負の相関（P<0.01）が見られている（図1-3-2下図）。圃場整備事業によって減少した魚種は、滋賀県でも少なくなかったと考えられる。

アユを除く：アユは、人工河川など積極的な資源保護施策がとられているため、漁獲統計から除いた。

また1960年には、周囲の水田に農薬が散布された直後の豪雨で、大量の農薬（PCP）が琵琶湖に流入してシジミやアユが大量斃死し、4億円（当時）にも達する漁業被害がでた（滋賀県，2008a）。セタシジミの斃死率は25％以上（重量％）におよび、とくに殻長1.5cm以上の繁殖可能な大型個体の斃死率が高かった（水本ほか，1962）。シジミ漁獲量はその年を境に激減し、その後、3～4年ごとに段階的に減少している（図1-3-3）。1960年頃のシジミの生産量と漁獲量とはほぼ釣り合っていたと推定されており（林ほか，1966）、

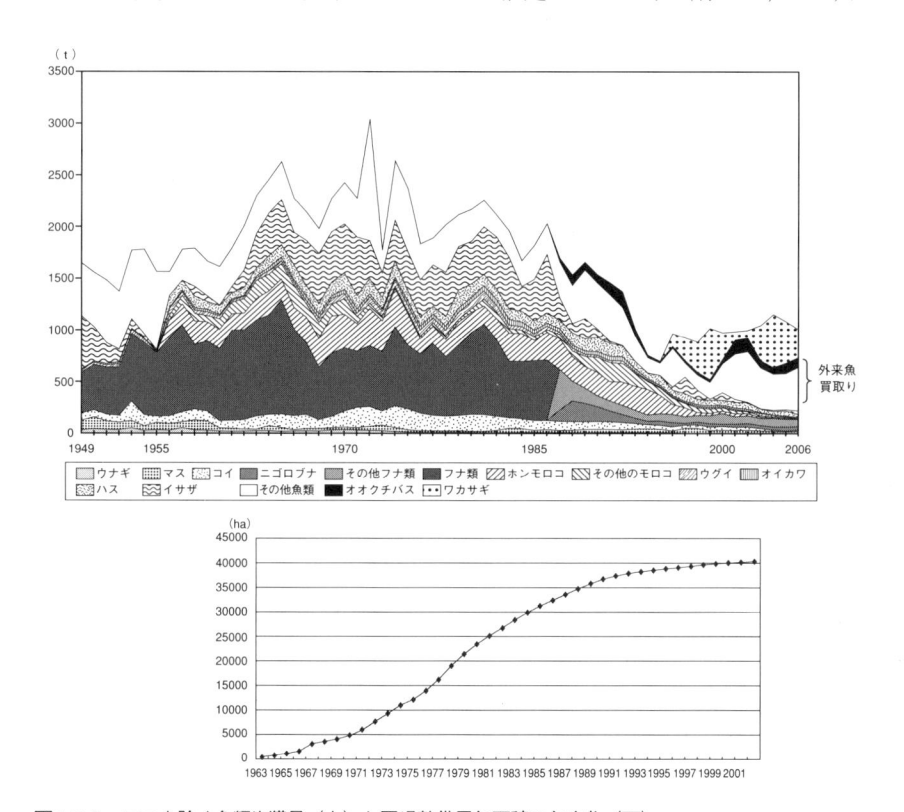

図1-3-2　アユを除く魚類漁獲量（上）と圃場整備累加面積の年変化（下）

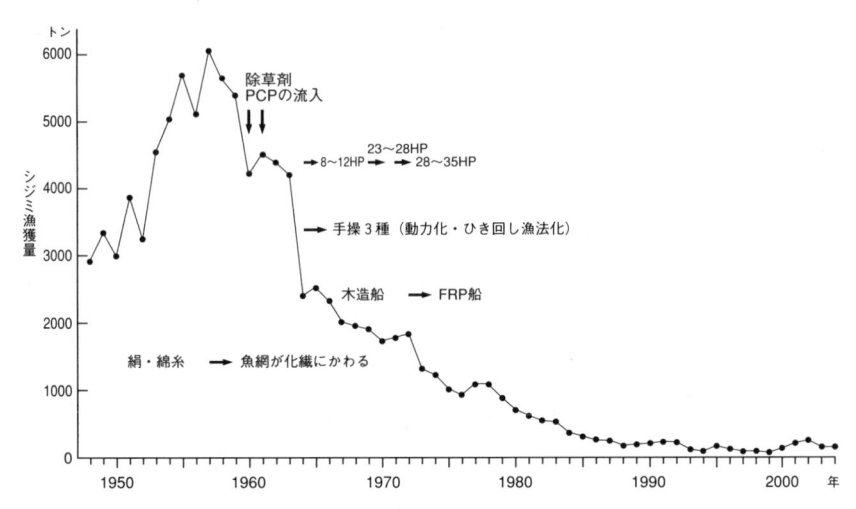

図1-3-3　琵琶湖のシジミ漁獲量の変化
除草剤PCPの流入年、漁船の馬力（HP）、漁法（手操第3種）、漁船、漁具（漁網）に変化のあった年を矢印で示した。

　恐らく、大量死が起こった年級群の減少と、減少した漁獲を補う目的で新たに許可された引き回し漁法等によって漁獲努力がさらに高まったことが、シジミ資源の減少を促進したと考えられる。

●外来生物
　ところで琵琶湖では、明治に入ってから大規模な漁業が始まったが、しばらくすると乱獲の影響で資源が減少したといわれる（倉田, 1975）。そのため水産増殖の目的で、有用と思われた魚貝類や両生類の移植が頻繁に行われてきた。そのほとんどは定着に失敗し、成功したとされるのは、大正年間に霞ヶ浦から移植されたテナガエビのみだった。ただ古文書の調査から、琵琶湖には在来のテナガエビが生息していたと考えられており（原田・西野, 2004）、移植したテナガエビがどの程度琵琶湖に定着したかについては疑問が残る。
　しかし1960年代に入ると状況は一変する。北米原産のコカナダモが1960年

代に大増殖をはじめ、1970年代にはオオカナダモが南湖を中心に分布域を広げた。野生化したブルーギルが1965年に西の湖で、オオクチバスは1974年に琵琶湖で初めて確認されたが、２種が湖全域に分布を拡大し、大増殖したのは1980年代に入ってからである。1980年代には琵琶湖総合開発事業の一環として湖岸堤の建設が始まり、1990年頃にはほぼ終了している。1992年に水位操作規則が制定され、それ以降初夏から夏にかけて水位が低く維持されるようになった。

　近年、琵琶湖周辺ではアフリカ原産のボタンウキクサが1999年から、2007年からは、ミズヒマワリ（中南米原産）とナガエツルノゲイトウ（南米原産）など環境省の特定外来生物*に指定された浮葉、抽水植物7種が侵入・定着し、南湖や内湖など浅水域を中心に分布域を広げつつある（藤井ほか，2008）。淀川でも、1990年代後半からワンド周辺でボタンウキクサが大繁茂している。ボタンウキクサやミズヒマワリは、大繁茂すると水表面を覆ってしまい、下層に光が届かなくなって水中の溶存酸素を減少させる。そのため湖底や川底付近が貧酸素化し、魚類が全く繁殖しなくなった事例が海外で知られている。今後、これら外来植物が繁茂し、在来動植物の新たな脅威となることが懸念される。

● 負のスパイラル

　これまで述べてきたように、琵琶湖では1905年に南郷洗堰が建設された後、長期的に水位が低下し、また1960年代の内湖干拓、南湖埋め立てや工場立地、農薬の流入、外来水草の増殖を経て、1980年代以降の外来魚増加や湖岸堤建設、1992年以降の水位操作の変化など、様々な脅威が次々に生じてきた。なかでも、水位の長期的低下や内湖干拓、湖岸の埋め立て等によって琵琶湖と内湖あわせて47.48km²もの水面面積が消失したと推定される（１章コラム参照）。前述したように、これは現在の琵琶湖の水深２m以浅と内湖をあわせた面積（23.26km²）の２倍以上に相当し、沿岸部に生息する生物にとって最大の脅威だったと考えてよいだろう。

　一方、国の水環境に関する政策は、1967年に公害対策基本法、1970年に廃

特定外来生物：海外起源の外来生物であって、生態系、人の生命・身体、農林水産業へ被害を及ぼすもの、または及ぼすおそれがあるものの中から環境省が指定した種。生きているものに限られ、個体だけではなく、卵、種子、器官なども含まれる。

棄物処理法や水質汚濁防止法、1984年に湖沼水質保全特別措置法、1993年に環境基本法、1995年に生物多様性国家戦略、1997年に環境影響評価法、2008年には生物多様性基本法を制定するなど、関係法令が整備されてきた（表1-3-5）。

滋賀県でも、1969年に公害防止条例、1972年には同条例の改正、上乗せ排水条例の制定、1979年には富栄養化防止条例、1981年には環境影響評価要綱制定、1992年にはヨシ群落保全条例、1994年に生物環境アドバイザー制度、2000年には琵琶湖総合保全計画、2002年にはヨシ群落保全条例の改定と琵琶

表1-3-5 国および滋賀県の環境保全等の主な動き

西暦（年）	国	滋 賀 県	国際的な動き
1967	公害対策基本法		
1969		公害防止条例	
1970	廃棄物処理法　水質汚濁防止法		
1971	環境庁発足		
1972	琵琶湖総合開発特別措置法	公害防止条例改正、上乗せ排水条例	
1973		滋賀県自然環境保全条例	
1979		富栄養化防止条例	ラムサール条約、ワシントン条約発効
1981		環境影響評価要綱制定	
1984	湖沼水質保全特別措置法		
1985	琵琶湖が湖沼法の指定湖沼に決定		
1992		ヨシ群落保全条例	地球サミット（リオデジャネイロ）
1993	環境基本法		ラムサール条約登録（琵琶湖）
1994		生物環境アドバイザー制度	
1995	生物多様性国家戦略		
1996		環境基本条例、生活排水対策推進条例、排水基準上乗せ条例	
1997	環境影響評価法・河川法改正	琵琶湖総合開発事業終結　滋賀県環境基準計画	
1998		環境影響評価条例	
2000		琵琶湖総合保全計画策定	
2001	環境庁から環境省へ		
2002	新・生物多様性国家戦略　自然再生推進法	ヨシ群落保全条例改正、琵琶湖レジャー利用適正化条例	
2003	環境保全活動・環境教育推進法	環境こだわり農業推進条例	
2004	外来生物法	新滋賀県環境基本計画・環境学習の推進に関する条例	
2005	湖沼水質保全特別措置法改正　琵琶湖淀川流域圏の再生計画		
2006		ふるさと野生動植物との共生に関する条例	
2007	第3次生物多様性国家戦略		
2008	生物多様性基本法	持続可能な滋賀社会ビジョン	ラムサール条約登録（西の湖）

湖のレジャー利用の適正化に関する条例、2006年にふるさと滋賀の野生動植物との共生に関する条例の制定など、全国に先駆けて先進的な環境保全策を推進してきた。とくに水質保全については、下水道整備や住民の協力も含め、包括的な施策が進められ、多額の予算がつぎ込まれてきた。また国際的にも、1993年に琵琶湖が、2008年には最大の残存内湖である西の湖がラムサール条約の登録湿地となっている。

　しかし野生生物の生息環境保全については、琵琶湖総合開発の主要事業が終了する1992年まではあまり配慮されてこなかった。その後保全に向けて動き出してはいるが、対象生物あるいは地域を限定した施策に限定されていたり、あるいは理念は高く掲げられているものの、予算的な裏付けが十分とはいえないなど、包括的な施策として十分機能しているとは言い難い。そのため、多くの野生生物では、前述の脅威に対する対策が不十分なまま、新たな脅威が加わることで、さらに生息数を減少させるという悪循環に陥っている。この、いわば負のスパイラルをどう断ち切るかが、今後の生物多様性保全の大きな課題といえる。

6．水質保全から生態系・生物多様性保全へ

　1977年、それまで貧栄養湖と思われてきた琵琶湖に初めて赤潮が、1983年にはアオコが発生し、その後、毎年のように赤潮やアオコが琵琶湖で出現するようになった。富栄養化が湖の環境変化の主な原因と考えられ、環境保全策イコール水質保全という時代が長く続いた。努力の甲斐あって、湖への流入河川の水質は劇的に改善され、湖内でも富栄養化の元凶と考えられていたリン濃度は低下し、透明度やクロロフィル量で示される琵琶湖北湖沖帯の水質は、前述の富栄養化関連の指標も含め、かなり改善されてきた。にもかかわらず、市民からは、琵琶湖は汚れている、きれいになっていないという声をよく聞く。その背景には、在来魚の減少とオオクチバス、ブルーギルの増加等、誰の目にも明らかなほど湖の生態系が変化してきたことがあげられ

る。滋賀県が行った県民世論調査でも、琵琶湖がもつ価値の1位は水資源だが、2位に生態系が、また琵琶湖の保全に必要な項目でも、水質改善対策の次に在来魚類の増加と外来魚の減少が重要と考える人が多かった（滋賀県, 2008b）。

環境省レッドリストや滋賀県RDBでは、改訂の度に上位カテゴリーへの指定種数が増加している。新たな知見が加わって指定カテゴリーが変更された例もあるが、多くの上位カテゴリー種では、生存への脅威が次第に増している。魚貝類をはじめとする在来の水生生物の減少は止るどころか、減少にさらに拍車がかかっていることを示している。

一方、南湖では在来のセンニンモ、ホザキノフサモなどをはじめとする在来の沈水植物（水草）が大繁茂している。かつての琵琶湖では、水草帯は、在来魚介類の良好な繁殖場であった。だが現在の南湖では、オオクチバスやブルーギルが優占し、水草帯がほぼ全面を覆い尽くすほどに大繁茂しているにもかかわらず、在来魚介類の繁殖場としてほとんど機能していない。水草繁茂のきっかけは、1994年の低水位で光環境が改善したためと考えられており、ここでも水位操作が湖の生態系変化を促している（Hamabata and Kobayashi, 2002）。

3府県のRDBが示すように、本水系の在来生物の多くは生物、非生物的要因の両面にわたって脅かされ、生存の基盤を失いつつある。危機的な状況にある固有種をはじめとする在来生物を今後どう保全し、生息環境をどのように修復・回復していくかは、極めて緊急性の高い重要な課題といえる。次章からは、水辺の植物と魚類を中心に、生育・生息の現状と生存を脅かしている要因を詳細に解析し、保全・修復の方向性を示すとともに、現在、本水系で行われている様々な在来生物相回復の試みについて紹介する。

（西野麻知子）

明治時代地形図からみた湖岸地形の変化

琵琶湖の面積の謎

　湖岸の地形は、湖岸生態系の構造に影響を与える基礎的要因の一つである。よく知られたことではあるが、かつての琵琶湖の湖岸域には、数多くの内湖が琵琶湖本湖に付属するように分布していた。豊かなヨシ帯が広がる内湖は、在来魚類の産卵の場として重要な役割を果たし、湖岸生態系を形成する重要な要素であった。それだけでなく、漁撈や藻刈り、ヨシ刈りを通じて人々の生活と関わりの深い水辺でもあった。

　内湖のほとんどは水深が2mより浅い水域であったため、土砂堆積、水位変動、干拓、埋め立てなどの自然的、人為的要因で、昔から絶えず変化していた場所であった。そのため、琵琶湖の原風景がどのようなものかを考える場合、内湖に注目しながら湖岸地形の変遷を把握することが重要である。

　内湖の地形の変化については、干拓事業との関連で、1940年代以降について、文献でその面積についてうかがい知ることができるが、それ以前について面積等が示された例はない。また、本湖である琵琶湖の面積については、明治以降、699.96km^{2}から721.46km^{2}まで様々な値が公表されている（西野, 2005）。これは、実際の面積変化だけでなく、内湖を本湖に含めるか、それとも含めないかの統計のとり方によっても差が生じており、実際の琵琶湖の面積変化は依然として不確かなところがある。

　このような問題を解決するためには、できるだけ古い地図を用いて、内湖と本湖に区分けしながら湖岸の地形を調べる必要がある。しかし内湖の一部は、琵琶湖に向かって開口し、境界がはっきしていないのも事実である。そのため、面積値を示すだけでなく、どの小水域を内湖としたかという地理的

情報をデータとしてはっきりと残し、他の時代と比較する際に基準を合わせられるようにすることが求められる。

明治時代地形図のGISデータ化

　それを達成するために威力を発揮するのがGIS（地理情報システム）である。GISを用いて、異なる時代の地図を統一的な地理座標空間に基づいたデジタルデータとして整理すると、面積計測はもちろんのこと、マップオーバレイによって異なる時代の情報の空間比較が容易になる。

　比較的位置精度が高いもっとも古い地図は、旧陸軍参謀本部が明治時代後期（1892年〜1909年）に測量・作成した「2万分の1正式図」であろう。これは、近代的な測量方法（三角測量）により作成されたわが国で最初の地図の一つであるが、従来、この地図は一般には入手が困難だった。しかし2001年に、原寸で復刻製版した『正式二万分一地形図集成』が柏書房から発行され、一般に入手できるようになった。そこで、この地図から明治時代の湖辺地形を物語るGISデータを作成し、湖岸地形の変化の解析を試みた。

　まず、琵琶湖周辺の地図38枚を、スキャナーにより画像化したのち幾何補正を行い、現在一般的に使われている地理座標系のデータに変換した（図1）。こうすることで、現在の湖岸に関するGIS情報と重ね合わせが可能となる。また、これら38枚の幾何補正した琵琶湖辺の地図画像を一つにまとめたモザイク地図画像も作成し、琵琶湖の湖辺全体が一目でみわたせるようにした（図2）。

　こうして作成した地図画像は、現在のGISデータと同じ位置情報を有するため、相互の空間比較が可能となる。次に、これら地図画像から目視判読により琵琶湖および湖辺の小水域分布に関するGISデータを作成した。湖辺の小水域分布については、形状が比較的塊状を呈し、かつ琵琶湖と水路等で明瞭につながっているものを「内湖」と定めた。一方、現在の状況を表すGIS

図1 幾何補正した明治時代後期の地図画像の例

本図は、正式二万分一地形図集成「関西」(柏書房)の紙地図をスキャナーで画像データ化したのち、現在使われている地理座標系(世界測地系)による平面直角座標系第6系)に基づくように幾何補正したものを、現在の湖岸線GISデータと重ね合わせ表示したものである.

図2 明治時代後期の合成地図画像
正式2万分1地形図集成「関西、中部日本2、中部日本3」(柏書房)から作成した38枚の幾何補正済み地図画像のモザイク処理により作成.

データも作成した。これは、国土地理院作成の数値地図25,000（空間データ基盤）の中から抜き取った水域データを元にしながら、2000年（琵琶湖研究所撮影）と2003年（国土交通省琵琶湖河川事務所撮影）のオルソ航空写真を重ね合わせて、琵琶湖と「内湖」のGISデータを同様にして作成した（図3）。

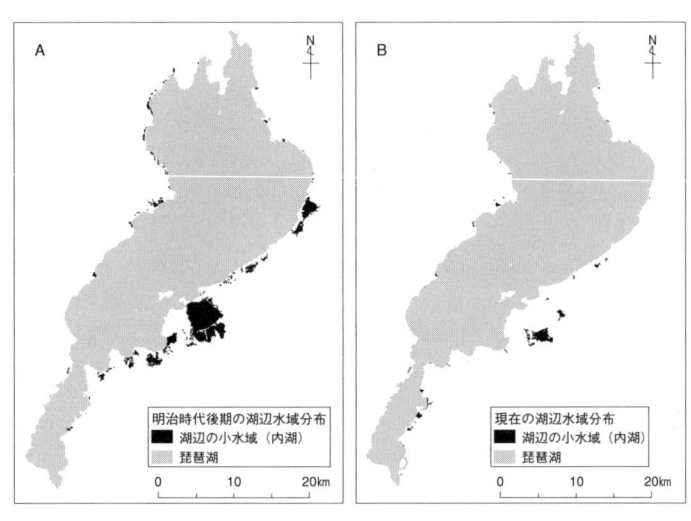

図3　明治時代後期（A：1892年～1909年）と現在（B：2000年～2003年）における琵琶湖辺の小水域分布状況の比較

琵琶湖と内湖の面積のGISによる計測

　このようにして明治時代後期の琵琶湖および内湖の地理的分布をGISによって復元し、現在のものと正確に空間比較できるようになった。表1、2、3に、明治時代後期と現在における琵琶湖本湖および内湖の面積値を、それぞれ琵琶湖全体、北湖および南湖の別に示す。表1をみると、明治時代後期から現在までに本湖（琵琶湖）、内湖ともに面積が減少しているが、内湖の

表1　明治時代後期（1892年〜1909年）と現在（2000年〜2003年）における琵琶湖の水域面積の比較

	琵琶湖	内湖	琵琶湖＋内湖
明治時代後期 （1892年〜1909年）	687.82km²	35.13km²	722.91km²
現　　在 （2000年〜2003年）	669.23km²	6.20km²	675.43km²
減 少 面 積	18.59km²	28.89km²	47.48km²
面積の減少率	2.7%	82.3%	6.6%

表2　明治時代後期と現在における琵琶湖北湖の水域面積の比較

	琵琶湖（北湖）	内湖（北湖）	北湖＋内湖
明治時代後期 （1892年〜1909年）	627.56km²	34.79km²	662.32km²
現　　在 （2000年〜2003年）	617.86km²	5.24km²	623.10km²
減 少 面 積	9.70km²	29.52km²	39.22km²
面積の減少率	1.5%	84.9%	5.9%

表3　明治時代後期と現在における琵琶湖南湖の水域面積の比較

	琵琶湖（南湖）	内湖（南湖）	南湖＋内湖
明治時代後期 （1892年〜1909年）	60.26km²	0.33km²	60.59km²
現　　在 （2000年〜2003年）	51.37km²	0.96km²	52.33km²
減 少 面 積	8.89km²	－0.63km²	8.26km²
面積の減少率	14.8%	－190.9%	13.6%

面積減少量は28.89km²と、琵琶湖の減少量18.59km²の約1.5倍も大きい。そして、面積減少率については、元々の水域面積が本湖に比べてずっと小さい内湖では、明治時代後期から82.3%の面積が消失したことがわかる。つまり、水域面積の増減という点から湖岸の変化をみると、湖岸が一様に変化したのでは

なく、内湖という浅水域に集中して変化したことがわかる。

　次に、水域を北湖と南湖に分けて比較した。明治時代後期から現在までの面積変化をみると、北湖では、内湖面積の減少が本湖の減少を大きく上回っていることがわかる（表2）。もともと大部分の内湖は北湖周辺に分布しており、北湖の湖岸変化は、内湖の変化によって特徴づけられる。それに対し、面積が小さい南湖では本湖面積の減少が比較的著しい（表3）。南湖周辺では、明治時代後期の面積の14.8%が減少しているが、南湖（本湖）で減少した面積8.89km²は、北湖（本湖）の減少面積9.70km²にほぼ匹敵する。一方、南湖周辺の内湖は、湖岸堤の建設等にともなって本湖の一部が区切られ、新たに人造内湖となった結果、明治時代後期より面積が増加している。

　このようにみていくと、琵琶湖の湖岸は、地理的、構造的に一様に人為的変化を受けたのではないことがよくわかる。北湖では、干拓等による内湖の消失が湖岸の変化を特徴づけるのに対し、南湖では、本湖の埋め立てや湖岸堤の整備による影響が湖岸の変化を特徴づけたと考えられる。

　以上のようにして、これまであいまいだった琵琶湖の面積について、明治時代後期と現在とで同様の基準で内湖と本湖を区分し、それぞれの値とその変化の特徴を明らかにすることができた。しかし、ここでは、明治時代後期と現在の大きく時間が離れた2時期のみの比較であるため、時代を細かく分けた湖岸変化の時系列的解析はなされていない。今後は、この間の時代について、地図等で同様に湖岸地形等の解析を進め、より詳細な湖岸の空間変化を明らかにする必要がある。

（東善広）

2章
琵琶湖・淀川水系の植物

オビニシの種をつけたコハクチョウ（琵琶湖岸、長浜市 2006年10月西村武司氏撮影）

2-1　植物からみた琵琶湖・淀川水系の特性

　近畿地方最大の流域面積を持つ琵琶湖・淀川水系（図2-1-1，図2-1-2）には様々な水湿地性植物が生育し、その多様性や特異性が従来から注目されてきた（北村，1968；角野，1991；梅原・栗林，1991；藤井，1994aなど）。しかし、琵琶湖・淀川水系の固有植物は、雑種起源とされるサンネンモ *Potamogeton biwaensis* とセキショウモの変種であるネジレモ *Vallisneria asiatica* var. *biwaensis* の2種類にしかすぎず、44種もの固有種が知られている魚類や貝類とはその様子は大きく異なっている（Nishino and Watanabe, 2000）。ある地域の生物相の特質やその貴重性を考える際には固有種の豊富さが一つの鍵となるが、この観点は琵琶湖・淀川水系の植物については適当ではない。では、琵琶湖・淀川水系の植物の特性やその貴重性はどのようにとらえるべきものであろうか。これまでの研究を要約した結論から言えば、他水系に比べて高い種多様性をもつこととその構成要素である植物種群に顕著な特徴が存在することだ。琵琶湖・淀川水系という限られた地域に分布が限定される水湿地性植物種が豊富で、それらの種群には琵琶湖・淀川水系の様々な環境特性に対応したいくつ

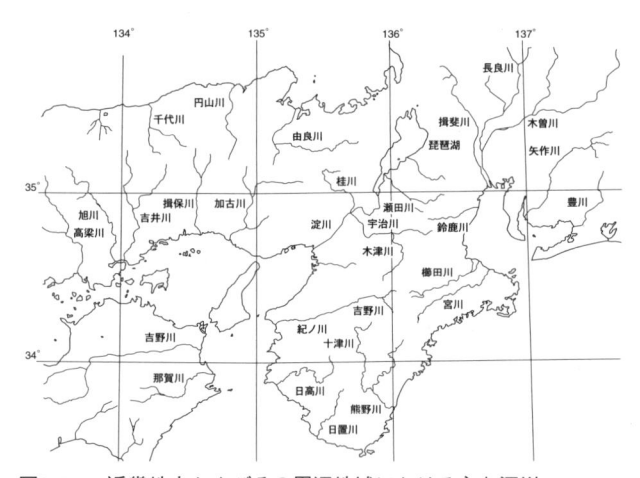

図2-1-1　近畿地方およびその周辺地域における主な河川

琵琶湖・淀川水系に生育する植物の特性を理解するためには、1）琵琶湖・淀川水系が擁する多様な環境についての理解、2）各環境に生育する植物種とそれらの特徴についての理解、3）各植物種の分布や生育状況についての他水系との比較などが必要である。表2-1-1には、琵琶湖・淀川水系でみられる環境を便宜的に7タイプに類型化し（止水域、原野・ヨシ原・低湿地、河畔林・湖畔林、砂浜、河原、渓谷、水路・小河川）、代表的な場所とそこに生育する植物を例示した。これらの各環境について近畿地方の他水系との比較を行うことで、次のような特性が浮かび上がってくる。

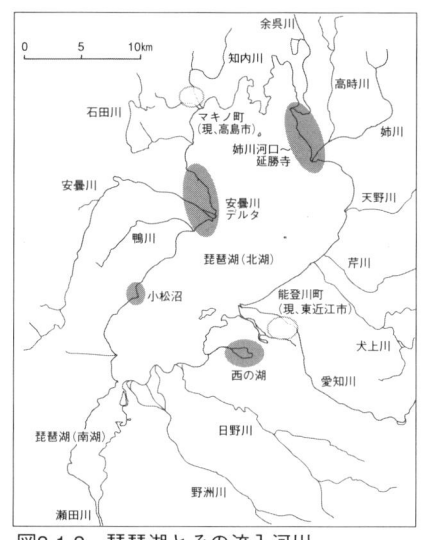

図2-1-2 琵琶湖とその流入河川

表2-1-1 琵琶湖・淀川水系の主な水辺環境とその代表的な場所および生育植物の特徴

環境	代表的な場所	植物の特徴
止水域	淀川（ワンド）、巨椋池（干拓で消失）、琵琶湖、内湖（曽根沼、西の湖、浜分沼、乙女ヶ池、小松沼など）	水草（沈水植物、浮葉植物が豊富）
原野・ヨシ原・低湿地	淀川（鵜殿）、宇治川（向島）、琵琶湖（姉川河口～延勝寺、西の湖、安曇川デルタ、小松沼など）	原野の植物、水位変動に適応した植物
河畔林・湖畔林	三川合流点付近、琵琶湖岸およびその流入河川（姉川河口～延勝寺、犬上川、愛知川、知内川、百瀬川、安曇川デルタなど）	河畔林・湖畔林特有の樹種、暖地性樹種のタブノキ、林床に山地性植物の生育
砂浜	琵琶湖（新海浜、菖蒲浜、知内浜、近江中庄浜、近江白浜、近江舞子～比良、和邇浜）	海浜植物
河原	木津川、琵琶湖流入河川（愛知川、野洲川、安曇川など）	河原特有の植物
渓谷	瀬田川、宇治川、桂川（保津峡周辺）、木津川上流（名張川など）	渓流沿い植物、岩壁植物
水路・小河川	能登川町（現.東近江市）、マキノ町（現.高島市）、安曇川デルタの水路では湧水が特筆される。琵琶湖疏水（京都市内）	湧水や流水を好む水草
その他	淀川河口（塩湿地・干潟）、深泥池（高層湿原、浮島）、山門湿原（高層湿原）	

1. 多数の天然湖沼群からなる止水域の存在

近畿地方の主な止水域環境には、琵琶湖・余呉湖・巨椋池や沿海地の海跡湖といった天然湖沼群、各地の人工ダム湖、瀬戸内地方に多い溜め池群、畿内地域に多い古墳群に付随する堀などがあり、天然湖沼以外はすべて人為的に造営されたものである。一方、琵琶湖・淀川水系に存在する琵琶湖、巨椋池（干拓で消滅）、多数の内湖群は自然に形成された止水域で、例外的なものが明治期に治水目的で造築された水制に由来する半自然的な淀川の「ワンド」群である（3-4参照）。

表2-1-2 琵琶湖および隣接内湖から記録された在来沈水植物
角野（1991）から抜粋し、一部を改変。

属	和名	学名
キンポウゲ属	バイカモ	Ranunculus nipponicus var. submersus
マツモ属	マツモ	Ceratophyllum demersum
	ゴハリマツモ	Ceratophyllum demersum var. quadrispinum
フサモ属	オグラノフサモ	Myriophyllum oguraense
	ホザキノフサモ	M. spicatum
	タチモ	M. ussuriense
シソクサ属	キクモ	Limnophila sessiliflora
タヌキモ属	ノタヌキモ	Utricularia aurea
	イヌタヌキモ	U. australis
	フサタヌキモ	U. dimorphanta
	ヒメタヌキモ	U. minor
	タヌキモ	U. vulgalis var. japonica
スブタ属	ヤナギスブタ	Blyxa japonica
クロモ属	クロモ	Hydrilla verticillata
ミズオオバコ属	ミズオオバコ	Ottelia alismoides
セキショウモ属	ネジレモ	Vallisneria asiatica var. biwaensis
	コウガイモ	V. denseserrulata
ヒルムシロ属	オオササエビモ	Potamogeton anguillanus
	サンネンモ	P. biwaensis
	エビモ	P. crispus
	ガシャモク	P. dentatus
	ヒロハノセンニンモ	P. leptocephalus
	センニンモ	P. maackianus
	ササバモ	P. malaianus
	ホソバミズヒキモ	P. octandrus
	ヤナギモ	P. oxyphyllus
	ヒロハノエビモ	P. perfoliatus
イバラモ属	ホッスモ	Najas graminea
	イバラモ	N. marina
	ヒロハトリゲモ	N. foveolata
	オオトリゲモ	N. oguraensis

琵琶湖とその周辺内湖からは合計78種の水生のシダ植物・種子植物が記録されており（角野, 1991）、一つの水域としては飛び抜けた存在だ。なかでも沈水植物の豊富なことが特筆され、ヒルムシロ属10種を筆頭に、タヌキモ属5種、イバラモ属4種、フサモ属3種、セキショウモ属2種などを数えることができる（表2-1-2）。本節の冒頭にも述べたように、サンネンモ（写真2-1-1②）は琵琶湖固有種、ネジレモ（写真2-1-1①）は固有変種である。ヒロハノセン

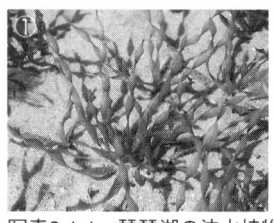

写真2-1-1　琵琶湖の沈水植物
①固有変種のネジレモ（近江白浜、高島市）。母変種のセキショウモから琵琶湖で分化したと考えられている。
②固有種のサンネンモ（近江白浜、高島市）。雑種起源の分類群と推定されている。
③ヒロハノセンニンモ（近江白浜、高島市）。雑種起源の分類群と推定されている。

ニンモ（写真2-1-1③）は琵琶湖と鹿児島県鰻池の2カ所に生育した稀産種だが、鰻池では絶滅しており、現在は琵琶湖にのみ生育している。ここで挙げたサンネンモ、ヒロハノセンニンモ、ネジレモの3種は琵琶湖では決して珍しいものではなく、むしろ多産する植物だ。コウガイモ、オオサエビモ、イバラモ、オオトリゲモは、近畿地方では稀少な種だが、琵琶湖では豊富に生育する。沈水植物種の豊富さおよび稀産沈水植物の豊富性という点で、琵琶湖と隣接内湖は沈水植物の宝庫といえる。

　近年の問題としては、外来の沈水植物であるコカナダモ、オオカナダモ、ハゴロモモ（フサジュンサイ）の繁茂が挙げられる。とくに、コカナダモは数年に一度の過繁茂を繰り返し、船舶航行の障害になったり、湖岸に打ち上げられた植物体が腐敗して環境問題を引き起こすなど、その被害は深刻だ。生嶋（1966）はコカナダモが1961年に琵琶湖ではじめて確認され、1965年には東岸の一部を除くほぼ全域で繁茂していることを報告している。この報告からは、コカナダモがきわめて短期間に琵琶湖に広がったことがうかがえる。琵琶湖の湖沼生態系の保全を考える上では、こうした外来沈水植物が在来沈水植物の生育にどのような影響を与えているかの評価が重要だが、それに関する情報は乏しい。

　浜端（1989, 1991）は、潜水調査によって水深2m前後の浅い部分に在来種が優占し、水深2～4mのやや深い部分にコカナダモ群落が優占すること

を報告している。しかし、もともと在来種が生育していない水深の深い部分に外来種が広がったのか、あるいは水深の深い部分に生育していた在来種を駆逐して外来種が広がったのかについてはよくわかっていない。いずれにせよ、外来種の過繁茂とそれに起因する社会的被害が起こっている現実は、外来沈水植物の持ち込みがたいへんな危険性をはらんでいることを示す実例であろう。近年ではアクアリウムプラントとして大量の水草が商品として販売され、手軽に購入できる実態があるので、不用意な外来種の持ち込みを行わないような規制と対策が望まれる。

2. 広大な原野・ヨシ原・低湿地環境

他水系にも同様な環境は存在するが、琵琶湖・淀川水系では一つひとつの面積規模が大きく（数百m～数kmの広がりを持つ、口絵Ⅳ-1）、そうした大規模な環境が一つの水系の中に多数存在していることが特徴である。規模と数の点で近畿地方の他の水系を凌駕しているのは、水系規模の大きさと盆地や平野といった低平な地形が関係していると考えられる。琵琶湖・淀川水系は、近畿地方の河川としては最大の流域面積を持ち、第2位の熊野川水系（位置については図2-1-1を参照）の3倍の規模がある。熊野川は比較的規模が大きいとはいえ、紀伊半島という活発な隆起地形に位置

表2-1-3 主な原野の植物と近畿地方における分布概要

種　名	淀　川 (宇治川・瀬田川を含む)	琵琶湖	近畿地方の 他河川(他水系)
トネハナヤスリ	○	−	−
ノウルシ	○	○	稀
サデクサ	○	○	○
ナガバノウナギツカミ	○	○	稀
ヤナギヌカボ	○	○	稀
ヌカボタデ	○	○	−
ホソバイヌタデ	○	−	1産地のみ
タコノアシ	○	○	−
ドクゼリ	○	○	稀
ヤナギトラノオ	−	○	−
コバノカモメヅル	○	○	稀
ミゾコウジュ	○	○	○
オオマルバノホロシ	○	○	1産地のみ
シロバナナタカアザミ	−	○	−
ワンドスゲ	○	−	−
ウマスゲ	○	○	○
ヤガミスゲ	○	○	稀
ミコシガヤ	○	−	−
ツルスゲ	−	○	−
オニナルコスゲ	○	○	−

2章 琵琶湖・淀川水系の植物

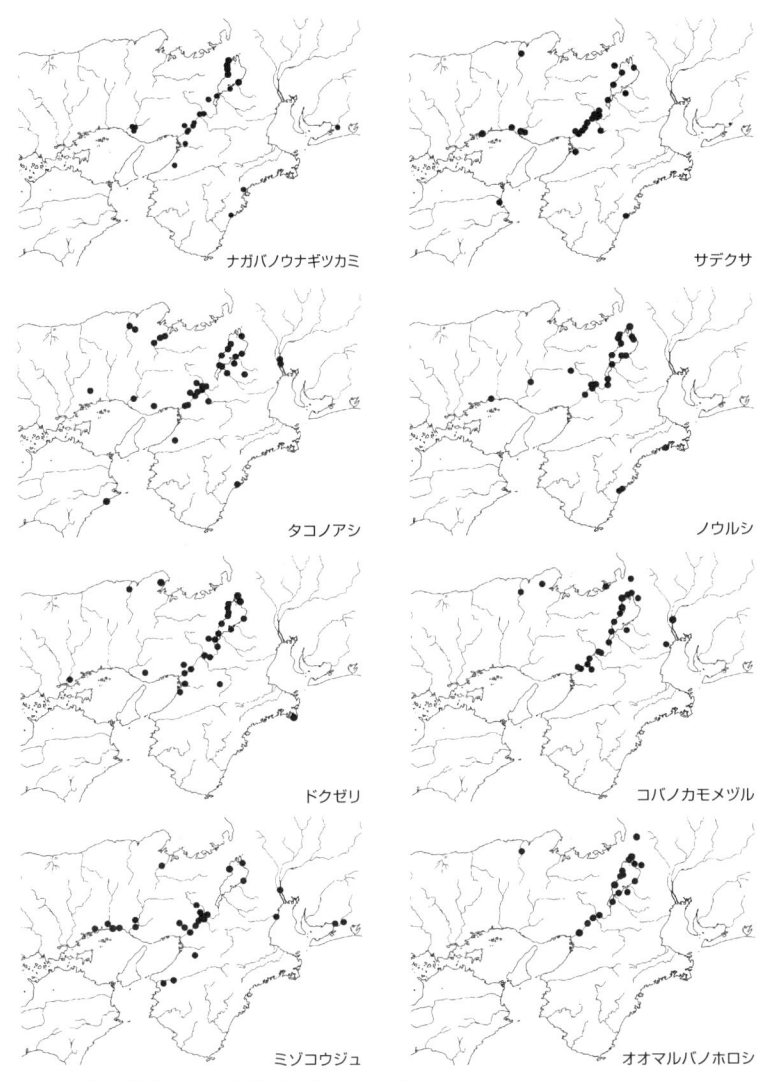

図2-1-3 原野の植物8種の近畿地方における分布
藤井（1994a, 1994b）に加筆・追加。

する急流河川のために、泥土の堆積環境は皆無に近い。このため、近畿地方においてある程度の規模の泥土堆積環境が存在するのは、琵琶湖・淀川水系を除くと加古川や円山川の下流域などごくわずかしか存在しない。こうした大規模低湿地環境に生育する植物には、近畿地方での分布がとくに琵琶湖・淀川水系に集中する種類が知られており、「原野の植物」という名称が与えられている（梅原・栗林，1991；藤井，1994a）。

　原野の植物のおもな種類を表2-1-3に、代表的8種についての近畿地方での分布を図2-1-3に、それぞれ示した。近畿地方での分布についてみると、琵琶湖・淀川水系に限定される種が7種、琵琶湖・淀川水系以外に1産地しかないものが2種、琵琶湖・淀川水系以外では稀な種が6種となり（表2-1-3）、琵琶湖・淀川水系に集中する分布パターンが認められる。それぞれの植物種の由来や素性は様々であるが、大規模氾濫原環境への依存性がこうしたパターンを産み出していることは確実である。一部の種群では氷期の遺存が示唆されるが、これらについては次節（2-2）で詳述する。

3．湖畔林・河畔林の残存

　湖畔林や河畔林（口絵IV-2）は各地の河川や水湿地にみられ、それ自体は決して珍しいものではない。しかし、こうしたタイプの樹林は河川の中～下流部に発達することが多く、古くから平坦地の開発が進んできた近畿地方では限られた場所にしか残存していない。琵琶湖沿岸域では湖岸の湖畔林と流入河川の河畔林が連続的な植生帯を形成する。こうした樹林は河川改修や開発によって減少しているが、それでもなお琵琶湖周辺の湖畔林・河畔林の豊富さは特筆すべき存在である。

　湖畔林・河畔林は、その水環境や遷移系列に応じてヤナギ林、ハンノキ林、ケヤキ・エノキ林などといった様々な多様性を持つ。琵琶湖沿岸域では、犬上川や安曇川にみられるタブノキ林が注目される。タブノキは暖温帯から亜熱帯の沿海地に生育する常緑樹で、琵琶湖のような内陸に樹林を形成するの

写真2-1-2　河畔林の樹木ナラガシワ
芹川、彦根市。

は珍しい（2-6参照）。また、琵琶湖周辺ではナラガシワ（写真2-1-2）が多産し、氾濫原の森林植生を考える上でたいへん興味深い。このほか、カジノキ、コブシ（口絵Ⅳ-2）、イヌザクラ、ゴマギといった樹種の生育も特筆される。林床には、イチリンソウ、キクザキイチゲ、ミヤマカタバミなどの冷涼気候を好む春植物が生育することがあり、ハクサンハタザオ、コンロンソウ、ワサビといった山地性植物がみられる場合もある（南，1991）。

　琵琶湖岸では「ヨシ群落保全区域」の指定によってこうした樹林地についてもある程度の保護が図られているが、保護の対象になっていない流入河川の河畔林については改修等の際に十分な配慮が求められる。そのなかで、愛知川「河辺いきものの森」のようなサンクチュアリ的な保全への取り組みは評価できる。もちろん、このような取り組みがどこでもできる訳ではないし、モデルケースに倣った画一的な取り組みが河畔林の多様性を荒廃させることにもなりかねない。様々な試行や取り組みが各地でなされるのもよいし、何もないままに残されてゆくということがあってもよいだろう。琵琶湖沿岸の湖畔林・河畔林の価値は、そのまとまった面積と樹林地ごとに異なる多様性を持つことであり、それらが失われないような配慮が不可欠である。

4．湖岸における砂浜の卓越

　琵琶湖の湖岸で最も卓越するのは砂浜環境である（西野，1992；図1-2-5参照）。そこにはタチスズシロソウ（口絵Ⅳ-3）、ハマダイコン、ハマエンド

ウ、ハマヒルガオ、ハマゴウ（口絵Ⅳ-3）といった海浜・海岸性の植物が生育している（図2-1-4；北村，1968；藤井，1994a）。内陸の淡水性湖沼にこうした植物種が多数生育するのは非常に珍しく、琵琶湖の植物相の最大の特徴でもある。なかでも、タチスズシロソウは他地域（富山湾、伊勢湾、大阪湾、高知県など）で絶滅あるいは絶滅寸前の状況にあり、本種が豊富に生育する琵琶湖の砂浜環境は全国的にたいへん貴重な存在である。

　琵琶湖岸の海浜植物のおかれている現状は非常に厳しい。遊泳場やキャンプ場として砂浜の開発・整備が進んだことと、浸食によって砂浜が痩せ細ることで、海浜植物の生育できる場所は極端に減少している。とくに、遊泳場やキャンプ場の整備は、結果的に海浜植物にとって最も良好な生育地を狙い打ちにした。例えば、比良のハマエンドウ自生地（公園化）、マキノサニービーチのタチスズシロソウ自生地（遊泳場整備）、マイアミ浜のハマゴウ・タチスズシロソウ自生地（遊泳場・キャンプ場整備）などの例を挙げることができる。

　また近年、琵琶湖岸で浜欠けが顕著になり、やせ細る砂浜を復元する目的で大量の土砂を客土する養浜事業が行われている。しかし、こうした工法は砂浜にかろうじて生き残る生物を生き埋めにして壊滅させるという大きな問題をはらんでいる（藤井，2004）。海浜植物は琵琶湖の自然を体感できる格好の教材でもあるので、レクリエーション開発との共存がなんとかできないものであろうか。

　ここで指摘しておきたいのは、海浜植物は砂浜という劣悪な環境に耐えることのできる植物であり、多少の攪乱には耐性を持っていることだ。開発や整備の際のちょっとした配慮で共存の可能性は高いものになる。実際、整備中の砂浜に隣接した資材置き場でのハマヒルガオの繁茂（近江白浜での例）、公園の園路脇に生き残るハマエンドウ（比良での例）、キャンプ場の松林下でのハマゴウの繁茂（佐波江での例）、ビーチバレーのための砂浜整備によるタチスズシロソウ群落の復活（マイアミ浜の例）などを見ている。海浜植物の保全のためには、琵琶湖において危機的な種類であるハマエンドウとハマゴ

2章　琵琶湖・淀川水系の植物

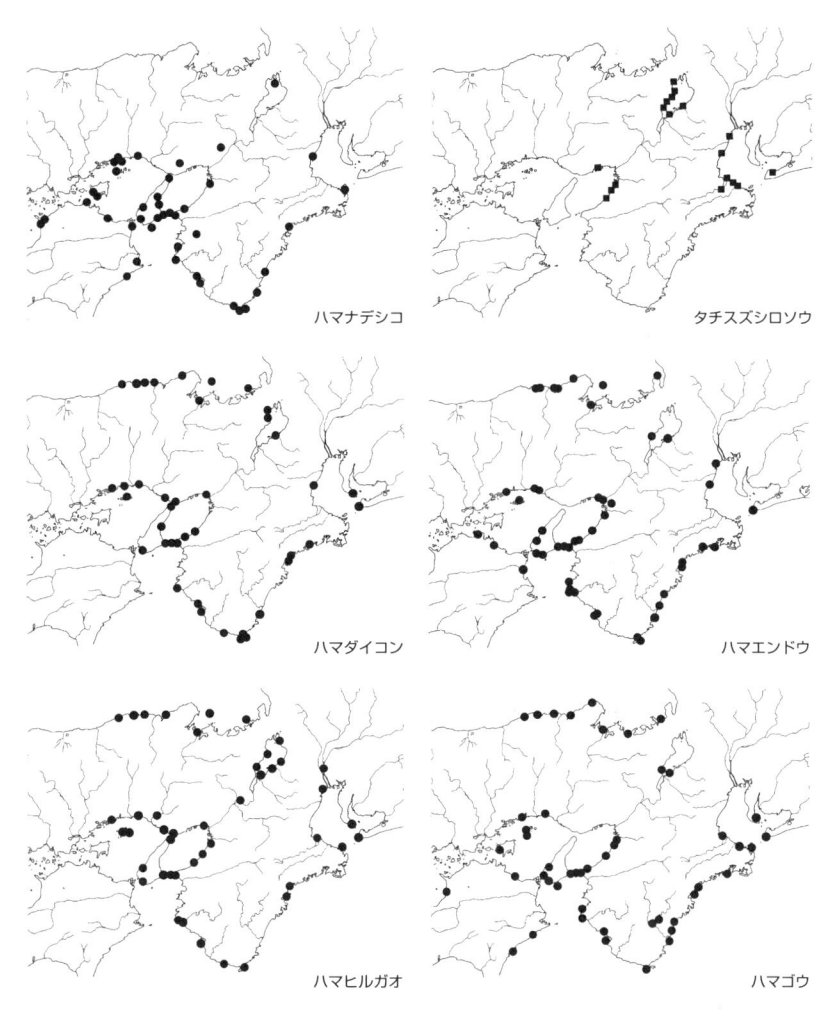

図2-1-4　近畿地方における海浜・海岸植物6種の分布
藤井（1994a）に加筆。

ウ、そして全国的にも稀少なタチスズシロソウへの格段の配慮が欠かせない。

5．河原環境

　木津川中流や琵琶湖に流入する河川には河原環境が卓越する。これには、琵琶湖を取り巻く比良山地や鈴鹿山脈などが活発に隆起していることと近江盆地の平坦な地形が関係しているようだ。また、扇状地形における河川の伏流も礫環境の創出に貢献しているものと思われる。琵琶湖では、流入河川の河原環境と湖岸の砂礫環境とが接続することで、連続的な砂礫環境が形成されている。このような場所には、カワラナデシコ、カワラサイコ、カワラケツメイ、カワラヨモギ、カワラハハコ、ツルヨシが生育し、樹木のサイカチも見られる。こうした種群は他水系にも生育しており、必ずしも琵琶湖・淀川水系を特徴づける要素ではない。しかし、河原環境そのものが近畿地方の各地で減少している現状があるので、保全への注意を喚起する意味でここに挙げておきたい。

　河原環境の保全について留意すべき点は、河原自体の地形が河川の増水や洪水で大きく変化することである。安曇川での観察例では、1994～1995年頃にカワラハハコの大群落が成立した場所は、その後の台風や集中豪雨によって河原ごと流出・消失している。代わって別の場所に土砂が堆積して河原環境が創出され、新しい群落が形成されつつある。一方で、外来種であるイタチハギ、オオキンケイギク、シナダレスズメガヤなどは、河原環境における在来種の遷移プロセスを大きく阻害する可能性が高く、こうした植物をどのように抑制するかが新たな課題として浮上している。

6．渓谷と渓流沿い植物

　瀬田川、宇治川、桂川（保津峡）、木津川上流（名張川）には、わずかだが渓谷環境が存在する。このような環境では、水流に対して抵抗性を持つ特殊な植物（＝渓流沿い植物）や岩崖に着生する植物の生育が見られる。とく

に頻繁な増水に適応した植物群は「渓流沿い植物」と呼ばれ、保津峡ではヤシャゼンマイ、カワラハンノキ、ケイリュウタチツボスミレ、サツキ、アオヤギバナなどが生育している。渓流沿い植物は紀伊半島の熊野川や古座川などで豊富に見られるが、保津峡のそれは規模や種数において紀伊半島の河川にくらべて非常に貧弱である。琵琶湖・淀川水系の植物要素と呼ぶには問題があるが、ある程度の種数がまとまって生育する保津峡は、近畿地方での渓流帯環境の北限域と考えてよいだろう。

7. 湧水の豊富な水路や小河川の存在

　能登川町（現、東近江市）、マキノ町（現、高島市）、安曇川デルタ（位置については図2-1-2を参照）などの琵琶湖沿岸域には湧水の豊富な水路群や小河川群が多数存在し、水生植物の繁茂が顕著である。なかでも、水路一面に繁茂するナガエミクリや近畿地方では産地が限られるバイカモ（口絵V-2）の生育は特筆される。こうした水生植物の生育には、通年にわたって安定した水温と流量が必須である。しかし、農業の近代化にともなって埋設パイプラインによる給水システムに変化したため、かつての農業水路は排水時にだけ水が流れる環境に変貌した。そのため、水生植物の繁茂できる水路が全国的にも激減している。ここで例示した地域では、湧水が水路に供給されることで、一年を通じて安定した水温と流量が維持されていると考えられる。旧能登川町では愛知川から、安曇川デルタでは安曇川から、マキノ町では知内川と百瀬川および周辺山地から、それぞれの伏流水が湧水となって水路に供給されているのであろう。これは、河原環境の項で指摘した扇状地形の存在とも密接に関係している。

　水生植物が生育する農業水路環境の保全には様々な問題がある。最大の問題は、水路が利水を目的にした農業施設であるために、そのための改修と維持管理がなされることにある。送水中の無駄な水の消失を防ぐには、3面コンクリート化、暗渠化、埋設パイプライン化などが好ましいが、これらは水

生植物にとって致命的だ。また、仮に水生植物の生育できる状態の水路であっても、水生植物の繁茂は流水の障害となったり、蒸散によって大量の水を奪うため、手作業での定期的な刈り取りによる繁茂抑制が不可欠である。刈り取りは、水生植物にとって生育環境の維持と遷移の阻止という面で好影響をもたらしていることも多い。しかし、手作業による刈り取りコストが大きいために、重機による一網打尽的な除去法や3面コンクリート化への転換要望は、高齢化と人手不足に悩む農業従事者の声として無視できない。すべての地域での導入は無理としても、近畿地方でも珍しい湧水に涵養される水路群の保全については、社会的支援制度の導入も考えるべきではなかろうか。

(藤井伸二)

2-2　原野・準原野の植物と寒地性植物

　前節でも述べたように、「原野の植物」とは近畿地方での分布が大規模氾濫原に依存する水湿地性植物群を指す。しかし、そのような分布様式を示さない他の植物と明確に区別できるわけではない。実際の分布様式は、図2-1-4で示した典型的な種群から各地の水湿地環境に広く分布する種群まで連続的である。これは、砂丘植物が海浜植物に包含される構造と同じであると理解すればよい。梅原・栗林（1991）はこうした原野の植物の不明瞭さを補うために、「準原野の植物」という用語も併用している。準原野の植物とは、氾濫原の低湿地環境に生育するものの、その分布は必ずしも大規模水系に限定されないものを指し、コウヤワラビ、ハンゲショウ、シロネ、イヌゴマなどがその例である（梅原・栗林, 1991）。

1．原野・準原野の植物の分布タイプ

　表2-1-3で例示した原野の植物には、微妙に分布様式の違いがある。産地数が非常に限られる種群（トネハナヤスリ、ホソバイラクサ、シロバナタカアザミ、ワンドスゲ、ツルスゲ）を除いた場合、大規模河川に広く出現するタイプ（Aタイプ：サデクサ、ヌカボタデ、タコノアシ、ノウルシ、ミゾコ

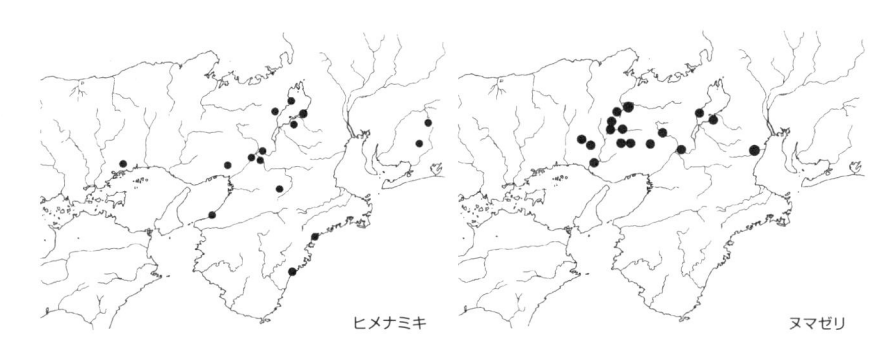

図2-2-1　寒地性植物の近畿地方における分布例
藤井（1994a）および藤井（1998）を加筆修正。

ウジュ、ウマスゲなど）と、琵琶湖・淀川水系にほぼ限定されるタイプ（Ｂタイプ：ナガバノウナギツカミ、ヤナギヌカボ、ドクゼリ、ヤナギトラノオ、コバノカモメヅル、オオマルバノホロシ、ヤガミスゲ、ミコシガヤ、オニナルコスゲ）の2群を認めることができる。Ａタイプには、河川氾濫原とその周辺の水湿地環境だけに出現するヌカボタデ、タコノアシ、ミゾコウジュと、河川氾濫原と海跡湖などの沿海湿地にも出現するサデクサ、ノウルシ、ミゾコウジュなどが含まれている。一方、Ｂタイプには、淀川の砂質環境を好むヤガミスゲとミコシガヤ、琵琶湖の泥質環境を好むヤナギトラノオ、オオマルバノホロシ、オニナルコスゲ、淀川と琵琶湖の両方に多産するナガバノウナギツカミ、ヤナギヌカボ、ドクゼリ、コバノカモメヅルが含まれる。一口に原野の植物といっても、その内容はこのように実に雑多なものだ。

　原野の植物は様々な要素の植物群の集合体であるが、近年注目されているのは、ヤナギトラノオ、ツルスゲ、オニナルコスゲなどの寒地性種が数多く含まれていることである（口絵Ｖ-1；藤井，1994a；藤井他，1999；藤井他，2007；浜端・西川，2005）。こうした寒地性植物には、ドクゼリ、コバノカモメヅル、オオマルバノホロシ、オニナルコスゲのように琵琶湖・淀川水系に集中分布する種群（図2-1-4）だけでなく、ヌマゼリやヒメナミキのように必ずしも分布が河川氾濫原に限定されない準原野性の植物も含まれている（図2-2-1）。しかし、いずれも近畿地方では稀な水湿地性植物であり、このような原野性・準原野性の寒地性植物群の豊富な点を琵琶湖・淀川水系の特性として理解できる。

２．寒地性植物の分布と内湖

　すべての寒地性植物が琵琶湖沿岸のどこにでも生育しているわけではない。ドクゼリ、コバノカモメヅル、オオマルバノホロシの3種は、比較的普遍的な寒地性植物種だが、ノダイオウ、ヌマゼリ、ヤナギトラノオ、ミツガシワ、ヒメナミキ、タカアザミ、ツルスゲ、オニナルコスゲの8種は、分布

の限られる寒地性植物種である。表2-2-1は、寒地性植物種11種についての琵琶湖・淀川水系の代表的な場所における分布記録を示している。淀川・宇治川よりも琵琶湖に寒地性種が多く生育し、琵琶湖の中では本湖よりも内湖（琵琶湖本湖に隣接する浅い沼沢地群）に多くの種がみられる。本湖と内湖に共通する寒地性種はドクゼリ、コバノカモメヅル、ヒメナミキ、オオマルバノホロシ、オニナルコスゲの5種、本湖だけに生育するのがノダイオウとシロバナタカアザミの2種、内湖だけに生育するのがヌマゼリ、ヤナギトラノオ、ミツガシワ、ツルスゲの4種である。寒地性植物の種構成からみると、本湖と内湖の種組成はかなり異なることと、より多くの種が内湖に生育することを指摘できる。また、内湖はヤナギトラノオとツルスゲの日本列島における分布西南限地であり（図2-2-2）、その分断的・隔離的な分布様式から、これら2種は氷期の生き残りと考えられる。琵琶湖沿岸に生育する寒地性種の保全において、内湖は非常に重要な意味を持つと考えられる。

表2-2-1 琵琶湖・淀川水系における寒地性植物種の分布

種名	淀川 城北	淀川 鵜殿	宇治川 向島	琵琶湖（本湖）安曇川デルタ	琵琶湖（本湖）姉川河口〜尾上	琵琶湖（本湖）塩津湾	琵琶湖（内湖）西の湖	琵琶湖（内湖）浜分沼・貫川内湖	琵琶湖（内湖）曽根沼・野田沼	琵琶湖（内湖）小松沼	琵琶湖（内湖）松の木内湖	琵琶湖（内湖）乙女ヶ池
ノダイオウ*				○	○	○						
ドクゼリ	○		○	○		○	○	○		○	○	○
ヌマゼリ**							○		○	○		
ヤナギトラノオ**							○	○	○			
ミツガシワ**							○		○			
コバノカモメヅル	○	○	○	○		○	○	○	○	○		
ヒメナミキ		○	○	○	○							
オオマルバノホロシ	○	○		○	○		○			○	○	○
シロバナタカアザミ*					○							
ツルスゲ**							○					
オニナルコスゲ				○	○		○		○	○		
出現種数	3	3	4	6	4	4	8	6	6	5	2	2
	合計4種		合計4種	合計7種			合計9種					

*は本湖にのみ、**は内湖にのみ、それぞれ分布する種を示す。

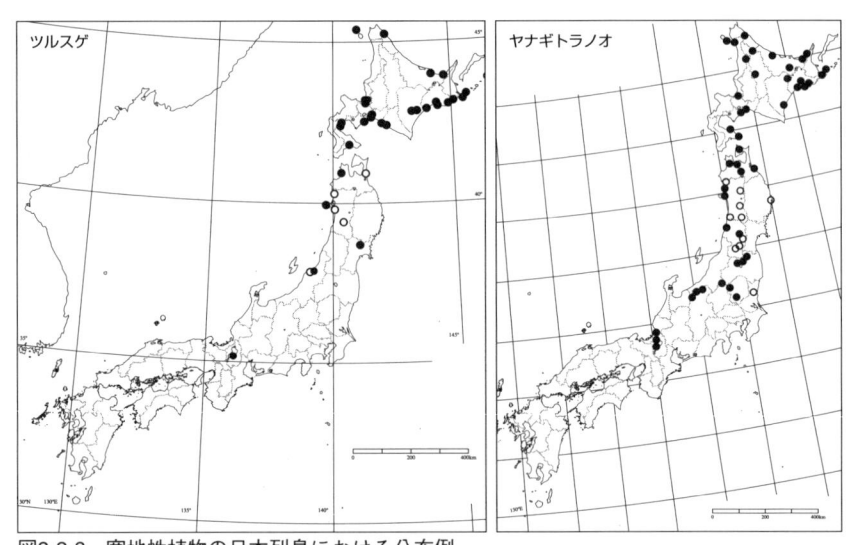

図2-2-2　寒地性植物の日本列島における分布例
●は標本記録、○は文献記録に基づく。藤井他（1999）および藤井他（2007）に加筆。

3．ホットスポット※としての内湖

　内湖の重要性は、水質浄化機能や生態系機能の面から指摘されてきたが（倉田，1984；滋賀県琵琶湖研究所湖岸プロジェクト班，1987；里内，1991；大久保，2005）、近年になってようやく生物多様性にスポットが当てられるようになった（西野，2003；西野・浜端，2004；浜端・西川，2005）。これは、従来は主に本湖に向けられていた調査の目が内湖にも向けられるようになったことが大きな要因と思われるが、1980年代以降に活発に行われた琵琶湖総合開発やヨシ群落保全条例制定に関連した各種の基礎調査が進んだことと2000年代に琵琶湖研究所（現、琵琶湖環境科学研究センター）が内湖の生物多様性に関する調査プロジェクトを立ち上げたこととも無縁ではない。それゆえ、内湖の生物相の知見にはまだまだ不十分な点が多く、その端的な例が1998年に発見されたヤナギトラノオと2004年に発見されたツルスゲ

ホットスポット：生物多様性のとくに高い地域のこと。ここでは氾濫原に生育する植物種が集中して分布する地域を指す。

である（藤井他，1999；藤井他，2007）。また、オニナルコスゲが琵琶湖沿岸に広く分布することも1990年代になってはじめて明らかになった（藤井，1994a）。内湖の調査が進めば、さらに新たな発見があるかもしれない。そのためにも、これ以上の内湖の消失や環境悪化を避ける必要がある。

　表2-2-1に挙げた場所の多くは、琵琶湖・淀川水系の中で氾濫原環境に依存する植物がとくに集中してみられる場所（ホットスポット）である。これらの地域に分布する寒地性植物種をみると、本湖では安曇川デルタの6種が最高で、淀川では3種しか生育していない。一方、内湖では、西の湖の8種を筆頭に、浜分沼・貫川内湖と曽根沼・野田沼の6種、小松沼（近江舞子沼）の5種となり、同じ琵琶湖・淀川水系の中でも内湖の存在が際だっている。これら4カ所の内湖群は、琵琶湖沿岸における寒地性植物種のホットスポットと呼んでよいだろう。浜端・西川（2005）は内湖ごとの貴重種の種多様性について解析を行った結果、過去の内湖面積（干拓以前の面積）と種数に相関が見られることを報告している。もちろん、遺存的な要素の強い寒地性植物には必ずしもうまく当てはまる訳ではないが、水湿地性植物の包括的な保全を考える際には「より大きな面積規模での保全」という要素が重要であることを示唆している。

　　　　　　　　　　　　　　　　　　　　　　　　　　　（藤井伸二）

2-3 地形と貴重植物

　芽生えてから定着した後には移動できない植物にとって、地形は、その生育空間に関わる特に重要な生存環境要素である。多くの植物は地形に強く依存して生存する。「地形」と一言でいっても数十mの起伏から数cm単位まで、そのスケールは様々である。生存限界に近い環境で生育する植物にとっては、ほんのわずかな地形の変動でさえも、致命的な結果をもたらしかねない。生物の保全計画は、対象とする生物の生活史特性や繁殖様式などに見合った地形レベルで立案する必要がある。

　湖沼に生息する生物はまさにこの問題に直面する。閉鎖的空間と言える湖沼の生態系では、降雨量の変化に連動して水位変動が起こりやすく、そのため水域と陸域とのせめぎあいが頻繁に起こる。一方で、水域と陸域の境界域の特有な環境に生育の適地を持つ生物群も見られ、このような場所は、推移帯・移行帯（エコトーン）と呼ばれ、一般に生物の多様性が高い（前田，1996；浜端・西川，2005）。これまでの研究で、琵琶湖の内湖とその周辺部には貴重種と考えられる植物が数多く分布していることがわかっている（浜端・西川，2005）。特に比較的面積の大きな内湖である西の湖には24科35種もの多くの貴重種が見つかっている（西野ほか，2006）。西の湖では1mほどの地盤高差に対応して貴重植物種の分布に違いが認められ、低湿地の植物群落の分布には、微地形が大きく影響している（西野ほか，2006）。貴重種の維持には、増水などによる攪乱のほか、ヨシ刈りなどの人為的攪乱も種の維持機構として働くほかに、別の維持機構も考えられる。しかしその解明には至っていない。

　本節では、植物種の維持機構の解明をめざして貴重植物の分布と生育環境としての微地形との関係を解析するとともに、微地形を取り扱う際の注意点や古地図と航空写真から見られる地形の移り変わりについて西の湖の事例をもとに述べる。

1. 微地形データの取得と解析手法

　まず、航空3次元測量によって広範囲の微地形データを入手する。西の湖の上空において航測カメラで連続して垂直写真を撮影し、写真から表層の高さ（以後、表層高）を算出する（微地形データの取得までの行程：図2-3-1）。解析には地上解像度約10cmのオルソ幾何補正された航空写真（口絵Ⅱ-2）と写真から計測した表層高のデータ、琵琶湖研究所が2001～2004年度に実施したプロジェクト研究「内湖の生物多様性維持機構の解明」で作成した西の湖周辺に生育する貴重植物の分布データ（図2-3-2）を使った。航空写真の撮影面積はのべ1048ha、表層高が得られた地点の数は343万5465点に達する。西の湖に分布する貴重植物の中から、群落を形成するノウルシ、タコノアシ、オニナルコスゲ（口絵Ⅴ-1）、コバノカモメヅルを選び、これら4種の分布

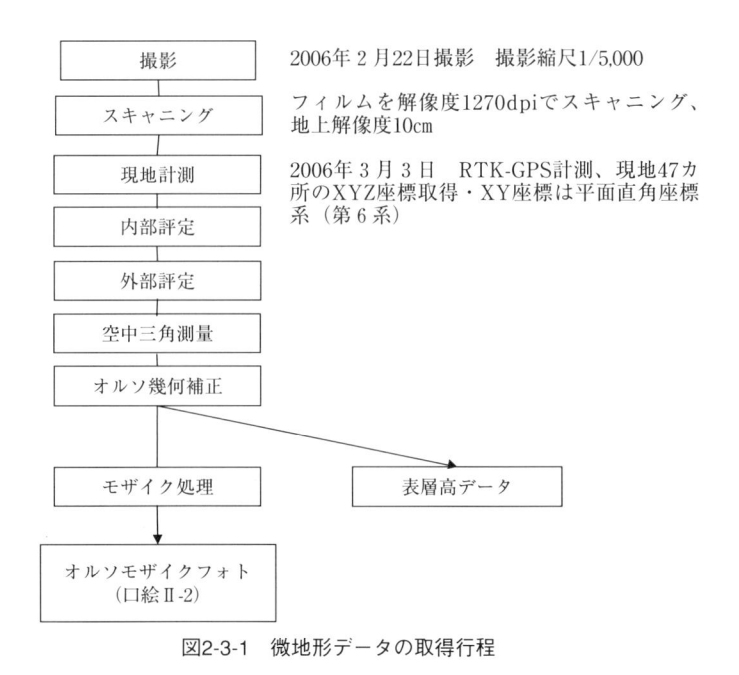

```
撮影        —— 2006年2月22日撮影　撮影縮尺1/5,000
  ↓
スキャニング  —— フィルムを解像度1270dpiでスキャニング、
  ↓            地上解像度10cm
現地計測     —— 2006年3月3日　RTK-GPS計測、現地47カ
  ↓            所のXYZ座標取得・XY座標は平面直角座標
内部評定                系（第6系）
  ↓
外部評定
  ↓
空中三角測量
  ↓
オルソ幾何補正 ——→ 表層高データ
  ↓
モザイク処理
  ↓
オルソモザイクフォト
（口絵Ⅱ-2）
```

図2-3-1　微地形データの取得行程

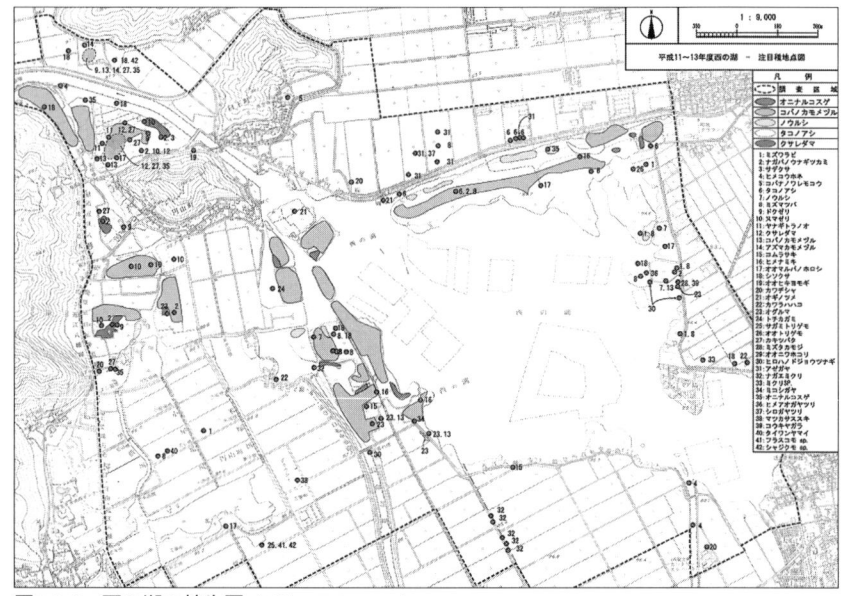

図2-3-2　西の湖の植生図（浜端・西川，2005）

地域の表層高をGIS（地理情報システム）によって算出し、微地形との関係を把握した（西野ほか，2006）。

2．貴重植物の分布と微地形との関係

貴重植物が見つかった場所の表層高を比較する。図2-3-3は、貴重植物種の分布する生育地における表層高の出現範囲を示したものである。ノウルシ、タコノアシ、オニナルコスゲおよびコバノカモメヅルは、いずれも表層高85m付近に集中して分布している。しかし、分布の中心範囲（それぞれの植物が存在した表層高の50%のポイントを含む範囲）が比較的狭いノウルシやタコノアシと、分布の中心範囲がより広いオニナルコスゲやコバノカモメヅルとには特性の差がみられる。

水辺の植物の分布を規定するのは、水位との相対的高低であると考えられる。図2-3-3に見られるように分布の範囲は植物種ごとに異なっている。わずか数十cmの違いであっても、この差が増水時の水域と陸域を分けることになる。これら4種の表層高範囲は、いずれも年間の水位変動からみると、時折冠水するような場所であり、4種は氾濫原に生育可能な植物である。ノウルシ、タコノアシ、オニナルコスゲの分布は、一般には湿地であり（北村・村田，1961；北村ほか，1964）、コバノカモメヅルは山野とされる（北村ほか，1957）。表層高の差が、種の生態的特性を反映しているのであろう。

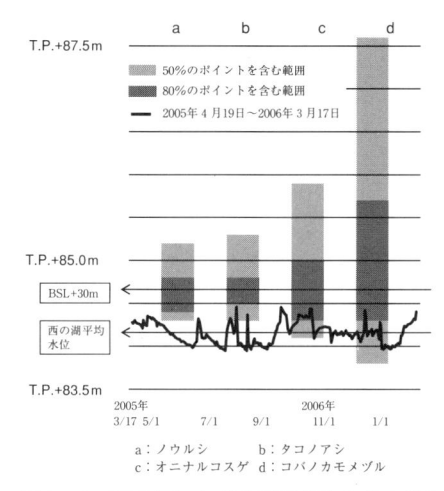

図2-3-3　西の湖における貴重植物の分布地の表層高範囲と西の湖の水位変動
（西野ほか，2006）

　琵琶湖の平均水位は長期的には低下傾向にあるものの、1960年頃からは、基準水位（B.S.L.：東京湾中等水位（T.P.）＋84.371m）±0m前後を目安に水位操作されてきた。その後、琵琶湖総合開発の主要事業が終了した1992年に瀬田川洗堰操作規則が定められ、琵琶湖の水位は6月16日～10月15日には制限水位（B.S.L. －20～30cm）にまで下げられ、それ以外の時期はB.S.L.＋30cmを常時満水位（上限）として維持されるようになった（西野ほか，2006）。琵琶湖の東北部に位置する西の湖は、長命寺川を通じて琵琶湖とつながっている。そのため、琵琶湖の水位と連動して水位変動が生じる。

　図2-3-4は前述の水位操作によって変化する西の湖周辺の冠水地域を示したものである。図に示す基準水位＋30cm以上（薄いグレー地域）の場所以外は冠水する可能性があり、図の約1/3が水に浸かることになる。植生図

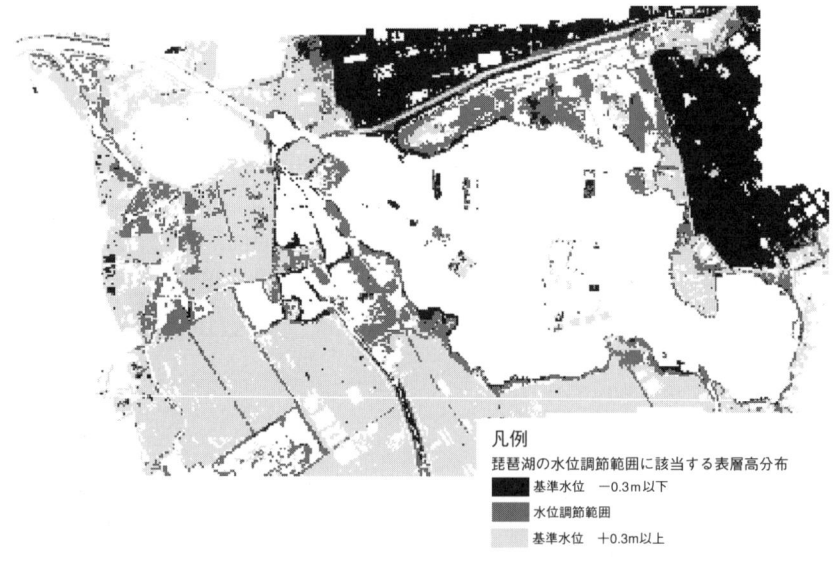

図2-3-4 西の湖における琵琶湖の水位調節範囲に該当する標高の分布図

（図2-3-2）によると冠水する貴重植物の分布地も数多くある。

　解析したノウルシ、タコノアシ、オニナルコスゲ、コバノカモメヅルの分布は、現在の水位を反映しているとともに過去の水位変動にも影響を受けている。今後詳細に検討する必要はあるが、図2-3-3から得られた現状の分布条件をもとに微地形情報から貴重植物の生育適性地を予想できる。

　図2-3-5上で貴重植物が生育可能な地域はノウルシ約17％、タコノアシ約10％、オニナルコスゲ約31％、コバノカモメヅル約15％となる。地形条件だけで考察しても、これらの生息場所はごく限られていることがわかる。もちろん動植物の生息適地は地形だけに規定されるものではない。多様な要因が重なり合って、貴重植物の生息適地はさらに限られるだろう。地形、とりわけ微地形は簡単に変化してしまうものである。しかし、言い換えれば人為的に操作できることにもなる。生物の保全には、微地形を残すだけではなく、

2章　琵琶湖・淀川水系の植物

ノウルシ

タコノアシ

オニナルコスゲ

コバノカモメヅル

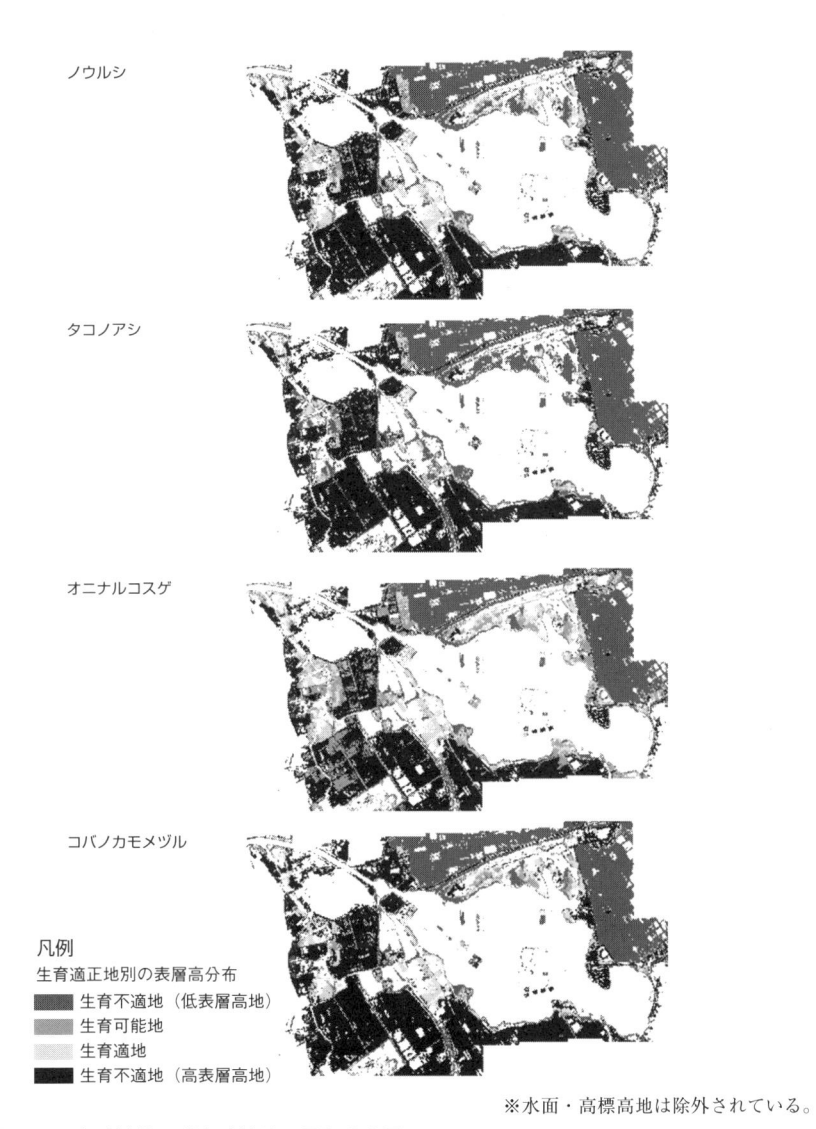

凡例
生育適正地別の表層高分布
■ 生育不適地（低表層高地）
■ 生育可能地
□ 生育適地
■ 生育不適地（高表層高地）

※水面・高標高地は除外されている。

図2-3-5　貴重植物の生育適性地の予想分布図

水位調整など適切な人為的働きかけも必要であり、今後の保全計画を考えるには、微地形の把握も重要な視点となる。

3．微地形データの留意点

　航空三次元測量による微地形の取得はこれまで把握し難かった動植物の生育適地を知る手がかりの一つとなった。しかし、今回取得した表層高データの使用には注意すべきこともある。

　写真から計測された表層高のデータ数は数百万点と非常に膨大であるために、低頻度ではあるが誤測定が生じるので留意が必要である。また、表層高は、工作物や置かれている農機具のみならず生育する植物高を含めた地表の高さである。調査地域は、ヨシ刈りが行われている場所と刈り取りされていない場所が存在し、ヨシの植物高は2～3mにも達する。地上分解能10cmという極めてミクロな表層高データであるために、植生が疎らな場合には、現実の地表高を取得しているが、植生が密な場合には植物高を含めた高さを取得している可能性がある。より正確な微地形と植物の分布との関係を明らかにするには、表層高から植物高などを引いた地表高を算出する必要がある。しかし、これらの留意点はあるものの、微地形解析には大きな可能性を含んでいる。表層高測定は、地表高と植物高の二つの貴重なデータを得ることができる。航空三次元測量を使った微地形解析は、植物の適性地の把握はもちろんのこと、植生帯で生活する動物の保全にも利用でき、微地形情報の有用性は高い。

4．古地図と航空写真にみる西の湖の地形

　琵琶湖周辺の多くの内湖は、干拓や湖岸整備などによってその様相を大きく変化させてきた。動植物に与える影響は多大なものであったろう。生物の保全計画を立てる上で、対象となる生物がいつ頃からどこに生息していたのか、かつての生息場所を知ることは重要な課題である。過去の情報を入手す

るには、古地図や過去の空中写真などを利用するのも一つの方法である。データの精度や作成年次に問題の生じる場合もあるが、視覚的に広範囲の時系列的把握ができる点で優れている。

ここでは、古地図として「伊能図」を紹介する。これは江戸時代の偉人として名高い伊能忠敬が、測量隊を率いて日本中を測量して作った図であり、これらを総称して一般的に「伊能図」と呼んでいる。伊能図には大図、中図、小図と縮尺の違う3種類の図があり、それぞれの精度は大図が1/36,000（約109mを約3mm）、中図が1/216,000（約4kmを約1.8cm）、小図が1/432,000（約4kmを約1cm）である（渡辺，2000）。およそ200年前に作成された伊能図は、明治時代に作成された日本地図「2万分の1正式図」の原図とされるほど優れていた。

図2-3-6は伊能大図の琵琶湖周辺部である。実測された湖岸線や街道は原図では朱で線が引かれている。国・郡名、村や町の名前などが細かく記載され、天体観測を行った場所には朱の星印が描かれている。この伊能図と昭和20年に米軍によって撮影された航空写真（口絵Ⅱ-1）と2006年に撮影された航空写真（口絵Ⅱ-2）によって西の湖の地形の変化を比較してみる。

伊能図と米軍撮影の航空写真を比べると、伊能図の正確さに驚かされる。現在では干拓で姿を消した大中の湖や小中の湖が描かれている。両図の中央部に位置する砂嘴の形状にも大きな変化はなく、西の湖の湖岸線の形状はほぼ同じである。次に現在の西の湖と比較してみる。西の湖の周囲は陸地に囲まれ、唯一、長命寺川によって本湖とつながっている。湖岸線はどうだろうか。西の湖周辺では大規模な地形の改変があったものの、干拓を免れた地域では湖岸線の変化は少なく、伊能図とほとんど同じである。特に西の湖の砂嘴（図2-3-7）の形状は200年前とほぼ変わらず残されている。伊能図にはヨシ原も描かれており、口絵Ⅱ-1、Ⅱ-2の地域は200年前からヨシ原だったことが確認できる。ここで、西の湖の植生図（図2-3-2）と比較してみたい。口絵Ⅱ-1、Ⅱ-2の地域には貴重植物や注目植物が多く分布している。これら

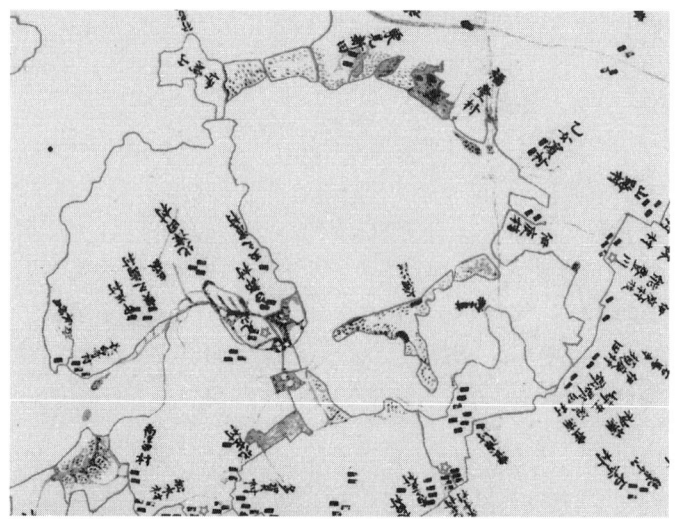

図2-3-6　伊能大図による西の湖周辺
『伊能大図総覧 125号彦根』（河出書房新社，2006）より転載。

図2-3-7　米軍撮影の西の湖周辺写真
（1945年撮影：米国立公文書館所蔵，(財)日本地図センター調整）

の植物が200年前から存在していたのかどうかは、現段階では知ることはできない。しかし、分布要因としては、ヨシ刈りや火入れなどの持続的な人為攪乱に加えて、生育場所としての地形が保たれていたのではないだろうか。

おわりに

　地形改変、湖岸整備などによって、琵琶湖周辺の地形は変化していった。消えてゆく多くの内湖に対して、西の湖のように200年前とほとんど変わらない湖岸線を残すものもある。西の湖の今も営まれるヨシ生産や現存する貴重植物、そして残された地形は、私たちに過去の歴史と風景を思い描かせる。失われかけた原風景をとりもどすには、現存する過去の手がかりを見直す必要がある。過去と現在を繋ぐ地形情報は、重要な視点となるだろう。しかし、過去の生物の環境や風景は、その時代の気象や土地利用や民俗など複雑な要因に係わって成立したことを忘れてはいけない。単に過去を再現するのではなく、現在に求められる環境や景観とは何かを考え、私たちは失われた原風景を取り戻し、維持していかなければならない。

（大野朋子・前中久行・西野麻知子）

2-4　ヨシ原保全：何に配慮すべきなのだろうか？

　ヨシは温帯の水辺の優占種として北米、欧州、アジアに広く分布する。日本でも北海道から沖縄まで分布する代表的な抽水植物で、淡水域から汽水域に至るまでの湖沼、河川、湿原、干潟といった広範囲の水辺環境に適応している。大型で大群落を形成することから、古来水辺の原風景の重要な要素となってきた。しかし、現在では、流域・水辺域の開発・改修のため、広大なヨシ原は全国でも数えるほどしか残されていない。

　琵琶湖周辺には現在でも3 km²を超えるヨシ帯が残されており、宮城県の北上川河口とともに我が国有数のヨシ産業が営まれている地域である。ヨシ帯の持つ多面的な機能を再評価し、国内でも特に早くからその重要性を社会的にアピールしてきた地域でもある。水源としても重要な琵琶湖の水質保全に対する役割も広く周知され、社会的に重要視されている。

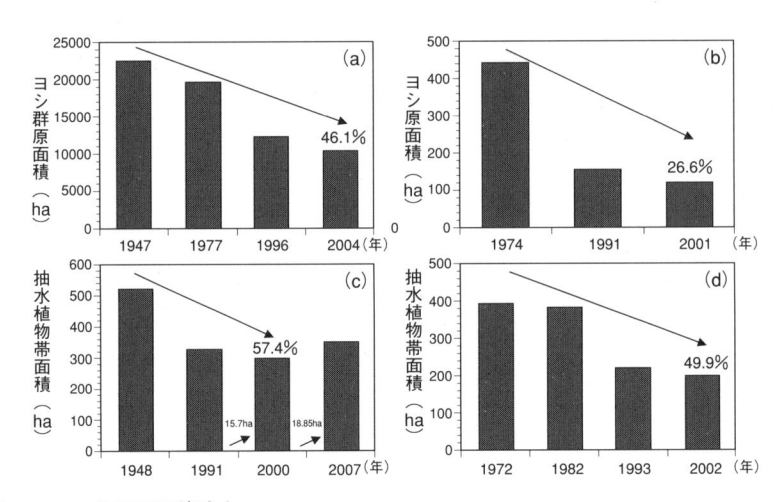

図2-4-1　ヨシ原の面積減少
国交省（2007a、2007b、2008）、滋賀県（2009）より作成。
(a)釧路湿原、(b)木曽川・長良川・揖斐川河口域、(c)琵琶湖、(d)霞ヶ浦の事例．図中の％は、各図における最も古い年の面積を100％とした時の最も少なくなった年の面積割合。図(c)中のhaは、滋賀県および水資源機構によるヨシ造成面積を示す。

琵琶湖のヨシ原保全については、滋賀県がヨシ群落保全条例等さまざまな政策をうちだしている。ヨシ群落保全事業の概要、原則、問題点等については、前著『内湖からのメッセージ』で紹介した（金子, 2005）。その中で、水辺域に発達する自然生態系は、洪水等の自然攪乱に依存して成立しているシステムであるから、長期的、自己持続的な保全・再生を図ろうとするなら、そのような水辺域特有の攪乱による動態プロセスも復元していく必要があると述べた。近年の全国的なヨシ原の面積減少（図2-4-1）や群落衰退には、上流から下流まで流域全体で治山・治水対策が進み、河川の氾濫等が抑えられていることによって、ヨシ群落の更新維持に好適な環境そのものが失われてきていることも関係していると考えられる。

　しかし、その一方で、仮に何十年後か百何十年後かに本来の自然攪乱環境が取り戻されたとして、生物側には衰退を招くような問題はないのだろうか？

　琵琶湖環境科学研究センターでは、そんな疑問に答え、琵琶湖の原風景である湖辺のヨシ原保全に寄与する必要から、ヨシの研究を進めてきた。行政ニーズに応える目的で始められた研究は着手から3年を経て、ようやく琵琶湖地域のヨシが抱える保全生物学上の問題を把握し、保全への課題を浮き彫りにしつつある段階に達している。研究としては途上であるが、解明されつつある琵琶湖ヨシ群落の実情を報告することで、今後生じるかも知れない問題の回避、あるいは課題解決に向けての提案としたい。

1. 本来は水辺のパイオニア：攪乱に依存した更新メカニズム

　ヨシについては多岐にわたる研究の蓄積があるが、繁殖特性に関する研究は意外と少ない。ヨシは、種子からの実生繁殖（有性生殖）と地下茎による栄養繁殖（無性生殖）の両方を行う巧みな繁殖戦略の持ちぬしで、本来は、河川氾濫等の攪乱によって新しい裸地が形成されると、真っ先に侵入する水辺のパイオニアである（吉良, 1991）。

　ヨシの種子は風や水にのって、あるいは鳥類によって遠くまで散布される

ため、新しく形成された砂地にいち早く到達するのに有利である。また、攪乱後にできた裸地環境で発芽成長するパイオニア的な特性を持つ。一方、地下部が生きたまま越冬し、春になると地下茎から新しい芽を出して増える多年草でもある。地下茎の寿命は3～6年であるが、その伸長速度は年に5～8mと大きく（三浦，1977；立花，1992；布谷，1999）、実生定着した個々の個体が急速にクローン*の占有面積を拡大させていくことで大群落に発達していく。種子によって広域での分布を拡大し、いったん定着した後はクローン成長により個体の維持を図るわけである。ところが、本来の自然攪乱体制が保たれている流域では、1年以内や1～数年に一度の頻度で、長くても百年に満たない間隔で、微地形が変わるような攪乱が起きる。発達したヨシ群落が成立していた立地も破壊され、新たな砂地が形成され、そこにまた新たにヨシが侵入し、こうしたサイクルが振り出しに戻って繰り返されるたびに、ヨシの世代も次世代に入れ替わるという仕組みである（図2-4-2）。

　一方、洪水等による自然災害を抑えようとする人間の操作（河川改修や護岸整備、水位操作等）によって自然の攪乱体制が損なわれている流域では、本来ならば頻繁に攪乱が起きるはずの水辺環境でありながら、自然状態で再び攪乱が起こるまでの期間よりも長期にわたって、安定した立地が続く。そ

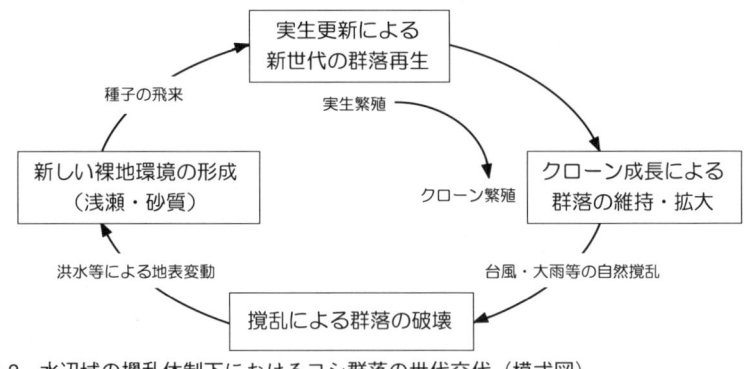

図2-4-2　水辺域の攪乱体制下におけるヨシ群落の世代交代（模式図）

クローン：同一の遺伝子型を持つ個体。

のような特殊な条件下では、ヨシの幹の密度が過密になったり枯れた地上部が蓄積したりして水流が停滞し、多摩川等の河川で社会問題にもなっているように、有機物やヘドロが溜まったりメタンガスが発生したりする事態になることもある。

　このように、現在残存するヨシ群落の多くが、自然ではありえないような人為的環境に置かれている。本来のヨシは、攪乱頻度の高い水辺環境のパイオニア的存在であり、攪乱環境に適応した生物の特徴として、水辺域特有の攪乱体制に依存した更新維持機構を持っている。このことは、群落の自己持続性を検討する上で十分に認識しておきたい。

2．有性生殖の重要性：遺伝的に「健全」とは？

　我々が通常目にしている高等植物は、生きて子孫を残すために暮らしている。さまざまな生存戦略を駆使し、進化し続けることで初めて種の存続が図られる。既に遺伝的多様性が著しく低下してしまった絶滅危惧種等の場合を除けば、他殖性*の植物種にとって健全な有性生殖による世代交代は、遺伝的多様性の維持や種の存続に不可欠である。少子化の日本で社会の崩壊に関わるさまざまな問題が予想されているように、一時的あるいは持続的な少子化は、将来に多様な禍根を残す可能性を高める。私たち人間が、ヨシ群落からの恩恵や生態系サービスを将来にわたって受け続けようとするなら、健全なヨシ群落が存続していってもらわないと困る。そのためにはまず、ヨシが健全に生き、自己持続的に健全な子孫を残していってもらう必要がある。では、琵琶湖のヨシは、本当に「健全」といえるのだろうか？

　ヨシの繁殖様式については、自家不和合*であるという報告（Gustafsson and Simak, 1963）や、淀川（大阪府）の事例で自家結実率*は低く、野外2集団（大阪市、摂津市）の平均で5.9%という報告（Ishii and Kadono, 2002）がある。私たちが琵琶湖の内湖8集団（高島市の浜分沼・エカイ沼・五反田沼、大津市の堅田内湖、近江八幡市の北沢沼、安土町の西の湖、彦根市の曽

他殖性：他殖率（雌性配偶子のうち、他家受精したものの割合）が高い性質。
自家不和合：（通常、植物において）自家受精によって子をつくることができないこと。
自家結実率：自家受粉によって胚珠が充実する割合。

根沼・野田沼）で調べた結果でも、自家結実率は平均7.4%であった。さらに、自家受粉処理でできた種子からの実生には形態異常等が見られ、健全に成長することはなかった（金子、未発表；写真2-4-1）。これらのことは、ヨシが他殖※を好む植物であることを意味している。

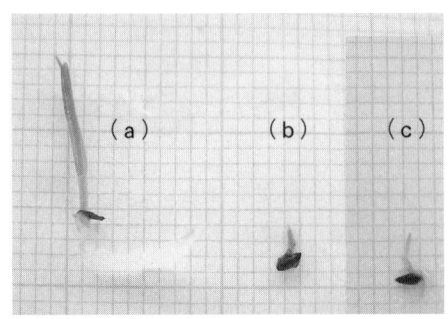

写真2-4-1　当年生実生の発芽状況
aは健全な成長を示した実生、bは発根がみられずに成長が停止した実生、cは白色のまま成長が停止した実生の例。

また、立花（1992）は、自然状態でヨシが種子から群落を形成できるのは、出水後にできる砂質で日当たりの良い浅瀬だけであるのに、琵琶湖では近年水位が安定しているために種子による世代交代をすることができなくなっており、栄養繁殖だけで維持されている群落はかなり老衰していると指摘している。その弊害として、琵琶湖南湖の、老衰していると考えられる大きな株では遺伝的な異常花粉が多いこと等も報告されている（立花，1980）。

したがって、ヨシ群落の再生にあたっては、1）自分とは異なる他個体と花粉をやり取りできる機会や、2）新しい世代が種子から育つ有性生殖の機会を保障してやることも必要である。そのためには、1）周囲に自分と同じクローンばかりではなく、なるべく多様なクローンが存在することや、2）流域レベルでの工夫によって流入土砂の確保や引き堤等を実現し、湖岸に洪水攪乱の起こる余地を残すことが望ましい。ヨシは花粉も風で散布されるため、種子と同様、花粉の散布距離も比較的大きい。だから、そのような遺伝構造や環境構造さえ整えられれば、ある程度の与えられた余地の中で自然に生じる小規模な攪乱によって、種子からの群落再生や実生個体の新規加入が可能な立地が出現し、自然に世代交代が起こり、群落の遺伝的多様性も確保されるのではないかと予想される。しかし、自然の回復力優先の原則が認識

他殖：他個体の雄性配偶子によって受精させられること。他家受精。他家受粉。

されている現在でも、ヨシ群落再生の方策は、依然として、盛土と消波柵等の設置による安定した場の造成とヨシ苗の植栽導入が中心を占めている。しかも、琵琶湖で用いられているヨシ苗はクローン増殖による挿し木苗が主流で、親株の産地や苗の生産・導入方法等も保全遺伝学的観点から十分検討されているとは言い難い現状である。普通種であるヨシの場合、絶滅危惧種のように残存群落の保護にあたって遺伝的管理の検討がなされることもない。本当に、それで良いのだろうか？ 良くないのだとしたら、いったいどのような配慮をすればいいのだろうか？

● 健全性の鍵

「健全性」の鍵は、遺伝的な違いの多様さである。生物多様性保全で守るべき遺伝子レベルの多様性とは、種あるいは種グループ内と、同種集団内という大きく二つのレベルに存在する遺伝的変異の大きさのことである。自然再生事業指針（日本生態学会生態系管理専門委員会, 2005）では、自然再生を進める上で堅持すべき原則で遺伝的多様性に関わるものとして、風土性の原則[※]と変異性維持の原則[※]を挙げている。種ないし種グループ（亜種や同属種等の近縁種）レベルの遺伝的変異は風土性の原則で扱われ、同種集団レベルの遺伝的変異は変異性維持の原則で扱われる。

3．多様なものを混ぜると失われてしまう多様性

同種内での異なる集団間や亜種間、近縁種間にみられる遺伝的な違いは、原則として異なるものどうしを混ぜてはいけない遺伝的変異である。集団間の遺伝的な違いは、過去の分布変遷により地域固有の系統が形成され、移動分散能力の違いにより局所的な遺伝構造が形成されることによって生じる。局所的環境に適応した地域固有の遺伝的系統は、進化につながる種分化を内包しており、生物学上守るべきは種でなく、地域固有の遺伝的系統であるとされる所以(ゆえん)である。風土性の原則はこの集団間レベルの多様性を守ろうとするものである。集団間の遺伝的多様性は、無秩序な外来系統や在来他系統の

風土性の原則[※]：自然再生・生態系管理において、できる限り、その地域の生物を用いる必要があるという原則。
変異性維持の原則[※]：自然再生・生態系管理において、その種の遺伝的変異性の維持に十分に配慮する必要があるという原則。

導入により消失のリスクにさらされる。では、遺伝的に異なる系統のものを混ぜてしまうとどんな困ったことが起こりうるのだろうか？

　集団間の遺伝的多様性が生物の絶滅に強い影響を及ぼす現象の第1には、健全な次世代を残せなくなることが挙げられる。植物では、広範に起こる絶滅リスク増大への影響として、異系交配による外交配弱勢の発現や正常な受粉の阻害等が知られている。

● 種内異系交配による外交配弱勢

　外交配弱勢とは、遺伝的に分化した集団間の交配によって、子や孫など後の世代で、発生異常や繁殖能力の低下といった有害な影響が現われ適応度※の減少が起こることである。

　これまでの私たちの研究で、北海道から九州にわたる国内の主要なヨシ集団を対象に、全DNAの169遺伝子座についてAFLP分析を行った結果、ヨシの日本国内における地域集団間の遺伝的変異は比較的小さく、集団間の遺伝距離は広範囲にわたって比較的小さいことがわかってきた（金子，未発表）。しかし一方で、全国スケールで地理的距離と遺伝距離には有意な相関があり、明瞭な地理構造を持つことや集団間の遺伝分化の程度は比較的大きいことも明らかになってきた（西野ほか，2008）。そこで、琵琶湖地域の前出と同じ8集団で異系交配による外交配弱勢の可能性について調べたところ、遺伝的に有意に分化している京都府宇治集団を交配させた場合の他家結実率※は、自家和合性※のある集団で自家結実率より低かった（西野ほか，2008）。また、自家和合性の集団では、異系交配由来の実生に高い割合で形態異常や発育不良がみられ、自家交配由来の実生より生存率が低かった（金子，未発表）。これらのことから、地理的に比較的近い集団間の交配でも結実率や実生生存率の低下等の外交配弱勢が起きている可能性が示唆された。

● 倍数性と繁殖阻害

　さらに、琵琶湖地域のヨシの特殊事情として、10倍体の存在が挙げられる。ヨシには、同じ種内に異なる染色体数を持つ高次倍数体の系統が含まれてお

適応度：繁殖適応度。1個体当たりの、繁殖齢まで生存する生殖能力のある子どもの数。
他家結実率：他家受粉によって胚珠が充実する割合。
自家和合性：自家受精によって子をつくることができる性質。

り、3、4、6、8、10倍体の報告があるが、10倍体が報告されているのは、アジアでは琵琶湖淀川水系だけである（Ishii and Kadono, 2001）。しかし、琵琶湖地域で10倍体が確認された地点は、調査された31カ所（26カ所は私たち、7カ所はIshii and Kadono（2001）による。2カ所は重複）のうち4カ所のみで、他の27カ所は8倍体であった。ところが、私たちの研究から、琵琶湖地域には8倍体と10倍体が混在していると考えられる集団があり、野外での8倍体と10倍体の交雑から生じた9倍体の実生も栽培下で確認されている（金子，未発表）。しかしこれまで9倍体の報告がないこと等から、9倍体は不稔か野外では生育が不利なのかもしれない。もしそうであれば、8倍体と10倍体の混在は、全体の繁殖量の低下を招くものと予想される。野外集団で異なる倍数体が混在することでは、正常な子の生産に結びつく受粉の阻害を引き起こしている可能性が高い。また植栽履歴や琵琶湖で生産されたクローン苗の産地に10倍体の集団が含まれているらしいことから、元々は8倍体しか存在しなかった地域に、10倍体のクローン苗が人為的に植栽導入されてしまったことで、地域集団の遺伝構造が破壊され、有性生殖の阻害を引き起こす結果となっている可能性も否めない。

● 侵略的外来系統の蔓延

集団間の遺伝的多様性が生物の絶滅に強い影響を及ぼす場合の現象として、第2に、侵略的外来系統が隠蔽種*（いんぺいしゅ）等として蔓延してしまう場合もある。例えば、ヨシは世界に広く分布すると紹介したが、同じヨシという種でも、葉緑体DNAのハプロタイプから、大きく、ユーラシア型、北米型、アジア型に分化していることがわかっている（Saltonstall, 2002）。このうち北米型のヨシは、近年の研究では亜種とされている固有系統であるが、北米大陸では20世紀初頭に侵入したユーラシア型ヨシが急激な分布拡大を遂げてしまった（Saltonstall, 2002；井鷺ほか，2005）。隠蔽種が侵入して分布を拡大すると、系統地理構造が破壊され、生態的地位の似た在来系統に悪影響を及ぼす危険がある。日本でも、ユーラシア型や北米型のような外来系統の導入

隠蔽種：形態的には区別されていなかったグループに含まれている2種以上の独立種。

は当然避けるべきである。

● **種間交雑による遺伝子浸透**

　第3の有害な影響は、同属種や近縁種等への遺伝子拡散リスクが予想される場合で、種間交雑による遺伝子浸透が起きてしまう場合には、絶滅危惧種の純粋系統が近縁種との交雑で失われてしまうようなことが起こりうる。小笠原諸島の固有種オガサワラグワで栽培用のシマグワとの交雑による遺伝子汚染※が進行してしまった例等がよく知られている。

　このような生態的リスクや遺伝的リスクを検証し、風土性の原則を守るためには、対象種の地理的な遺伝構造、集団分化の程度、自家和合性、近交弱勢※、外交配弱勢の起こり方等に関するきめ細かい情報や中立遺伝マーカー※では評価できない生態型の評価も重要となる。

4. 多様なものを混ぜないと失われてしまう多様性

　次に、二つ目の遺伝的多様性として、同種集団内の遺伝的変異がある。3節で挙げた一つ目の遺伝的多様性とは逆に、ひとまとまりの地域集団内の個体間にみられる遺伝的変異は、異なるもの同士を混ぜなくてはいけない遺伝的変異である。変異性維持の原則は、この集団内の遺伝的多様性を守ろうとするものである。特定の場所で特定の種を保護、増殖する場合は、その種のその場所の系統内での遺伝的変異が保持されるよう十分な注意を払う必要がある。では、集団内の遺伝的多様性が低下してしまうとどんな困ったことが起こりうるのだろうか？　集団内の遺伝的多様性の低下が、生物の絶滅に強い影響を及ぼす機構には、近親交配の影響と遺伝的多様性の消失そのものによるものがある。

● **近親交配による近交弱勢の出現**

　人間活動等によって集団あたりの個体数の減少、集団の孤立分断化、健全な有性生殖の阻害等が起こると、集団の遺伝的変異の幅は減少してしまう。集団内の遺伝的多様性の低下がもたらす有害な影響の第1は、近親交配が進

遺伝子汚染：交配可能な別種の侵入によって交雑が進み、固有の種が消滅してしまうこと。
近交弱勢：自殖や血縁関係のある個体間の交配によって生じた子孫の適応度の低下。
中立遺伝マーカー：自然淘汰に対して中立で、個体の適応度の増減に影響しない遺伝変異を調べるための遺伝子マーカー。

むことによって健全な次世代を残すことができなくなることである。近親交配は基本的にすべての自然異系交配集団で適応度（繁殖と生残）に有害な影響を持つ。血縁度の高い個体間の交配による後代には、発生異常や成長速度、生存率、繁殖能力等の低下といった近交弱勢が出現することが知られている。近交弱勢は外交配弱勢と並んで集団の適応度を低下させる遺伝的要因であり、健全な子孫を残すための交配相手は遺伝的に遠すぎても近すぎてもいけないということになる。

　近交弱勢の効果を考える際に考慮すべきこととしては、ヨシは多倍数性であるということがある。一般に、倍数性の種は2倍体の種ほど近交弱勢を受けないと考えられるからである。ところが、ヨシは盛んにクローン成長する無性生殖種でもある。無性生殖のみで繁殖する完全なクローン種では近親交配を考慮する必要はないが、非常に近親交配が進んだ異系交配種の場合と同様、環境変化に対する適応能力をほとんどもたない。ヨシのように、有性生殖と無性生殖の両方を行う種では、遺伝的に異なるクローンの数は、無性生殖によって増えた1本1本の幹や株の数よりずっと少ない。そのため、集団の遺伝的多様性は有性生殖種よりもかなり低く限定される。したがって、部分的にでも無性生殖を行う種の遺伝的多様性を管理するには、集団の遺伝構造を把握しておく必要がある。変異性維持の原則を守ろうとする際には、集団内の遺伝的多様性の程度だけでなく、集団内の遺伝的多様性と繁殖適応度の関係等を検証する必要もある。

　これまでの私たちの研究から、琵琶湖地域では45集団以上の主要なヨシ群落（琵琶湖岸のヨシ群落保護地区の4集団、保全地域の14集団、内湖の24集団等を含む）のすべてで集団のクローン構造が明らかにされている。クローンの識別には、核DNAの5～7遺伝子座についてのマイクロサテライトマーカー（Saltonstall, 2003）による分析結果とAFLP法による169遺伝子座の分析結果を合わせて用いた。その結果、琵琶湖地域では、集団のクローン多様性は集団によって大きく異なっていた（西野ほか, 2006）。多くの種では、

遺伝的多様性の低下は、遺伝的多様性の消失と近親交配のレベルが直接関係することを介して、繁殖適応度の減少をもたらす。そこで、遺伝的多様性と繁殖適応度の関係の一例として、琵琶湖地域のヨシにおいて、クローン多様性の程度が異なる前出と同じ8集団で自然結実率を比較したところ、クローン多様性の高い集団では、クローン多様性の低い集団に比べて自然条件下の結実率が有意に高かった（図2-4-3）。

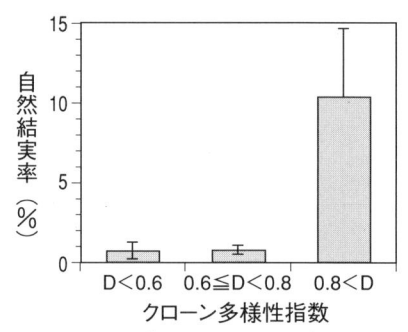

図2-4-3 ヨシ集団のクローン多様性指数（Simpson's D）と自然結実率
Dの値が高いほど、集団内のクローンの多様性が高いことを意味する。

琵琶湖地域では、攪乱体制の消失により長期にわたって有性生殖が抑制されていながら、西の湖のように火入れやヨシ刈り等の人為的管理によって群落の維持が図られている地域がある。それらの地域では、好適な生育環境が広域に連続する場所等に、数百mから1km以上にも及ぶ単一クローンが形成されることがある（井鷺ほか，2005）。また、園地や緑地等の整備事業の影響で群落面積が小さく抑えられているだけでなく、既にクローン多様性がかなり低下している集団が少なくない。そのため、実際の集団サイズ※は見かけの群落面積から予想されるよりさらにずっと小さく、調査した8集団のすべてで、自然条件下では花粉不足の状態である可能性が示唆されている（金子，未発表）。これらのことから、ヨシ製品の原材料として均一で優れた形質のヨシを商業的に生産している場合を除いては、繁殖力の低下を招かない程度の望ましい集団サイズ※と近交弱勢を起こさない程度の遺伝的変異を回復させることが望まれる。有効集団サイズ※や遺伝的多様性の目安となる具体的数値については、更なる研究が必要である。

集団サイズ：集団に含まれる個体数。
有効集団サイズ：実際の集団で観察された近親交配あるいは遺伝的不動をもたらすような、理想集団における個体数。

● 遺伝的多様性の消失による適応度の低下

　近親交配が短期的な適応度（繁殖と生存）の低下を招くのに対し、遺伝的多様性の消失は長期的な適応度（進化能力と種分化）の低下を招く。種は絶え間ない環境変化に適応して進化し続けなければ絶滅するので、遺伝的変異が少ない種は環境変化により絶滅しやすい。遺伝的多様性の消失による有害な現象としては病気が蔓延しやすくなることが挙げられる。耐病性遺伝子の遺伝的変異の維持は野生生物の保全上重要である。また、植物では、自家不和合性遺伝子の多様性の減少が起こると、自家不和合性により種子が作られなくなる、種子稔性※の低下が起こる等の事例が知られている。

5. 琵琶湖地域でのヨシ群落再生の指針

　地域や集団内の遺伝構造は、有性生殖と無性生殖、それぞれの繁殖様式における生理的生態的な特性や遺伝的な要因に規定されて形成されていく。内的な要因だけでなく、人間活動や地形等の外的な要因も様々な時間的、空間的スケールで遺伝構造に影響する。したがって、現存している遺伝構造や遺伝系統は、多様な成立要因が複雑に絡み合って生じたものであって、人為的に再創出することは不可能である。保全の基本は予防原則なのである。不可逆的な変化をもたらしてしまった過去の人為の影響を取り除くこともかなり困難であろう。しかし、過去の行為に関わらず、新たな禍根を残さない努力、今からでも過去の悪影響を補正する努力をすることが望ましいように思われる。

　最後に、琵琶湖地域でのヨシ群落再生における保全遺伝学上の留意事項をまとめてみたい。①は自然の回復力優先の原則、②、③は風土性の原則、④、⑤は変異性の原則に関連して注意すべきことである。

①群落の世代交代を促すため、新しい世代が種子から育つことのできる機会を増やす

　ヨシが種子から群落を形成するためには、氾濫後に出現する砂質で日当たりの良い浅瀬の存在が必須であり、その世代更新は洪水攪乱に依存して

種子稔性：種子に正常に発芽する能力があること。

いる。琵琶湖岸の氾濫原面積は明治時代には現在の50倍、昭和に入っても湖岸改変が実施され始める前までは現在の17倍に及んでいた（中島, 2001）。広大な氾濫原には広大なヨシ帯が広がり、群落の部分的な破壊と新裸地の出現を伴う頻繁な攪乱によって、発達段階の異なるヨシ群落や他の原野の植物群落がモザイク状に分布していたと思われる。種子の発芽定着が可能な立地を出現させるために、多少の攪乱が起こる余地を湖岸域に取り戻すことが望まれる。

②植栽材料は同一環境で遺伝的に分化しておらず同じ倍数体から成る集団から採取する

　群落再生には自然の回復力を優先すべきだが、どうしても人為的な植栽を行いたい場合には、周辺に残存する個体や集団への繁殖阻害や外交配弱勢を防ぐため、1）可能な限り同じ環境（標高、土壌、気候、病原体、捕食者等）に適応し、生活史特性や生態型が一致している、2）遺伝的に有意に分化していない、3）同じ倍数体の個体から成る、集団から植栽材料を採取すべきである。

　国交省の出雲河川事務所は、宍道湖の湖岸堤の一部を引き堤によって緩傾斜の多自然湖岸堤として再整備したことで有名である。この出雲河川事務所では、ヨシの植栽にあたって風土性の原則を堅持するため、工事の仕様書の中で「種子又は苗」の採取地を明確に指定し、「種子又は苗」の採取地・採取年月日と苗の養生場所を含む産地追跡証明の報告も義務づけている。

③地理的に近いものを遺伝的にも近いものと判断するのは危険である

　植栽しようとする場所の周辺に残存する個体や集団と、植栽材料を採取しようとする集団が遺伝的に分化していないかどうか、同じ倍数体の集団であるか、導入による弊害が起こる可能性はないか、等を正確に知るためには、残念ながら今のところ、遺伝距離や染色体数を実際に調べたり、リスク評価をしてみたりするしかなさそうである。遺伝的変異は環境の不均一性や不連続性を反映しており、地理的距離が必ずしも遺伝距離の指標に

なるとは限らない。しかも、琵琶湖地域は、1980年代から始まった過去の無秩序な植栽によって、既に地域の遺伝構造が破壊されている可能性が高い。10倍体の産地も点在していることから、交雑が起こらずに健全な繁殖が阻害される可能性や、より後代で外交配弱勢が起こる可能性も考えると、琵琶湖地域において地理的距離による保全単位の判断は大変危険と思われる。

④変異性維持の法則を重視すべきである

滋賀県の「琵琶湖湖辺域保全・再生指針」（滋賀県，2004）は、比較的早い時期に、風土性の原則を盛り込んだ画期的な事業指針であった。この先進的な指針にも変異性維持の法則にまで踏み込んだ記述はまだない。しかし、集団内の遺伝的多様性が低下してしまうことによる弊害を鑑み、琵琶湖地域のヨシ集団の遺伝的多様性は国内他地域に比べて低いことを考えると（西野ほか，2008）、少なくとも10倍体の産地以外では、変異性維持の法則をもっと重視した群落再生がぜひ必要である。

⑤クローン苗ではなく実生苗を使用し、集団の遺伝的多様性を高める

自殖性の低いヨシでは、周囲も自分と同じクローンばかりになってしまうと、健全な種子生産が阻害される等の弊害が起こる。そこで、①で述べたように、有性生殖が自然に行われるような場の条件を整えると共に、健全な有性生殖を促すことを目標として、植栽導入を行う場合にも、集団の遺伝的多様性の回復を図り、遺伝的に有効な集団サイズを増大させるような方法で群落面積の増大を図る必要がある。そのためには、現在も県の植栽事業等で主に用いられている挿し木苗に換わり、実生苗[※]を使用することが求められる。実生苗を育成するための種子は、植栽予定箇所に残存している集団の遺伝構造に応じて、できる限り多数の異なるクローンから採取する。苗は植栽予定箇所のなるべく近くで育て、残存集団の遺伝的構成を考慮に入れた導入計画を立てることや遺伝子モニタリングの実施が望ましいだろう。

（金子有子）

実生苗：種子を発芽させた実生から育成した苗。

2-5　水鳥による水生植物の運搬機能と湿地保全

　琵琶湖では、2001年より湖北地方のびわ町（現、長浜市）と湖北町の早崎干拓地（以下、早崎ビオトープとよぶ）で湛水が行われている。ここはかつて「早崎内湖」とよばれた入り江で、1971年に干拓され、その後長らく水田稲作が行われてきた。それまで田んぼであった場所に水が張られ、数年間で絶滅危惧植物を含む多くの植物が生育するようになっている（滋賀県湖北地域振興局，2006）。干拓後、30年以上も水田として、除草や田起こしなどの管理がされてきた場所に、これらの植物たちはどのようにしてやってきたのであろうか。

　現在、日本で行われている多くの自然再生事業では、土中に含まれる植物種子（シードバンク）の活用により、植生の復元が試みられている（亀山ほか，2002；鷲谷・草刈，2003）。確かに、植物の種子が含まれると思われる土壌を蒔きだすことで、過去に分布していた植物が生育してきた事例がある。しかし、このような植生の回復が単にシードバンクだけで説明できるわけではない（種生物学会，2002）。

　早崎ビオトープにおいても、2001年の湛水当初にヒロハノエビモ、シャジクモ、タコノアシなどの植物が出現したのは、シードバンクによると予想された（西野・浜端，2005）。しかし、早崎干拓地の泥を蒔きだした調査では、アメリカセンダングサ、セリ、イヌビエなどの植物が確認されたが、ヒロハノエビモやオオササエビモについては、これまで確認されていない（滋賀県湖北地域振興局，未発表）。

　また、河川の堰止めなどで形成された湖や池のように、シードバンクのない場所に、突然湿地ができる場合もある。このような場合、植物はどのようにして湿地に移動するのであろうか。

1．植物の分散方法

　湖や溜め池、湿原などの湿地環境は、地理的に遠く離れて点在することが

多い。動物と違って自ら移動することができない植物は、種子や殖芽を様々な方法を使って分散させ、分布を広げている。植物の種子分散には、風散布、水散布、重力散布・自発散布・動物散布など様々な方法がある（上田, 1999）。水辺の抽水植物であるヨシやガマは、毛のついた種子をつくり、秋になると風にのって分散する。またハスやオニバスの種子、ガガブタの繁芽は水に浮かび、水を通じて流れていく。

　私は、これら植物の散布方法の中で、動物散布に注目してみた。水辺の動物で種子散布を行うものとしては、魚と水鳥が考えられ、このうち水鳥は隔離された水域間でも移動できるため、種子分散に大きな役割を果たしていると考えられているからだ（Green *et al.*, 2002）。水鳥は、水生植物の生育地に生育しており、隔離された水辺環境を選択して行き来することができる。自然再生などによって新しい水辺環境が創造された場合、すぐに飛来することができるのが水鳥である。

2．水鳥による植物の種子散布

　進化論で有名なダーウィンも、水鳥による種子や栄養増殖体の分散について注目していた。彼は、水鳥の水かきや羽毛に種子やムカゴが付着したり（動物付着散布：ectozoochory, epizoochory）、水鳥が食べた食物に植物の種子が含まれたりして（動物体内散布：endozoochory）、種子分散が起こっていることを予想しており、いくつかの実験も行っている。これらの散布方法は、水生植物だけでなく水生生物の長距離移動についての一般的な考え方となっている（Darwin, 1859；Figuerola and Green, 2002）。

　動物付着散布とは、水鳥や他の動

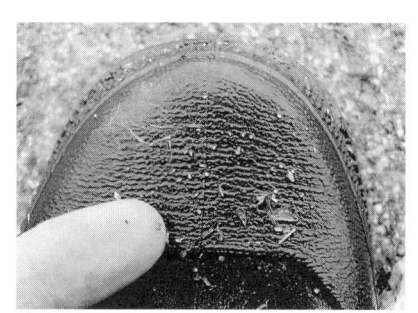

写真2-5-1　長靴に付着した雑草の種子
早崎干拓地にて。

写真2-5-2　トゲが特徴的なスブタの種子（左）とヒシの種子（右）

物の脚や羽毛に植物種子が付着して移動することである。湿地を歩くと長靴に種子がたくさんついていることがある（写真2-5-1）。水鳥の脚に付着した種子は、このようにして次の飛来場所へ運ばれる。また水草の種子には、スブタやアサザ、ヒシなど、トゲのあるものが知られている（写真2-5-2）。これは、水鳥に付着するためのトゲと言われている。実際、琵琶湖ではオニビシが付着したコハクチョウが観察されている（口絵Ⅳ-3）。このような種子形態が存在すること自体、動物付着散布という戦略が自然界で進化してきたことを証明している。

　動物体内散布は、水鳥が植物を食べるときに種子も一緒に取り込み、移動した先で糞と混ざって排出されるもので、水生植物にとって頻度の高い散布方法だと考えられている（Charalambidou and Santamaria, 2002）。シャジクモやイバラモなどの植物は、造卵器や種子が葉の基部にあり、葉を食べるカモ類が混食を起こしやすい構造になっている（写真2-5-3）。ヒルムシロ類も、水鳥が好んで食べる葉の新芽の近くに種子を配して混食を誘っているように見える。

● 水鳥による種子散布量の推定

　では、一体どれくらいの種子が水鳥によって散布されているのだろうか。

水鳥の種子散布量を調査した研究がほとんどなかったので、実際に調査してみた。

水鳥の糞を採集するため、90cm×180cmのパネルを早崎ビオトープ（滋賀県）と米子水鳥公園（鳥取県）に設置した（写真2-5-4）。採糞パネルに落ちている水鳥の糞を、夏から冬にかけて毎月採集した。1回の採糞の手順は、まずパネルを窓ふき用のワイパーで清掃し、パネル上の糞をすべて取り除いた後、4日後にパネル上の糞を採集した。採集した糞を水に溶かし、ピンセットで細かく分解して糞中の植物種子を選別した後、種子の種類を同定し、その数を記録した。

その結果、早崎ビオトープでは、2005～2006年の2カ年の調査で約200の糞塊を採集し、18タイプ約2600個の種子を確認採集した（表2-5-1）。米子水鳥公園では、2006年の調査で約1500の糞塊を採集し、25タイプ約1万個の種子を確認できた。早崎ビオトープでは一つの糞塊当たり10～25個の植物の種子が入っており、水鳥の糞による植物種子の供給量を推定すると、たった1日で1haあたり約4万～7万個という計算となった。この値は、いささか大きすぎるかもしれないが、多くの植物種子が水鳥によって運ばれていることを示している。

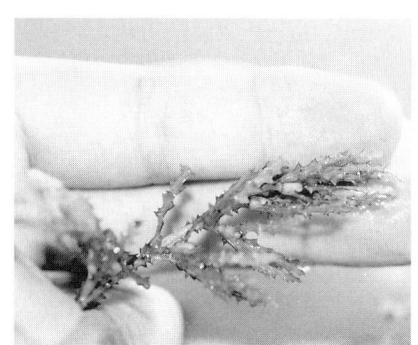

写真2-5-3　イバラモは、葉の基部に種子を形成する

写真2-5-4　早崎ビオトープに設置した採糞のためのパネル

表2-5-1 早崎ビオトープ（滋賀県）と米子水鳥公園（鳥取県）で行った水鳥の糞から得られた種子数と種子供給量

年	早崎ビオトープ※ 2005	2006	米子水鳥公園 2006
採集された種子のタイプの数	13	9	25
水鳥の糞から採集された種子数	1001	1598	10891
採集した水鳥糞塊の数	85	109	452
1糞塊あたりの種子数	11.8±24.2	14.7±136.3	24.1±383.9
1㎡あたりの種子供給量/日（月ごとに比較）	4.26（±2.31）	6.7（±6.1）	46.3（±37.2）
1haあたり1日の種子供給量推定	4万個	7万個	45万個

※早崎ビオトープでは、2005年と2006年で共通していた種子が3タイプあり、2カ年の調査で18タイプの種子が確認された。

　糞塊に含まれていた種子をすべて同定することはできなかったが、米子水鳥公園ではリュウノヒゲモが確認された。早崎ビオトープでは、さきの蒔きだし実験で確認できなかったヒロハノエビモの種子が確認できた。さらに、カモ類に被食されそうな種類だけでなく、風散布型と思われるガマの種子や泥中に種子を落とすヌカキビ・ホタルイなどの種子も確認できた。
　では、水鳥の糞にいつ種子が入ったのだろうか？　米子水鳥公園で、調査期間中に種子が最も頻度高く観察されたリュウノヒゲモについて調べてみ

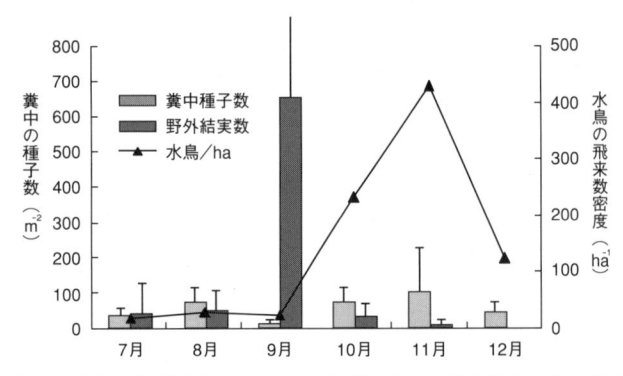

図2-5-1　米子水鳥公園におけるリュウノヒゲモの結実数と水鳥の糞中の種子数、水鳥の飛来数密度
エラーバーは、SD。

た。図2-5-1に、リュウノヒゲモの野外での結実数および糞中の種子数と米子水鳥公園に飛来する水鳥の密度との関係を示す。リュウノヒゲモは、水鳥の飛来密度が高まる10月の前月の9月に多くの種子をつけていた。一方、糞中には、実際に結実している種子数と関係なく、どの月でもリュウノヒゲモの種子が含まれていた。このことから、水鳥は、実際に結実している種子を採食するだけでなく、泥中のシードバンクからの採食も行っている可能性もある。カモ類の採食方法は、水面採餌や、倒立採餌などがあり、水面に漂う結実した種子だけでなく、地下茎や塊茎などとともに泥中の種子を水鳥が混食させるような仕組みがあるのだろう。

● 発芽能力を維持できるのか？

さて、このように水鳥によって植物種子が運ばれていることが明らかになったが、これだけで、水鳥が植物の分布を広げているとはいえない。なぜなら、運ばれている間に種子やムカゴの発芽能力が失われてしまっていたら、分布を広げることができないからである。

すでに19世紀には、水鳥による被食によって、リュウノヒゲモの種子の発芽率が上昇することがわかっている（Guppy, 1894）。またイバラモの種子を用いた実験では、水鳥が糞として排出した種子や種皮を傷つけられた種子は、何も処理していない種子に比べ発芽率が逆に上昇していた（Agami and Waisel, 1986）。実際に、米子水鳥公園で採集した水鳥の糞を蒔きだすと、イバラモとリュウノヒゲモが生育してきた例もあり（神谷ほか, 2005）、糞中の種子には発芽能力を維持していると考えられる。

しかし、このような発芽率の上昇はすべての種類の植物にあてはまるわけではない。3種類のヒルムシロ科の植物で実験した場合、リュウノヒゲモしか発芽率が上昇しなかった例がある（Smits *et al.*, 1989）。同属の種間でも種子分散の戦略は違うようだ。

● 水鳥のフライウェイ

次に、実際植物の種子を食べた水鳥は、どのように移動するのだろうか？

水鳥の移動については、日常的な地域内での餌場間、もしくは餌場と塒（ねぐら）の短距離の移動と、毎年繁殖地と越冬地を移動する長距離の渡りの二つのタイプがある。短距離の移動とは、餌場を変える、餌場と塒の移動など毎日の移動である。たとえば、コハクチョウやオオヒシクイは、毎日琵琶湖の湖岸で塒をとり、昼間の採食時間になると水田に行って採食するという行動を繰り返している。これらの行動範囲は約10kmで（村上ほか，2000）、その範囲の種子分散に大きな貢献をしていると予想される。

　長距離の渡りについても、観察による調査や標識調査によって多くのことがわかるようになった（山階鳥類研究所，2002）。近年は、発信機による調査により、正確な場所や時間・移動距離がわかるようになっている（樋口，2005）。

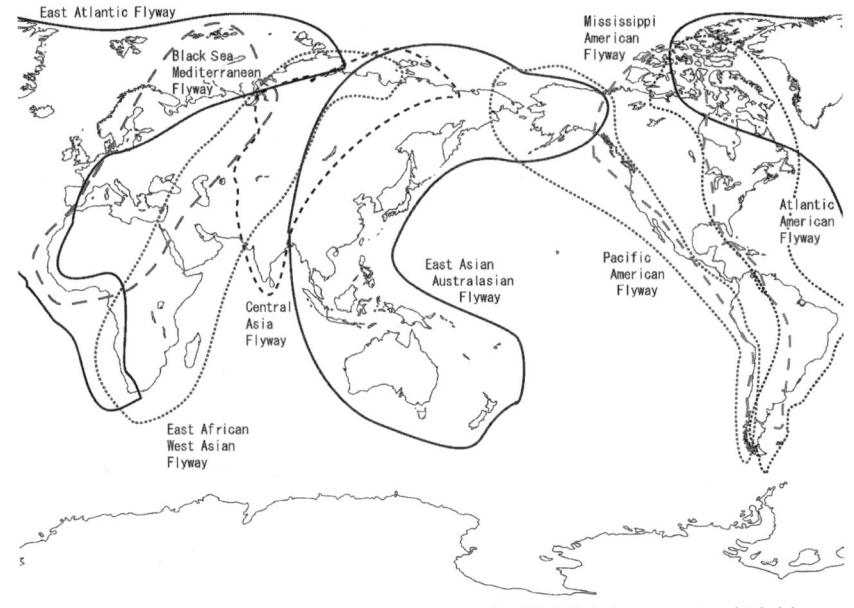

図2-5-2　世界の主要な水鳥の8つのフライウェイ（国際湿地連合，2007を一部改変）
日本は、東アジア・オーストラリア地域フライウェイに含まれる。

また、渡りの際の長距離の種子散布の可能性も示唆されている。ヨーロッパのリュウノヒゲモでは、群落間の地理的距離と遺伝的距離を比較すると、コハクチョウが飛来する池のグループのほうが、飛来しない池のグループよりもより近いという結果がえられている（Mader *et al.,* 1998）。
　日本でも、ヨーロッパと同様、北極圏から東南アジア・オーストラリアに至るフライウェイが存在している（図2-5-2）。発信機を用いた調査では、コハクチョウは、米子水鳥公園からたった13時間で日本海（900km）を縦断し、ウラジオストック近郊の湿地に到着したことがわかっている（Kamiya and Ozaki, 2002）。同様の渡りは、もっと小型の鳥類（カモ類・シギチドリ類）でもわかってきており、十数時間で500マイル（約800km）を移動するだろうというダーウィン（1859）の予測が実証されつつある。

● 種子散布の効果
　水鳥による種子散布が成功するためには、次の条件を克服する必要がある。①水鳥が種子を食べる、または付着させる。②水鳥の消化管内に滞留する、もしくは付着して移動する。③散布された種子が発芽能力を維持する。④生育に適した場所に散布される。⑤散布された場所で他種との競争に生き残り繁茂する。
　いいかえると、多くの種子が運ばれているというだけでは、植物の分布の拡大に役立っているとは言えない。多くの湿地の場合、すでにほかの種が群落を形成しており、新たに侵入することは難しいが、何かの環境変化によって生息地に空きができる場合には、水鳥による種子散布は大きな効果をもたらすと考えられる。

3．湿地をつなぐ水鳥のフライウェイ
　近年水鳥の渡りというと、鳥インフルエンザがこのフライウェイを通して広がっていることが疑われている（ラムサール条約決議Ⅸ.23）。しかし、鳥インフルエンザの拡散は水鳥のフライウェイの機能の一つに過ぎず、そのほ

かにも多くの生物を湿地間で移動させ、分散の機会を与えていると考えられる。

　水鳥が湿地間の生物の移動に貢献しているとするならば、湿地の保全を考える場合、一つの湿地だけでなく、地域全体で多くの湿地環境を保全すべきである。地域において、様々なタイプの湿地が数多く残されていれば、生物多様性の保全に役立つとともに、一つの湿地に大きな環境変化があったとしても水鳥によって様々な生物の供給が期待できる。

　つまり、滋賀県の湿地保全、琵琶湖だけでなく、周辺の内湖や様々なタイプの湿地を保全していくことが、琵琶湖自身の保全にも貢献できるのである。また、琵琶湖はラムサール条約（特に水鳥の生息地として国際的に重要な湿地に関する条約）の登録湿地となっており、毎年３万〜７万羽の水鳥が琵琶湖と海外の湿地との間を行き来している（須川, 2000）。つまり、琵琶湖とともに周辺湿地の保全を進めるということは、東アジアのフライウェイ全体の湿地の多様性を保全することにつながる国際的な責務なのである。

（神谷要・西野麻知子）

Column 「東アジア・オーストラリア地域フライウェイ・パートナーシップ」
湿地のネットワークを守る国際的枠組み

　水鳥の渡りルート（フライウェイ）の保全は、湿地間の生物の移動手段として重要な意味を持つことがわかっている。そのような中、東アジアにおける渡り鳥のルート（フライウェイ）を守っていこうという活動がすでに始まっている。

　日本は1970年代よりオーストラリア・アメリカ・ロシア・中国と2国間の渡り鳥条約や協定などを結んでおり、韓国とは日韓環境保護協定のもとに定期会合が開催されている。しかし、これらの2国間条約は、それぞればらばらで話し合いが行われるために、フライウェイ全体を見渡すものとはなっていない。

　このような渡り鳥の保全については、ボン条約（移動性野生動物の保全に関する条約）という国際間の移動をするすべての動物に関する条約がある。しかし、これにはクジラなどの海洋性の動物も含まれるため、今のところ日本の批准は難しいといわれている。

　その一方で、日本が批准している湿地保全の条約として、ラムサール条約（特に水鳥の生息地として重要な湿地に関する条約）がある。この条約では、国際的に重要な湿地（Wetland of International Importance）を各国に登録させるだけでなく、湿地の持つ様々な機能の保全と活用を目指している。

　その中で、フライウェイ全体の保全を進めるため「アジア太平洋地域渡り性水鳥保全戦略I・II」（1996-2006）が実施された。この取り組みでは、湿地保全のための国際的湿地ネットワークの構築を目指し、アジア太平洋地域の9カ国が参加して、シギ・チドリ類、ツル類、ガンカモ類の3種群の渡り鳥の生息地ネットワークが構築された。また、各種群において参加湿地間の情

報交換や研修会、教育ツールの開発など様々な活動が展開された。この戦略は2006年に終了したが、関係国政府、関係国際機関、国際ＮＧＯの新たな枠組みとして「東アジア・オーストラリア地域フライウェイ・パートナーシップ（渡り性水鳥保全連携協力事業）」が発足した。このパートナーシップには、日本からは琵琶湖（滋賀県）、釧路湿原（北海道）など27カ所が参加しており、渡り性水鳥を幅広く対象とする重要生息地の国際的なネットワークを構築している。そして、ネットワーク参加地における渡り鳥及びその生息地の保全と持続的な利用に関する普及啓発、調査研究、能力向上、情報交換等を推進していくこととなっている。

（神谷　要）

東アジア・オーストラリア地域フライウェイ・パートナーシップ　ホームページ
http://www.sizenken.biodic.go.jp/flyway/

2-6　琵琶湖が育む照葉樹林：タブノキ林とその保全

1．はじめに

　「水系」と「森林生態系」、そしてそれらをつなぐ生きものネットワークは「地域の生態系保全」の要である。生物多様性が保全されるためには、そうした地域固有の自然が残されていなければならない。

　滋賀県の6分の1の面積を占める「琵琶湖」は、近江盆地のほぼ中央に位置する。山々から水を集め、安曇川、犬上川、日野川など118の一級河川が流入する琵琶湖。その集水域には滋賀県固有の河川景観や田園景観が広がり、そのなかにタブノキは生育している。水系や人の生活と深いつながりをもつ「タブノキ林」は、今、地域固有の森として育まれているのだろうか。

● 人のくらしとタブノキ

　タブノキは沖積地を生育適地とし、日本の暖温帯域の標高およそ500m以下に分布する暖温帯の常緑広葉樹である（Horikawa，1972）。

　　磯の上の　都萬麻（＝タブノキ）を見れば　根を延えて
　　　　　　　　　　　　　　　年深からし　神さびにけり　（大伴家持）

と古く万葉集にも詠われているように、大きな樹冠を広げるタブノキが創り出す景観は、暖温帯の海岸植生の原風景ともいえる。滋賀県は内陸部にありながら、照葉樹林（暖温帯林）としてのタブノキ林が成立している。琵琶湖と豊かな水系がタブノキ林の成立を可能にしてきたと考えられる。

　さて、タブノキ林に限らず、人間の活動とともに消失した森林は多い。伐採されることなく、生き残ってきた樹木の大きさは時間を反映するものであり、巨樹の存在は地域の自然特性を知る手がかりにもなる。環境省の巨樹・巨木林の資料（環境庁，1991；環境省生物多様性センター　http://www.kyoju.jp/data/index.html）によると、滋賀県における巨樹本数の第1位はスギであり、ケヤキ、コジイ、イチョウそしてタブノキがこれに続く（表2-6-1）。タブノキの最大幹周は湖北の西浅井町の神社にあり、幹周633cmである。地域別に見ると、高島市安曇川町にもっとも多く（15本）、ついで日野

町（11本）、彦根市（9本）の社寺などに多く残されている。

　滋賀県の植生景観を絵図にたどると（市立長浜城歴史博物館，1987；2004；滋賀県立図書館ウェブサイトhttp://www.shiga-pref-library.jp/）、街道筋の山々にはマツ林が描かれており、タブノキ林らしき景観を描いた絵図はほとんどない（後述する竹生島の絵図にはタブノキ林と思われる森が描かれている）。彦根城の築城に際して、タブノキは船材とするために植栽されたようである（川崎，1977）。現在、本数は少ないもののその名残と思われる大径木のほかに、彦根城には林床にチマキザサを伴うタブノキ群落が成立している。清涼寺（せいりょうじ）のタブノキ（幹周575cm）をはじめ、彦根にはタブノキの巨樹が多い。樹齢400年のタブノキが今に生きる文化性と歴史性の背景には、後述するように、犬上川など河川流域の原植生としてのタブノキ林が浮かび上がる。

　タブノキは地域によって「ダマノキ」あるいは「ダモノキ」（藤樹（とうじゅ）神社、荒神山（こうじんやま）神社、安曇川川島の墓地など）と呼ばれ、信仰の対象とされていることが多い。かつて船材（丸木船）、仏像の彫刻あるいは線香にも利用される

表2-6-1　滋賀県のタブノキの巨樹（胸高直径1m以上）一覧
タブノキは合計59本の情報が掲載されている。環境省生物多様性センターの巨樹巨木調査データベース公開ホームページhttp://www.kyoju.jp./data/index.htmlより集計。なお大津市（八所神社）にも幹周3m以上のタブノキが生育している。

最大幹周 (cm)	本数	平均 (cm)	地域	
633	2	380.0	滋賀県伊香郡西浅井町	（湖北）
620	2	325.0	滋賀県高島市マキノ町	（湖西）
590	8	362.3	滋賀県高島市新旭町	（湖西）
575	9	379.5	滋賀県彦根市	（湖東）
570	11	379.5	滋賀県蒲生郡日野町	（湖東）
536	1	536.0	滋賀県長浜市	（湖北）
482	1	482.0	滋賀県甲賀郡甲賀町	（湖東）
480	15	364.7	滋賀県高島市安曇川町	（湖西）
450	3	336.7	滋賀県高島市宮野	（湖西）
450	5	383.8	滋賀県高島市今津町	（湖北）
360	1	360.0	滋賀県東近江市林田町	（湖東）
302	1	302.0	滋賀県東近江市一色町	（湖東）

など、タブノキは、有形、無形に人のくらしや文化と深くかかわりをもってきた。しかし、今、暖温帯において原植生としての照葉樹林はきわめて限られている。社寺林（社叢、鎮守の森）は「土地の神が坐す森」（上田，2001）として、地域の人々によって保護されてきた森であり、タブノキ林もまた、そのような文化性のなかでかろうじて残されている森林といえよう。

2．照葉樹林「タブノキ林」の分布

　照葉樹林は、ヒマラヤ山麓から中国南部、台湾を経て韓国南端に至る範囲に分布しており、日本に成立する照葉樹林は分布北限に相当する。吉良（1949）は、月平均気温5℃以上の月を植物が生育できる期間と考え、月平均気温から5℃を引いた値を積算し、日本の森林帯との関係を示した。温量指数[*]（WI）85-180は暖温帯として区分され、この範囲に照葉樹林は成立する。たとえば、タブノキ林が成立している滋賀県彦根市のWIは118、竹生島は116、安曇川は111、日野町は109である（吉良ほか，1979）。

　日本の暖温帯に成立する照葉樹林の優占種は、ブナ科のシイ・カシ類（コジイ、スダジイ、ツクバネガシ、シラカシおよびアラカシなど）およびクスノキ科のタブノキに代表されるが、近畿地方において自然植生としての照葉樹林は1.7％にすぎない（http://www.biodic.go.jp/reports/4-01/y028_001.html　生物多様性センター）。

　1970年代から80年代にかけて滋賀県の森林植生に関する研究が多く行われている（滋賀県，1972；滋賀県，1974；滋賀自然環境研究会，1979；吉良ほか，1979；環境庁，1980，1996；宮脇，1984；滋賀県琵琶湖研究所琵琶湖集水域研究班，1986）。それらをもとに、2006年8月から2007年8月まで現地調査を行い、タブノキ林の分布を確認した（図2-6-1）。滋賀県のタブノキは、かつて単木や群落として琵琶湖周辺（吉良ほか，1979）や湖北の余呉川周辺（川崎，1977）で多く確認されていた。かつて地図に示されていた単木のタブノキを、今回の調査で確認できないことも多くあり、枯死・伐採などによ

温量指数：生物が1年間に必要な温度の積算値。暖かさの指数（Warm Index）ともいう。

り消失した可能性も大きい。

　2007年と2008年の調査では、湖西の八所神社（南船路）、高島市安曇川、鴨川および石田川などの河辺林、湖北の須賀神社（菅浦）、宇賀神社、白髭神社（今西）および竹生島、湖東では彦根市の彦根城、犬上川、荒神山、雨壺山、日野川流域鎌掛付近の丘陵斜面や八阪神社（日野町）においてタブノキ林が確認された。これらのタブノキ林は河川や用水路の近くにあることが多く、タブノキと水系とのつながりが深いことを再確認した。

　滋賀県のタブノキ林の組成の特徴の一つは、竹生島や彦根城のタブノキ林に代表されるように、日本海側に生育するチマキザサを林床にともなうこと

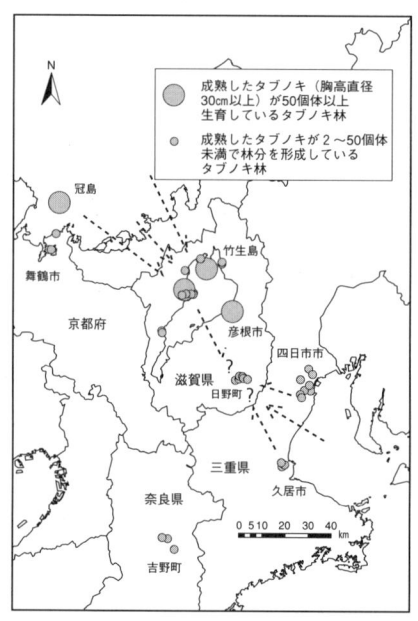

図2-6-1　近畿地方のタブノキ林の分布
2006年および2007年に確認されたタブノキ林を記載。和歌山県と兵庫県においては主に島嶼で確認されたが、この図には示していない。

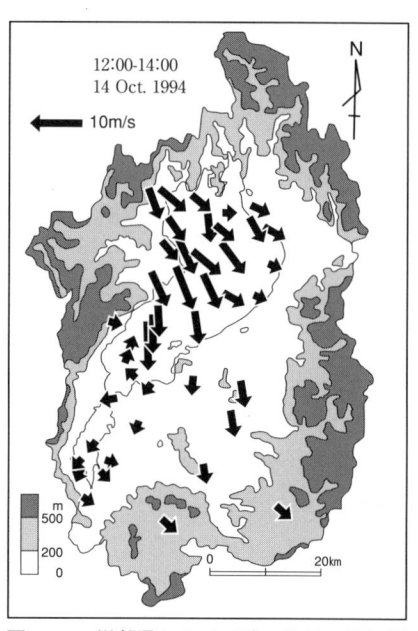

図2-6-2　滋賀県における強い北風の観測例（1994年10月14日12時〜14時に観測）
（遠藤，1999より）

である。タブノキ林の成立は年降水量が1600mm以上であること、寒さの指数（月平均気温5℃を基準として、5℃より低い月の月平均気温と5℃との差を累積した値。吉良（1949）によって提案された）が－6以上であることなど、いくつかの要因で説明されている（菅沼，1972；吉良ほか，1979；服部，1985）。冬季の寒さに対する琵琶湖の緩衝作用（海洋的気候）によるところが大きいとされているが、1970年代のタブノキの分布調査によると（吉良ほか，1979）、琵琶湖集水域ではタブノキが他地方から独立した分布域を形成しており、集水域外へ分布が連続しているのは今津町保坂から福井県熊川への低い峠道だけである。この事実は、日本海側からタブノキが滋賀県に入ってきた可能性を示唆する。しかし、琵琶湖から離れた日野町のタブノキ林の分布を説明するには十分ではない。

滋賀県では秋（10月）に強い北風が観測されている（図2-6-2；遠藤，1999）。2006年に近畿地方で確認したタブノキ林の分布を示すと、この強い北風の流れと、滋賀県におけるタブノキ林の分布は偶然にも一致する。10月はタブノキの果実が熟している時期である。タブノキの果実は一般には鳥によって運ばれる鳥散布型と考えられているが、タブノキの果実が強い北風によって運ばれる可能性も十分考えられる。滋賀県に成立するタブノキ林の多くはチマキザサを伴い、組成的には日本海型と考えられるが、内陸部にある滋賀県内のタブノキ林が日本海側のタブノキ林をルーツとするのか、あるいは太平洋側のそれをルーツとするのか、今後、近畿地方のタブノキの遺伝構造の解析によって検討していきたい。

3．タブノキ林の地域固有性

滋賀県内には、湖西、湖北、湖東にそれぞれ地域固有のタブノキ林が分布している。湖南ではタブノキが単木的に確認されているものの、群落を形成していない。ここでは「社叢のタブノキ林」、「河辺林のタブノキ林」および「丘陵のタブノキ林」の3タイプに類型化してタブノキ林の地域固有性を考えたい。

●社叢としてのタブノキ林

　さきに述べたように、滋賀県内では、いわゆる「社叢（鎮守の森）」として残るタブノキ林を多く確認することができる。田園景観の中に孤立的に存在するタブノキ林に近づいてみると、小さな祠（ほこら）が祀られていることが多い。用水路の側の小さなタブノキ林（面積100㎡以下）には、幹周226cmのタブノキのほかに、ヤブツバキ、キヅタ、エノキ、シロダモ、サネカズラなど約20種の地域の在来植物が生育していた（大津市和邇（わに））。このタブノキは植栽起源と思われるが、小さな祠が祀られた森は、時間経過のなかで、地域の小さな森に再生している。

　平野部の社叢に成立するタブノキ林として興味深いのは大津市南船路の八所神社である（写真2-6-1）。タブノキ成熟個体（ここでは果実をつける胸高直径30cm以上を成熟個体とする）が数十本生育するほか、胸高直径1mを超えるタブノキもある。タブノキ－イノデ群集として位置づけられるこの森林

写真2-6-1　八所神社航空写真
（背景の航空写真：国土交通省近畿地方整備局琵琶湖河川事務所提供、撮影時期：2003年10月29日～2004年4月6日）

写真2-6-2　須賀神社とタブノキ（矢印）

には、ケヤキ、ヤブツバキ、ヤブニッケイ、アオキなどのほかに、イノデ、クマワラビ、リョウメンシダなどシダ植物の種類がきわめて豊富である。しかしこの森林は竹林の侵入・拡大、植栽されたナギやシュロなど外来種の個体数増加といった問題を抱えている。

　湖北の須賀神社（写真2-6-2）、宇賀神社および白髭神社などには群集としての組成や構造をもつタブノキ林が残されている。菅浦与大浦下荘堺絵図（14世紀後半．菅浦区所蔵．市立長浜歴史博物館，1987）には、竹生島のほかに菅浦と大浦も描かれ、常緑広葉樹らしき景観を読みとることができる。現在、菅浦の須賀神社の社叢にはタブノキ、ケヤキ、イノデ、モチノキ、ヤブニッケイ、ヤブツバキなどからなるタブノキ林が成立している。社叢には森林群集としてまとまったタブノキ林が残されていることが多く、人のくらしとかかわりをもちながらも、保護されてきた社叢に地域固有の森をみることができる。

　琵琶湖に位置する竹生島も社叢の一形態といえる。竹生島には林床にチマキザサが優占し、高木層にタブノキが優占するタブノキ－イノデ群集が成立している。しかしこの約20年にわたるカワウの営巣・繁殖により、高木層を形成するタブノキの枯死は著しい。竹生島のタブノキ林の変遷については次章で詳しく述べる。

● 河辺林のタブノキ林

　湖西の安曇川、鴨川、石田川、湖東の犬上川など（写真2-6-3）の河辺林にはタブノキが生育している。とくに鴨川には50本以上の成熟個体が生育している。もっともタブノキ個体が多いのは湖東の犬上川流域である。タブノキが優占し、ケヤキ、イノデ、ヤブツバキ、

写真2-6-3　犬上川のタブノキ林（矢印）
竹林に囲まれている。

ヤブニッケイなどが生育するタブノキ－イノデ群集が成立している。高木層にナラガシワも生育している。

　河辺林には、適湿地を好むケヤキ、エノキ、ムクノキといった落葉広葉樹が単木的によく生育している。これらの樹冠はたいてい竹林より高い位置にあり、竹林の中にあっても目立つ。しかし竹林の拡大が著しく、地域植生を構成する落葉広葉樹や常緑広葉樹は竹林に囲まれ、衰退している。竹林の桿密度※が高くなると林内はかなり暗い。本来、肥沃で多様な生物相を育むはずの河辺林の景観と生物多様性の低下は、危機的な状況といえる。

● 丘陵地のタブノキ林

　湖東の日野町（綿向山付近、鎌掛峠付近など）の丘陵斜面にはコナラ、クヌギ、オオバヤシャブシなどの落葉広葉樹や常緑広葉樹のシラカシが混生するタブノキ林が生育する（写真2-6-4）。日野町若宮神社のタブノキ林はタブノキ、ウラジロガシ、ツクバネガシおよびスダジイが混生し、彦根城に成立するタブノキ林の組成に近い。

　荒神山や雨壺山は丘陵斜面にあり、周囲はアカマツ林やコナラ林といった二次林であるが、土壌の発達した斜面に、部分的にケヤキ、ヤブツバキ、アオキ、イノデなどを伴うタブノキ－イノデ群集が成立している。

　以上のように、タブノキ林は琵琶湖周辺の沖積地および丘陵地や山地斜面においても成立している。地形的にはさまざまな立地に成立しているが、タブノキ林が灌漑用水などを含む細い水路も含め、水系の近くに位置していることは共通している。

写真2-6-4　滋賀県日野町鎌掛のタブノキ林（矢印）コナラおよびアカマツなどが混生する森林群落。（北緯35度0分10秒、東経136度17分14秒）

桿密度：一定面積に生育する竹の本数のこと。モウソウチクかマダケかによって密度は異なるが、滋賀県の河辺林の竹林調査では、100㎡あたり100桿（本）以上の桿密度に達している竹林が多い。

4．竹生島のタブノキ林と水鳥カワウの営巣

　琵琶湖の海洋的気候のもとに成立している竹生島のタブノキ林は、地域固有性の高い原植生としての照葉樹林として位置づけられる。日本海側に生育するチマキザサを林床に伴い、湖北と湖東（彦根〜日野町一帯）に成立するタブノキ林を考えるうえで学術的にも、また文化的にも貴重な存在である。しかしカワウの大コロニーが樹上で営巣することにより、この島のタブノキ林は崩壊の一途をたどっている（写真2-6-5）。

　室町時代後期に描かれた竹生島祭礼図（市立長浜城歴史博物館，1992）には、タブノキ林と思われる常緑広葉樹の森が描かれている。現存するタブノキ林の林齢は400年程度と考えられるが、それ以前からこの島にはタブノキ林が成立していたようである。1443年に火災によって島の7割、1558年には全島が焼野原に化したという記述があり（滋賀県教育委員会，1979）、現在のタブノキ林はその後に発達した森林と考えられる。また明治時代の地形図には、現存するスギ・ヒノキの針葉樹や竹林の記号はなく、全島に広葉樹の記号が示されており、かつて全島にタブノキを中心とする常緑広葉樹林が成立していたことを示唆する。

　1970年代の調査（菅沼，1972）によると、タブノキ林はヤブツバキ、シロダモ、アオキなどヤブツバキクラスの種と低木層のチマキザサ（植被率100％、高さ0.5m〜2.0m）、草本層にはイノデ、ジャノヒゲなどが出現し、群落出現種数20種（300㎡）のタブノキ－イノデ群集が成立している。しかし2006年の現地調査では、高木層のタブノキがカワウの営巣により枯死したことにより、タブノキ林は衰退・崩壊の危機に瀕している。林床のチマキザサの植被率と高さ

写真2-6-5　竹生島に営巣するカワウ（矢印）枯死したタブノキやスギ（2006年9月6日撮影）

は低下し、ヨウシュヤマゴボウおよびイタドリなど陽生の草本が林床に繁茂している。ヨウシュヤマゴボウの繁茂はオオミズナギドリがコロニーを作る京都府冠島（若狭湾）のタブノキ－イノデ群集でも確認されており（前迫，1985）、水鳥の営巣によってこれら好窒素性の陽生植物は今後も増大すると思われる。

　竹生島でカワウが戦後はじめて確認されたのは1982年のことであり、北東部に5巣のみ確認された。その後、1990年には島の北側の大部分に営巣するようになり（滋賀自然環境研究会，1995）、2007年には約2万羽（滋賀県発表）のカワウが島の大部分に営巣するにいたっている。

　カワウ営巣前の1979年と営巣後の2005年の空中写真から植生図を作成した結果、タブノキ林の衰退・崩壊群落が拡大していることが明らかであった（口絵V-4）。さらに1967年から2005年までのタブノキ林の変化を空中写真から追うと、1967年当時、島の約60％に成立していたタブノキ優占群落は、カワウ営巣が確認された約20年後（2005年）にはわずか6％に減少し、タブノキ林が大きく崩壊している（図2-6-3）。

　冠島にも土中営巣性の海鳥オオミズナギドリが生息し、タブノキ－イノデ群集が成立する森林動態に影響を与えているが（前迫，2002，2003；Maesako，1999）、数十年という短期間での森林崩壊には至っていない。樹

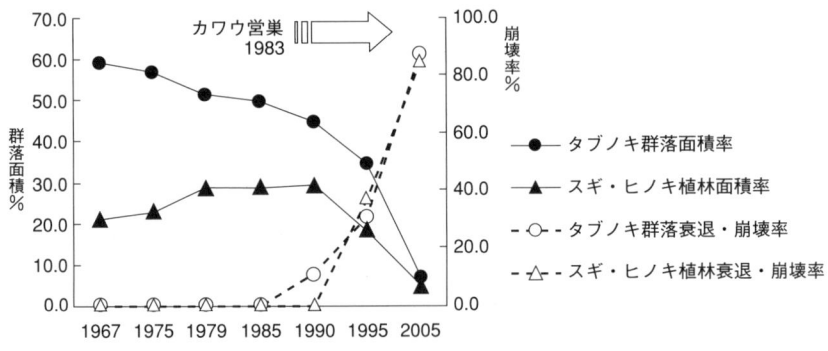

図2-6-3　竹生島における森林植生の衰退
左の縦軸は群落面積の比率を、右の縦軸は群落が崩壊した比率を示す。

上に営巣するカワウの糞による光合成阻害や枝葉の物理的損傷（石田, 1993, 1997）は、急速に樹木の枯死をもたらしている。

5. 流域環境の保全と遺存林化するタブノキ林のゆくえ

　琵琶湖特有の気象要因と豊かな水系に育まれ、人のくらしと文化を背景に、滋賀県には地域固有性の高いタブノキ林が残存している。しかしタブノキ林の多くは大面積ではなく、きわめて小面積の「孤立林」として残存している。文化的伝承が途切れつつある現代において、暖温帯に成立する照葉樹林としてのタブノキ林が、原風景であるという意識でさえ、地域の人々にとって薄れつつあるのかもしれない。

● 流域環境への負荷

　滋賀県における原植生の代表である竹生島のタブノキ林は、カワウ個体数の局所的増大により、すでに大部分が崩壊している。滋賀県によってカワウの駆逐がなされてはいるものの、成果があがっているとは言い難い状況である。竹生島では、現在、樹木の補植などが試みられているが、個体としてではなく、「森」を残す取り組みが必要である。そのためには、現在かろうじて林冠を形成しているタブノキ群落を中心に、カワウ管理と森林再生が連動した形で行われる必要がある。早急に具体的な森林保全策を講じ、まさに取り戻したい原風景といえる。

　宅地や田圃に孤立的に成立するタブノキ林は、森林伐採・植栽、竹林の侵入・拡大、外来種（植物）の侵入などさまざまな負荷を受けている。なかでも竹林（モウソウチク林およびマダケ林）は滋賀県内の多くの河川流域に拡大しており、比較的まとまったタブノキ林を形成している鴨川や犬上川流域などにも侵入している。かつて食用あるいは工芸品（扇子や花瓶など）のためにおおいに活用された竹林であるが、今では活用されている竹林は限られており、その多くは放置されている。

　放置竹林は、日本の生物多様性を脅かす重大な問題でもある。竹林伐採は

時間と労力を要するが、流域や社叢のタブノキ林が竹林に埋もれて枯死・消失することがおおいに危惧される。地域の森林再生には竹林管理が必要不可欠と考えられる。

　1970年代に、道路拡張や宅地造成でつぎつぎにタブノキが伐採されることを川崎（1977）は憂えている。約40年が経過した今、タブノキ林はさらに減少し、遺存林化しつつある。元来、タブノキ林は肥沃な沖積立地を好むため、滋賀県の流域環境に発達する肥沃な立地はタブノキ林に適している。しかし人間の生活領域と重なり、その生育地は失われている。内陸部にありながら、琵琶湖・淀川流域に孤立的に残るタブノキ林は、人のくらしと文化を背景に残存している。孤立的に残る社叢や田んぼのタブノキ林の近くには、必ず、水路があり、水系とタブノキ林が深く関わっていることをあらためて感じる。豊かな水系の維持がタブノキ林を育むことから、一級河川はもちろんのこと、灌漑水路も含めた水系全体の健全な維持・管理が今後も必要とされる。

● **流域の生態系保全**

　断片的ではあるが、地域の自然植生が残されている社叢を地域の自然再生の拠点として保全することの必要性は、30年以上も前に吉良（1972）が指摘している。水系の豊かさの象徴ともいえるタブノキ林は、地域の生物多様性を育む場でもあるが、さまざまな環境負荷によって脆弱な森林となっている。

　現在残されているタブノキ林は、「タブノキ」だけを残すのではなく、無形の文化や河川生態系など、タブノキ林が成立する流域全体を保全するという意識がきわめて重要である。そのうえで、竹林、外来種の侵入、局所的に増大した野生動物などの過大な負荷を改善するしくみとして、地域と行政と研究機関などが連携するネットワークが構築されることが必要である。さらに人間の生活や文化的継承がなければ、持続可能な環境保全のしくみとはなりえないであろう。森林と水系と人間の生活領域をつなぐ「流域の生態系保全」という広域的かつ長期的な環境保全のとりくみが、原風景を取り戻すことにつながる。

（前迫ゆり）

3 章
琵琶湖・淀川水系の魚介類

コイ科仔稚魚が採集された水路

3-1　琵琶湖の淡水魚のルーツ

　日本の河川は短く、しかも傾斜が大きい。おまけに、四季のうつろいにともなう水温の変動も大きい。梅雨どきの川は、どこが瀬やら淵やらわからない激流と化す。それゆえ、日本の河川は、淡水魚が生息するのには、なかなか厳しいところのようだ。それにひきかえ日本を代表する琵琶湖は環境が安定しており、日本最大であるばかりか、世界でも有数の古い歴史を持っている。湖岸線は複雑で外海を思わせる岩礁地帯があるかと思えば、湖沼と変わらぬ内湖もある。流入河川は一級河川だけでゆうに118本にも及ぶ。これらのことは、さまざまなグループにおいて、新しい種を分化させたり、古い種を保存したりできた原因と考えられよう。

　琵琶湖では、長年、魞(えり)（写真3-1-1）やたつべといった伝統的漁法によって淡水魚が漁獲されてきた。魞は網のかわりにすだれで囲んだ定置網の1種で、湖国の風物詩となっている。魞では刺網にくらべて魚体が傷まず、美しい標本を得ることができる。他の漁法にくらべればとれる魚の種類が多く、活魚として持ち帰れる利点もあり、淡水魚研究者であれば、一度は魞漁を経験しておきたいものだ。

　ふところに追いつめられた魚を大きなタモで一気にすくいあげると、ブラックバスやブルーギルが目立つ。漁師お目当ての小アユやスジエビ、それに種々のコイ科魚類が顔をのぞかせる。雑魚として選り分けられるコイ科で多いのがモロコ類。ニゴイ、カマツカ、ゼゼラなどの底生魚、それにオイカワ、ウグイ、ゲンゴロウブナ（口絵Ⅵ-2）などの遊泳魚も珍しく

写真3-1-1　琵琶湖の伝統的漁具　魞

ない。1980年代まではタナゴ類もたくさん捕れたが、外来魚がのさばる今となっては面影すらない。前日に一雨降れば川にいるはずのアブラハヤが入ることさえある。ハスやワタカ（口絵Ⅵ-1）などの大きな魚がせまいタモの中で身動きとれずにいる。

　はるかかなたに竹生島が浮かんでいる。広い湖上でこれらのコイ科魚類を観察していると、ここは中国の長江（揚子江）ではないかと錯覚する。標本を整理しながらコイ科を中心に琵琶湖の淡水魚のルーツについて想いをめぐらしてみた。

1. コイ科の分類と特徴

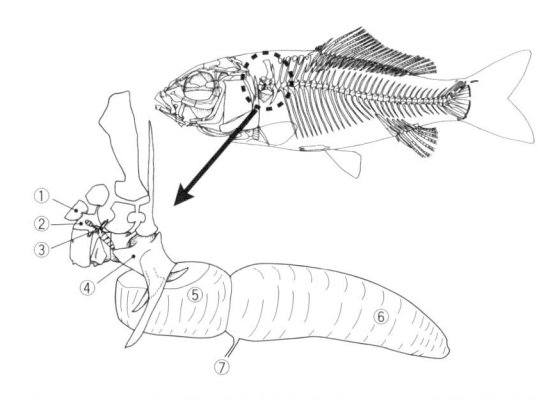

　コイ科魚類は言うまでもなく淡水魚の代表格だ。その特徴はウェーベル氏器官という感覚器官を備えることである（図3-1-1）。これは脊椎骨前端の四つの骨が複雑に変形してできたもので、内耳と鰾をつないでいる。これには垂直運動にともなう鰾の変化を脳に伝えるはたらきがあるらしい。最高1000ボルトの起電力を持つデンキウナギや、狂暴なピラニアもウェーベル氏器官を持つ点で、コイ科魚類の親戚と言える。このようなグループを骨鰾類と呼んでいる。骨鰾類にはさらに円鱗を持つこと、各鰭が軟条のみからなること、鰾が気道を通じて食道と連絡していること、中烏口骨が肩帯を構成していることなどニシン・イワシ類やサケ類にも共通する原始的な特

図3-1-1　コイの骨格系（上）とウェーベル氏器官（①〜④）の拡大図
①結骨　②舟状骨　③挿入骨　④三脚骨
⑤鰾前室　⑥鰾後室　⑦気道

徴がある。

　骨鰾類は現世の淡水域でおおいに繁栄し、世界中の温帯と熱帯に分布している。その代表格のコイ科は魚類分類学上、骨鰾系コイ目に属している（表3-1-1）。カナダの著名な魚類学者ネルソンの分類体系に従うと、コイ目にはほかにギリノケイルス科（アルジーイーター）、シロリンクス科、サッカー科、タニノボリ科（ホマロプテラス）、ドジョウ科も含まれている。このうち、なじみの薄いシロリンクス科は2属6種の小世帯で、ヒマラヤ山脈南麓にへばりつくように分布している。現在までのところ、それについての生物学的情報は乏しい。

　タニノボリ科とドジョウ科を除くと、残りのグループはいずれも外観がよく似ていて、区別することがむずかしい。したがって、分類には内部形態が重視されている。硬骨魚類の鰓は5対あり、その内表面には鰓耙と呼ばれる小突起が2列に並んでいる。骨鰾類ではふつう、最後部の鰓の各構成要素が癒合して咽頭骨となり、それにともない鰓耙も咽頭歯に変形している（図3-1-2）。特にコイ科の咽頭歯は発達していて、餌を切りさくのに適したカギ状からすりつぶすのに適した臼歯状まで、さまざまなタイプが見られる（図3-1-2A・B）。これに対して、ギリノケイルス科は咽頭歯を欠き、サッカー科

表3-1-1　コイ科の分類学的位置（Nelson, 2006）

```
骨鰾系 ─┬─ コイ目 ─┬─ コイ科
        │          ├─ ギリノケイルス科
        ├─ カラシン目   ├─ シロリンクス科
        │          ├─ サッカー科
        ├─ ナマズ目    ├─ タニノボリ科
        │          └─ ドジョウ科
        └─ デンキウナギ目
```

写真3-1-2　カラシン類の代表格　コロソマ
草食性でアマゾン川の重要食用魚（全長40cm）、矢印はアブラビレ。

の咽頭歯は長いクシ状で、タニノボリ科、ドジョウ科のそれは形が鰓耙と変わらないなど、コイ科の咽頭歯とはそれぞれ異なっている（図3-1-2 C〜E）。

コイ科魚類の分布域は広く、世界中の温帯と熱帯に分布している。ただし、マダガスカル、ルソン島、オセアニア、中南米、北極周辺、南極にはいない。種類数も多く1500を越えている。コイ目のなかで、いや淡水魚のなかでコイ科魚類が最も繁栄していることと、さまざまな咽頭歯を備えていることが対応しており、興味をひく。

ルーツを探るには近縁と思われる原始的なグループとの比較が不可欠である。コイ科は発達した咽頭歯を持つ骨鰾類である。どうしてもカラシン類が気になる。

カラシン類は骨鰾類のなかでもっとも原始的なグループである。尾柄背側

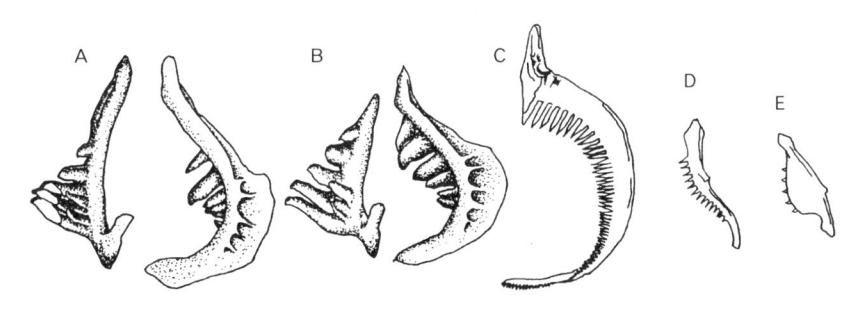

図3-1-2　コイ目の咽頭骨とそれに付着する咽頭歯
A．ホンモロコ　B．タモロコ　C．サッカー　D．ドジョウ　E．タニノボリ
コイ科（A・B）の咽頭歯はよく発達しており、その形態も食性と対応してさまざまなタイプがある。

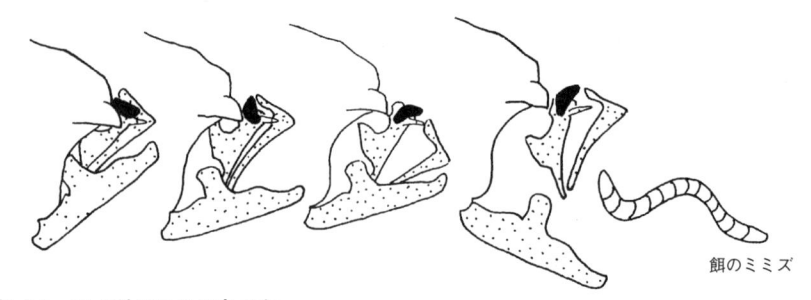

図3-1-3　コイ科のエサの食べ方
吻骨（黒色部）を回転させて、上顎をうまく突出させることができる。こんな芸当はカラシンにはできない。

にアブラビレ（写真3-1-2）が残っているのもその例である。餌を吸い込むとき、コイ科魚類では上顎を自動的に突き出させて吸引装置に変えられるのに、カラシン類にはそのようなメカニズムがない。上顎を突き出させるには多くの筋肉を操るテコが必要で、コイ科では吻骨と呼ばれる小骨がそれを担っている（図3-1-3）。一方、カラシン類には吻骨に相当するものがなく、上顎と頭蓋骨が近接している。だから、カラシン類は、ミミズ類のように底に潜んでいるような小動物を吸い込むのがあまり上手な方ではない。

　コイ科ではノドのところに咽頭歯がはえているかわりに、両顎に歯がない。ところがカラシン類の両顎にはするどい歯が密生しており、餌をつかみやすくなっている。加えて、カラシン類の頬の骨には大きな穴があいている。この穴は、口の開閉に関係する閉顎筋の収縮に関連して、頬の骨の動きを自由にしているようだ。コイ科魚類では頬の骨がふつう閉じているが、魚食性のハスだけに大きな穴があいている。やはり餌をつかむことと関係があるのだろう。このように、カラシン類の摂餌形質はどちらかと言えば肉食に向いており、その典型がピラニアである。どうりでカラシン類には、カマツカ型やコイ型の雑食性底生魚がいないはずである。

2. 日本産コイ科魚類のルーツ

　ルーツを探るにはどうしても発祥地を推定する必要がある。骨鰾類の祖先がカラシン型魚類であると仮定すれば、ゴンドワナ大陸で生まれたことになる。ここまではよいのだが、コイ目がヨーロッパで分化したとか、コイ科の発祥地は現在、適応放散の絶頂にある東南アジアだとか、諸説が入り乱れている。

　これはまず、情報が少ないことが第1理由。それから、研究者によって発祥地推定の方法が根本から異なっているのが第2理由。たとえば、大山脈の麓や大陸島*などの分布域の縁辺部ほど古い種族が残りやすいというのと、逆に分布の縁辺部こそ新しい種族が生まれやすいという、まったく相反する学説がある。

　前者は、種間競争を重視する生態学者に多く、分布の中心ではどんどん適応力の強い新しい種族が生じて暴れまくるから、古い種族は風に吹き寄せられる枯れ葉のように隅っこに取り残されるのだと主張する。この考え方は縁辺多様性（Peripheral Diversity）とか"遺伝子の吹き溜まり説"とか言われている（Yamashita, 1979 ; 宮地, 1981）。なるほどこれなら、日本列島にアユモドキ（口絵Ⅵ-2）やオオサンショウウオが分布しているのが納得いく。

　かたや後者は、種分化や系統を重視する進化学者や分類学者に多く、分布の縁辺部は母集団から隔離されやすいので、長い間隔離されているうちに遺伝子組成が元とは変わって新種ができるのだと主張する。なるほどこれなら、いわば辺境の地である関東平野で、あんなに美しいミヤコタナゴが分布しているのが納得いく。

　それではコイ科魚類の場合、いったいどちらが正しいのだろう。いまのところ解答不能である。なぜなら、両学説とも生物の分布現象を説明するための仮説としては、十分条件しか満たしていないからだ。それを必要十分とするためには、徹底した遺伝的解析と比較解剖を行って魚の類縁関係を明らかにし、生態も考慮して、十分な化石資料に裏づけされないかぎり真相は解明されないだろう。だから現状では、コイ科魚類の本籍は、旧大陸の温・熱帯

大陸島：大陸の近くにあり、地史的に大陸と陸続きになったことがある島。マダガスカルやニュージーランドがその例、海洋島がその対義語。

部までしかわかっていない。ただ、日本産コイ科魚類のルーツが、少なくともアジア大陸東部にあることだけは確かである。

　日本産コイ科魚類のルーツについて、分散※（dispersal）を前提にもう少し詳しく検討してみよう。青柳兵司博士は日本産淡水魚類を、北太平洋系・シベリア系・中国系・インドシナ系・日本固有系の五つの生物地理要素に分けている。北太平洋系はサケ・マス類が主体。インドシナ系は多くのハゼ類、それにナマズやギギの仲間。日本固有系はアユとシラウオなど。肝心のコイ

［ヨーロッパタナゴ］
シベリア系
サハリン
北海道
［ヤチウグイ］
ブラキストン線

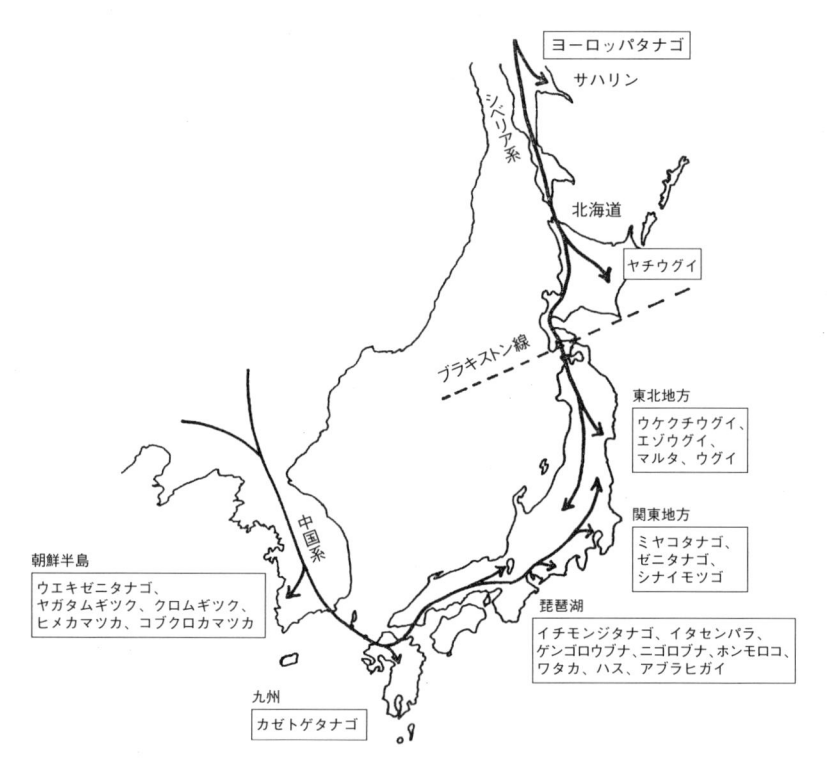

東北地方
ウケクチウグイ、エゾウグイ、マルタ、ウグイ

関東地方
ミヤコタナゴ、ゼニタナゴ、シナイモツゴ

琵琶湖
イチモンジタナゴ、イタセンパラ、ゲンゴロウブナ、ニゴロブナ、ホンモロコ、ワタカ、ハス、アブラヒガイ

朝鮮半島
ウエキゼニタナゴ、ヤガタムギツク、クロムギツク、ヒメカマツカ、コブクロカマツカ

中国系

九州
カゼトゲタナゴ

図3-1-4　日本のコイ科魚類のルーツと分散経路
シベリア系と中国系の2つのルーツがある。

分散：生物が移動しながら分布域を広げる現象。隔離された地域のなかで進化する分断（vicariance）の対義語。

科魚類はヤチウグイとウグイ属魚類だけがシベリア系で、残りはすべて中国系に属している（図3-1-4）。

青柳博士はロシアのタラネッツの説を引用して、シベリア系が、アムール川河口付近の陸橋を経てサハリン→北海道→東北日本へ南進したと説明している。この南進ではヨーロッパタナゴが宗谷海峡で、ヤチウグイが津軽海峡（ブラキストン線）で順に脱落していった。ウグイ属魚類がブラキストン線を越えて本州まで到着できた理由には、かれらの持つ強い耐塩性が関係しているのであろう。ちなみに海峡の向こう側、東北地方では、現在ウグイ、マルタ、エゾウグイ、ウケクチウグイの4種が分布している。南北の魚類相を分ける境界線は、ブラキストン線ではなく、それより北に位置する石狩低地帯すなわち黒松内帯であるという考えも示されている。

大所帯中国系コイ科魚類の日本列島への侵入は、何回かあったようだ。というのは、日本各地から得られる中国系化石魚類は、現在見られるものと異なる魚種が多いからだ。日本海周辺の第三紀中新世層から、*Hemiculter, Sinibrama, Ancherythroculter, Xenocypris, Distoechodon*などワタカの仲間で、現在、中国にいて日本にはいない大型魚が出ている（写真3-1-3）。しかし、かれらがどのような経路を通じて日本へやってきたかは不明のままだ。

西南日本の淡水魚類相と朝鮮半島のそれとの共通種が多いことから、現生のほとんどの中国系コイ科魚類はそれより後、第四紀更新世（約100万年前）の初頭に朝鮮半島経由でやってきたものだろう。西南日本の各水系の魚類相を比較してみると、中国系コイ科魚類は九州西北部・山陽地方・琵琶湖淀川水系・濃尾平野で濃密であることがわかる。したがって、かれらはこれらの地方をつなぐベルト地帯を伝わり、日本列島を北上

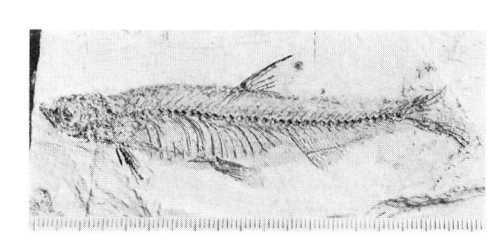

写真3-1-3 ワタカの近縁種の化石
長崎県壱岐島長者原産。

したと考えるのが自然だ。

中国系コイ科魚類は、全体の分布パターンから、さらに四つのグループに分けることができる。

① 日本・朝鮮半島・中国共通要素。
② 日本・朝鮮半島共通要素。
③ 日本・中国共通要素。
④ 日本固有要素。

①は広域分布種で、ツチフキ、カマツカ、モツゴ、オイカワ、コイ、フナ、バラタナゴ、ヒナモロコなど平野を好む魚種が多い。中国での分布は、概して南にかたよっている。古くは、中新世層から、コイ、フナとオイカワ属 Zacco の化石が得られているが、九州西北部だけに分布しているヒナモロコ、それに大陸産との間ではほとんど形態的な分化がみられないツチフキ、カマツカ、モツゴなどは、比較的新しい渡来者のようだ。

②は池や沼よりは河川の中流とか、やや流れのある用水路や湧水を好む魚種が多い。ムギツク、ズナガニゴイ、カワムツ、ヤリタナゴ、アブラボテ（写真3-1-4）、カネヒラはその例。分類学上、別種または別亜種とされているが、実際にはほとんど差異のないものを整理すると、イトモロコ（韓国ではホソモロコ）、カワヒガイ（ミナミヒガイ）、カゼトゲタナゴ（スイゲンゼニタナゴ）も②グループに準ずる。

おもしろいことに、②は、ヤリタナゴを除くとすべて西南日本だけに分布している。あたかもフォッサマグナによって北進を止められているかのようだ。日本と朝鮮半島にいて本家本元の中国にいな

写真3-1-4　日本、朝鮮半島共通要素：アブラボテ（長崎県壱岐島産）

い理由を、どう解釈したらよいだろうか。

　一般に、淡水魚の種分化や分布形成の過程を実証することはかなりむずかしい。すでに述べたとおり、そこには個々の魚種が持つ進化・生態・他魚種との類縁関係、地史などいろいろな要素が複雑にからみあっているからだ。そんな中で、ロシアの生物地理学者リンドベルグは、きわめてユニークな解説をしている。すなわち、西南日本の諸河川は、最後から2番目の海退期（更新世初頭）に、朝鮮半島南端の洛東江と連絡していた。これらの河川はいずれも古黄河の支流でもあった。やがて古黄河は、その後の海進（シシリー海進）によって寸断され、日本と朝鮮半島の淡水魚類相は、本流から隔離された。その結果、両地域に固有な魚種が多数生じることになったのだという。

　現在、研究をすすめるうえで、我々は中国の研究者と標本交換を行っている。彼らの請求書には、いつもムギツク、ズナガニゴイ、アブラボテがリストされている。どうしてこんなポピュラーな魚を欲しがっているのだろうかと疑問に思っていたが、なるほど、これなら納得がいく。

　③のグループにはタモロコ*Gnathopogon elongatus*が入りそうである（写真3-1-5）。タモロコは、移殖が盛んなため天然分布の実態が年々わかりにくくなっている。我々は東海地方・諏訪湖周辺・濃尾平野・三方五湖から紀ノ川までの近畿地方・山口県を除く山陽地方・四国の瀬戸内海側を天然分布域だと考えている。九州では大分県の八坂川で移殖により定着しているが、その他の河川にはいない。中国系コイ科魚類が侵入する際、重要な中継点となった

写真3-1-5　日本産コイ科魚類のルーツ解明の鍵をにぎるタモロコ

写真3-1-6　タモロコの近縁種、アムール川産のシマモロコ

写真3-1-7　東北日本を代表する日本固有種シナイモツゴ

朝鮮半島にもいない。かわりに、タモロコの近縁種シマモロコ（写真3-1-6）*G. strigatus*が分布している。これは体高が高く、口が下位にあり、背鰭に1条の黒色帯があり、体側には名前のとおり顕著なシマ紋様があるなど、タモロコと異なっている。中国では、旧満州だけに分布しており、むしろ北方系だ。中国のタモロコ属*Gnathopogon*を詳しく検討してみると、なんとはるか南、華南の*G. imberbis imberbis*がタモロコにもっとも近いことがわかった。生物の進化でしばしばみられる収斂現象（他人の空似）も考えられないこともないが、ルーマニアの魚類学者バナレスクとナルバントも同じ見解にたっている。また、中国の研究者は、長江流域の武漢からアユモドキと思われる個体を採集し、西日本と華南を結ぶ極端な不連続分布を明らかにしているので、これも傍証となるかもしれない。

　生物地理学では、タモロコのように不連続分布するものは、古い種族と見なされている。だから、タモロコーシマモロコータモロコのサンドイッチ分布は、想像をたくましくさせると、シマモロコの割り込みが一因なのかもしれない。

　青柳博士の分け方では、日本固有系にコイ科は含まれていないことになっていた。それは、彼が生物地理要素として亜科や属を用いたからだ。これをさらに種のレベルにまで落としてやると、④の固有種がいくつか増える。ミヤコタナゴとゼニタナゴ、それにシナイモツゴ（写真3-1-7）は東北日本の、カワバタモロコ（口絵Ⅶ-1）は西南日本の固有種を代表する。

3．琵琶湖産コイ科魚類の種分化

　琵琶湖で生まれたコイ科の新しい種には、プランクトン食性の遊泳魚ゲンゴロウブナとホンモロコ、岩礁性の底生魚アブラヒガイがある。彼らは、祖

先種となったキンブナ、タモロコ、ビワヒガイから、琵琶湖の特殊な環境に適応して、種のレベルにまで進化したものだ。

　その他、新種とはいかないまでも、種分化の途中にあるといえそうなものに、ビワヒガイ、ウグイなどがある。これらのコイ科魚類は、河川に生息する母集団とは生態的にも形態的にもその性質を少しずつ変えているようだ。琵琶湖産スゴモロコ *Squalidus chankaensis biwae* は、山陽地方に分布するコウライモロコ *S. chankaensis tsuchigae* にくらべて脊椎骨が多く、遊泳に適したスマートな体形をしている。

　琵琶湖に残っているコイ科の古い魚種にワタカがある。ワタカ属 *Ischikauia* は1属1種で、大陸に広く分布するクルター亜科（カワヒラ：口絵Ⅵ-1）と類縁関係にある。ただし、ワタカは草食性だが、クルター亜科は動物食性が強い。また、クルター亜科の化石は、壱岐ノ島の中新世層から多数得られている（写真3-1-3）。ワタカがこの派生群※と仮定すれば、およそ、1000万年の時間をかけて、草食性の独自の属へと進化していったことになる。

4．ルーツの多重構造

　大きな大陸の真ん中に位置する構造湖は断層湖とも呼ばれ、概して古く、その環境は多様で安定している。そのため、淡水魚はさまざまな生息環境に適応し、やがて豊かな魚類群集を形成する。中にはたった1種の祖先種が湖の中で独自の進化を遂げた結果、他の地域では見られない多種多様な子孫種が出現することもある。このような固有種からなるグループは種群（species flock）と呼ばれている。アフリカのビクトリア湖やマラウイ湖ではシクリッド類の、シベリアのバイカル湖では淡水カジカ類の適応放散がよく知られている。これらの湖に棲む種群では、いずれもルーツはたった一つの単系統群である。

　一方、同じ構造湖でありながら琵琶湖では事情が異なっている。すなわち、魚類では単系統群による明確な適応放散が見られないかわりに、由来の異な

派生群：原始的な母系群から分かれて進化した子孫群のこと。母系群より派生的な特徴を備えている。

写真3-1-8　海洋起源と思われる琵琶湖の固有種イサザ

る系統の淡水魚がさまざまな生息場所や生態的地位を占めている。このことは、琵琶湖の周辺環境が幾度となく変わってきたことを物語る。

　これまでコイ科を中心に日本の淡水魚の分散経路について紹介したが、その考え方はそのまま琵琶湖のコイ科魚類のルーツ解明にも通じる。なぜなら、コイ科は真水を通じてしか移動できない純淡水魚なので、それぞれの系統の分散の道筋は大きな河川の位置や流れの方向に依存するからである。しかし、琵琶湖の固有種は大陸からの道を何回にも分けてやってきたと思われる。ある魚種は遺存的（relict）で縁辺多様性を示す。例えば、分子系統分析や化石の出現時代から、ゲンゴロウブナやビワコオオナマズは古琵琶湖の歴史そのものに一致することが確かめられている。反対に、ホンモロコやビワヒガイは多く見積もっても数十万年の歴史しかない初期固有種と見なされている。

　純淡水魚に加えて、琵琶湖にはどう見ても海洋起源と思われる固有種が存在する。その代表格のイサザ（写真3-1-8）はウキゴリ属（*Gymnogobius*）のハゼの仲間で、周辺の河川や内湖には見られず、琵琶湖の広い湖面を垂直運動を繰り返しながら生活環を全うする。まるで琵琶湖を海のように利用している。さらに祖先種が多少とも海洋とのかかわりを持っていたセタシジミやビワマスも、琵琶湖を塩分のない海として代用しているのかもしれない。

　このように、現在の琵琶湖の淡水魚類相に見られる多様性は、異なる系統が複合してできたものである。言い換えるならば、ルーツの多重構造こそ琵琶湖の淡水魚類相の特徴と言えよう。このことは、まさに大陸と海域との連接や分断を繰り返してきた大陸島の構造湖の歴史を表している。

（細谷和海）

Column シーボルトが持ち帰った琵琶湖の淡水魚

　生物種には固有の名前がある。日本人なら"アユ"といえば誰でもわかる。細長い形をしていて、清流に住み、キュウリの匂いさえイメージできるくらいだ。このような日本語の名前を和名と呼び、カタカナで表すことになっている。アユは東アジアの沿岸近くの淡水域に分布し、韓国ではウノ、中国では香魚とか銀口魚と呼ばれている。だから和名のまま"アユ"といっても外国人にはなかなか伝わらない。そこで、世界共通の名前を一定のルールのもとにつけようと提案したのがスウェーデンの学者、リンネ（Linnaeus）である。世界共通の名前とは学名のことである。一定のルールは国際動物命名規約としてまとめられている。

　学名は属名と種小名という二つの要素からなり、いずれもラテン語で表記される。属名は名詞に相当し、大文字で始める。種小名は形容詞に相当し、小文字ではじめて性や数を属名に合わさなければならない。国際動物命名規約に従えばアユの学名は*Plecoglossus altivelis*となる。帆をいっぱいに張ったような大きな背鰭（*altivelis*）と、編んだような平べったい咽（のど）（*Plecoglossus*）の持ち主という意味である。*altivelis*は縄張りアユの特徴をとらえたもので、*Plecoglossus*はアユの付着藻類食性に適した櫛状の唇を現しているものと考えられる。

　実際に魚類図鑑でアユを調べてみると、名が*Plecoglossus altivelis*（Temminck et Schlegel）と記されていることがわかる。学名に続く（Temminck et Schlegel）とは何を意味するのであろうか。本来の学名である属名と種小名と字体も違うし、カッコの意味もよくわからない。これは命名者すなわちアユに最初に学名をつけた人、すなわちテンミンク博士とシュレーゲル博士の

シーボルト
(オランダ王立ライデン自然史博物館提供)

ことを指し、カッコは後進の研究者によって属名が変更されたことを意味する。テンミンク博士はオランダ王立ライデン自然史博物館の初代館長、シュレーゲル博士は第2代館長、ともに日本の多くの生物種に学名を与えている。新種記載を含む彼らの分類学的論文は有名な日本動物誌（Fauna Japonica）としてまとめられている。新種記載のもととなった標本は、当時オランダの医務官であったシーボルトと、彼の意思を強く受け継いだ後任のビュルゲルが、1823～1834年の間に長崎出島に赴任中、収集した生物をオランダに持ち帰ったものである。つまりTemminck et Schlegelによって学名が与えられたすべての日本の生物種は、即シーボルトとビュルゲルの収集物いわゆるシーボルト標本に基づくものであり、それらがタイプ標本（模式標本）となっていることを意味する。以来これらのタイプ標本はライデン自然史博物館に厳重に保管されている。

　近年、生物多様性の分析手法として分類学が復権しつつある。とりわけ分類があいまいな日本産淡水魚の学名を特定するためには、分類の基準となるライデン自然史博物館所蔵のタイプ標本との照合が不可欠である。それとともにシーボルト標本の収集地の詳細が明らかになれば、すでに失われた日本の淡水魚相の原風景を再現することも可能となる。だから、日本におけるシーボルトの足跡を詳細に分析することは、生物多様性の復元目標を設定する上でもとても意義深い。

　日本動物誌ではタイプ産地は単に"日本"、あるいは"長崎近辺"としか記されていない。しかし、よく調べて見るとシーボルト淡水魚類標本の採集地には明らかに偏りがある。シーボルトの収集物は西日本に分布する淡水魚

ばかりで、サケ、マルタ、キンタロウブナ、シナイモツゴ、ゼニタナゴ、ギバチなど東日本に分布する一般の魚種は含まれない。なぜ、このような地域差が見られるのであろうか。

　確かに鎖国状態にあった日本で生物を自由に収集できるはずはない。さまざまな制約が収集場所の偏りを生じることになったのは想像に難くない。シーボルトが収集した淡水魚は主に長崎周辺の北九州、および京都・大津周辺の琵琶湖・淀川水系に大別される。北九州産の標本は、当時、出島から出ることのできなかったシーボルトに、彼の助手や研修生が長崎周辺から入手した個体を提供したものである。これには、エツ、アリアケギバチ、ハゼクチなどの有明海周辺部のみに局在する種が含まれる。また、形態的特徴からメダカやカワヒガイも長崎周辺から同様な方法によりシーボルトに届けられたものと考えられる。このような長崎周辺の標本収集では、シーボルト付きの絵師であった川原慶賀の役割が大きかったと言われている。

　当時、オランダ人たちは出島から１歩も外に出られなかったわけではない。実際に1826年（文政９年）には第11代将軍徳川家斉（いえなり）への挨拶のため江戸参府を行っている。この時、シーボルトにとって長崎から江戸までの旅は、日本の生物相に触れる千載一遇のチャンスであったにちがいない。その記録についてはシーボルトの紀行文である"江戸参府紀行"に詳しく記されている。江戸参府紀行によれば、シーボルトは２月15日に長崎を経ち、３月13日には淀川にたどり着いている。大坂で４日間滞在した後、３月17日に枚方（ひらかた）、八幡（やわた）、木津など淀川沿いに陸路を移動し、伏見で宿を取っている。その後３月18〜24日まで京都に滞在している。シーボルトが琵琶湖を直接目にするのは３月25日で、大津と膳所（ぜぜ）の風景が描かれ、その日の宿は草津となっている。以後、琵琶湖を離れて江戸に向かうことになる。

　１カ月あまりの江戸滞在の後、復路では５月31日に東海道を石部から草津

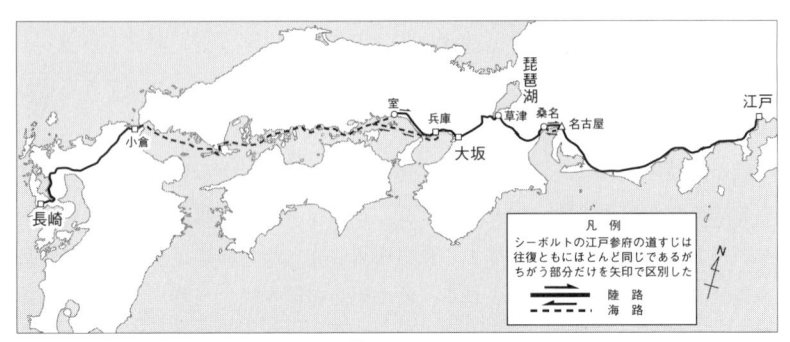

江戸参府の時にシーボルトが通った道すじ（シーボルト，1967を改変）

を通り、大津で宿を取っている。その日の日記には膳所のおいしいコイ料理について記されている。翌6月1～7日まで京都に滞在し、7日の晩に伏見から淀川を船で下り、8日の明け方には大坂に到着している。興味深いことに、6月10日の日記には、天王寺の今で言うペットショップ街でニホンカモシカ、ツキノワグマ、ニホンザル、シカが売られているのを目撃し、3月の往路の時にここですでにヤマイヌを購入したことを記している。これが後にニホンオオカミの剥製のタイプ標本となったものと考えられる。

江戸参府紀行では魚市場や琵琶湖・淀川の自然環境に関する記述はあっても、残念ながら淡水魚入手に関する直接的記述は見られない。しかし、シーボルト標本にはゲンゴロウブナ、ニゴロブナなど琵琶湖の固有種などが含まれることから（口絵Ⅵ-2）、江戸参府の際に購入したことは間違いない。これらの琵琶湖の淡水魚の入手日については、往路の3月25日（草津）と帰路5月31日（大津）がもっとも可能性が高いが、現在までのところ江戸参府紀行だけの情報では特定することはできない。

アユモドキは琵琶湖・淀川水系と岡山平野に不連続分布している。本種はシーボルトにより1個体（holotype）のみが収集されているが、そのタイプ

産地についてはあいまいにされてきた。しかし、シーボルト自身、琵琶湖・淀川水系の自然に頻繁に言及している一方で、江戸参府の往復路とも瀬戸内海を海路で移動していること、加えて江戸参府紀行に岡山平野の淡水魚に関する記載がまったくないことから、アユモドキもまたゲンゴロウブナやニゴロブナ同様、琵琶湖・淀川水系で入手したと考えるべきであろう。
　従来、シーボルトを対象とした研究は人文・民族学に焦点を当ててきた。一方、生物学者は日本動物誌とタイプ標本の調査に精力を注いできた。日本動物誌は日本を一度も訪れたこともないテンミンク博士とシュレーゲル博士によるもので、分布についてはあくまでシーボルトの伝聞録の域を超えてはいない。その一方で江戸参府紀行には、シーボルトが観察した各地の自然誌が科学的視点から詳細に記されている。そこにはトキ、カワウソ、オオサンショウウオ、オイカワなど日本の動物を代表する種のタイプ産地を特定する鍵となる情報が多く含まれている。さらに関連文献を加味すれば、われわれを一気に180年前の日本の水辺にタイムスリップさせるだろう。2007年8月3日、環境省は絶滅に瀕する日本の汽水・淡水魚のリスト、いわゆるレッドリストを6年ぶりに改定した。そこでは絶滅に最も近いとされる絶滅危惧ⅠA類にアユモドキ、それに次ぐⅠB類にゲンゴロウブナ、ニゴロブナが掲載されている。シーボルトがたまたま寄り道した程度で入手できた普通種も、わずかな時間で絶滅危惧種となってしまった。日本を代表する琵琶湖におけるこの水環境の急変をはたしてこのまま見過しておいてよいものだろうか。

（細谷和海・藤田朝彦）

3-2. 内湖の"原風景"を知る─標本を用いた魚類相※の復元─

1. 内湖とは

　内湖は琵琶湖周辺に広がる湿地帯であり、水深は1～2mと極めて浅く、豊富な抽水植物帯を有する。琵琶湖とはある程度独立した水体であるが、水路や開口部を通じて琵琶湖と繋がっているという特徴をもつ。そのため、魚類などの生物は、琵琶湖の内湖を自由に往来ができる。

　かつての内湖は、琵琶湖固有種のニゴロブナやゲンゴロウブナ（口絵Ⅳ-2）、ホンモロコなどをはじめとする多くの在来魚の繁殖場であった。年間を通じて多くの魚種が往来し、特有な魚類相を有し、抽水植物帯や水草帯（沈水植物帯）は、多くの在来魚仔稚魚の餌場として機能していたことが知られている（三浦ほか、1966；平井、1970）。

　しかし明治後期に35.13km²あった内湖面積は、2000年頃には6.20km²と、約100年前のわずか18％にまで減少した（1章コラム、図3参照）。減少のおもな要因は、1942年～1971年にかけて行われた内湖干拓だが、その背景には、琵琶湖周辺の洪水防止のため、1905年に瀬田川洗堰が設置され、その後、治水や利水目的で琵琶湖水位が長期的に低下するようになったことにある（1章、図1-1-6参照）。

　また現在、すべての内湖で外来魚のブルーギルが、3分の2の内湖でオオクチバスが確認され、とりわけブルーギルが多くの内湖で優占しており、過去と比べて内湖の生物相は大きく変貌した（西野、2005b）。かつての豊かな生物相をとりもどすには、まず復元すべき目標を明確にする必要があり、そのためには内湖本来の生物相や内湖が本来有していた生態学的役割が解明されていなければならない。しかし、在来の生物にとって内湖がどのように重要な場であったかを具体的に示したデータは、意外に少ない。また現在、生物相が大きく変貌した内湖をどれだけ詳細に調査しても、本来の内湖がどのような姿であったかを明らかにすることはできない。

　ここでは、過去の生物標本を調べることで、「魚類相からみた内湖の原風

魚類相：特定の水域に生息する魚類の種類組成。

景と望ましい内湖の復元目標」について迫ってみたい。

2. 環境復元における標本の重要性

　生物標本は、自然史の研究材料として最も基本的なもので、研究結果の「証拠」としての役割、また自然情報のデータベースとして自然環境の指標となる（松浦，2003）。現在、日本の多くの博物館や大学で整理された標本とそのデータベースが構築されている。これらの標本は、過去に生きていた生物がもつ情報をそのままの形で残しているため、最新の情報と技術を用いて過去の情報を検証することが可能である。

　たとえばカワムツ*Zacco temminckii*は、富山および静岡以西の河川や湖沼に広く分布する淡水魚で、かつては1種とされていた。その後カワムツA型、カワムツB型の2つの形態的なタイプに分けられることが明らかになった。2003年にカワムツA型は独立種 *Z. sieboldii*として有効とされ、ヌマムツと和名がつけられた（Hosoya *et al.*, 2003）。カワムツの分布や生態については、過去多くの論文や報告書がでているが、それがカワムツとヌマムツのどちらであったかは、形態の具体的な記載がない限り不明である。しかし、もし標本が残っていれば、それを再検証することで過去の記録を修正することが可能となる。そのためには採集した場所と日時が必須であり、標本を作製する際にはこれらの情報を必ず付記する必要がある。

　また近年、博物館や大学に保存されていた魚類標本から、消化管内容物を調べて過去の餌生物を推定したり、安定同位体を用いて食物網の変遷を明らかにする研究が進んでいる（奥田ほか，2007）。生物標本とは、まさに過去の情報が詰まったタイムカプセルであり、生態学や保全生物学において、様々な可能性を有する重要な資料といえる。

3. 標本調査による内湖の原風景の復元

　本研究では、各地の研究機関に保存、登録されている淡水魚の標本から内

湖産の個体を選び出し、標本の産地等からかつて豊かな生物相を有していた頃の内湖の魚類相を復元するとともに、その変遷を辿ろうと試みた。調査対象は国立科学博物館、大阪市立博物館、琵琶湖博物館、京都大学、京都大学総合博物館、東京大学総合博物館、滋賀県水産試験場などに保存されていた魚類標本である。これらの標本は、かつて滋賀県水産試験場に所属しておられた中村守純博士、京都大学理学部の友田淑郎博士と宮地伝三郎博士、東京大学理学部の田中茂穂博士らにより登録されたものが多い。標本の多くは、5～10％のホルマリン、または70％程度のエタノールで固定・保存されていた。最も古い標本記録は1911年の松原内湖で、内湖だけでほぼ100年分、約1200件の標本資料が蓄積されていることがわかり、先達の寄与の大きさを改めて感じた。

　とくに滋賀県水産試験場に所蔵されていた標本には、アユやイサザ等水産上の有用魚種標本が多く含まれており、その中に混獲されていた魚種も選び出して記録した。調査したのは、採集日と採集場所が確認された滋賀県産の標本で、複数の魚種が場所と日付によってまとめられた標本も再検査した。そのため、種ごとに登録された博物館標本に比べると無作為に採集された標本だと考えられる。

　滋賀県水産試験場標本の採集年は1937年～1993年だったが、1960年代以前の標本がほとんどで、全体の91％を占めていた（図3-2-1）。これらの標本か

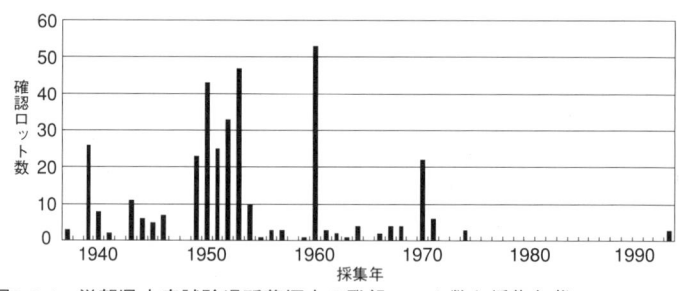

図3-2-1　滋賀県水産試験場所蔵標本の登録ロット数と採集年代

ら、採集地と採集年が明らかで、かつ同じ日、同じ場所で採捕された1種を1ロットとして計数したところ、計383ロットにのぼった。

このうち内湖で捕獲された標本は43ロットで、全ロットのわずか11%にすぎない。しかし、67%にあたる29ロットが滋賀県生きもの総合調査委員会(2006：以下、滋賀県RDBとよぶ)の絶滅種、絶滅危惧種、絶滅危機増大種、希少種に指定された魚種だった。この上位4カテゴリーに該当する県内の標本は全383ロットの15%にすぎない

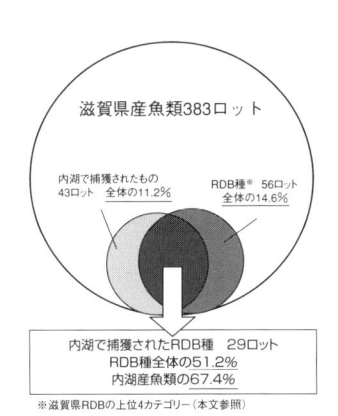

図3-2-2 滋賀県水産試験場標本中の内湖産魚類とRDB種の割合

が、このうち内湖で捕獲された標本が51%を占めた(図3-2-2)。標本には、詳細な採集地が示されていない魚種も含まれていたため、内湖産魚類標本の占める割合はさらに高い可能性もある。

4. 魚類相の変遷

表3-2-1～3-2-4に、滋賀県水産試験場をはじめ、各地の博物館・研究機関に所蔵されている内湖産の魚類標本リストを年代ごとに示した。標本記録が最初に出現したのは1910年代の松原内湖で、1920年代以前の標本は少なかった。1930～1940年代は標本数が豊富で、とくに松原内湖と入江内湖(いずれも干拓で消失)から多くの魚種標本が確認された。1960年代にも豊富な標本が確認できたが、1970～1980年代にかけては標本数がおしなべて少なく、1990年代以降再び標本数が増加した。内湖から得られた魚類標本は、必ずしも時系列にそって残されているわけではない。

● 1960年代以前の魚類相

1940年代以前では、4内湖からのべ25種が確認された(表3-2-1)。ここに

は滋賀県RDBの絶滅種ニッポンバラタナゴ、絶滅危惧種のアユモドキ（口絵Ⅵ-2）やシロヒレタビラ等5種、絶滅危機増大種のヤリタナゴ等6種、希少種ではモツゴなど4種と、上位4カテゴリーに指定された種がのべ16種、全体の64%を占めた。

1950〜1960年代では、8内湖からのべ25種（表3-2-2）が確認され、カワバタモロコ、イチモンジタナゴ（口絵Ⅶ-1）など、上位4カテゴリーに属する15種が含まれていた。1940年代の標本とあわせると、9内湖でのべ33種が確認され、20種が上位4カテゴリーの指定種だった。いずれの内湖からも、タナゴ亜科、カマツカ亜科、ダニオ亜科など、小型のコイ科魚類を中心に豊富な在来魚種が確認できた（写真3-2-1）。

表3-2-1　1940年代以前に内湖で確認された魚種

	入江内湖	松原内湖	平湖	柳平湖	滋賀県RDB	環境省RL
アユ	○					
ヌマムツ		○				
オイカワ	○	○				
ハス	○	○			希少種	VU
カワバタモロコ	○	○			絶滅危惧種	EN
ワタカ※	○	○			絶滅危惧種	EN
ホンモロコ※	○				絶滅危機増大種	CR
タモロコ	○					
モツゴ	○	○	○		希少種	
ゼゼラ	○				希少種	
コイ	○					
ニゴロブナ※	○	○			希少種	EN
ギンブナ	○					
ヤリタナゴ	○	○			絶滅危機増大種	NT
アブラボテ	○				絶滅危機増大種	NT
ニッポンバラタナゴ		○			絶滅種	CR
カネヒラ					絶滅危機増大種	
イチモンジタナゴ	○	○			絶滅危惧種	CR
シロヒレタビラ	○	○			絶滅危惧種	EN
アユモドキ				○	絶滅危惧種	CR
ギギ	○	○			絶滅危機増大種	
メダカ		○			絶滅危機増大種	VU
ドンコ		○				
ヨシノボリ類		○				
ウキゴリ	○	○				

滋賀県RDBは滋賀県生きもの総合調査委員会（2006）、環境省RLは2007年に公表された環境省レッドリスト。凡例は表3-2-2〜表3-2-4で同じ。
CR：絶滅危惧ⅠA類、EN：絶滅危惧ⅠB類、VU：絶滅危惧Ⅱ類、NT：準絶滅危惧
※：琵琶湖水系固有種

写真3-2-1 かつては内湖を代表する魚類であったカワバタモロコとイチモンジタナゴ
いずれも大阪市立博物館所蔵 上：カワバタモロコ（OMNH-P19163：1965年湖北野田沼産体長39.3mm）、下：イチモンジタナゴ（OMNH-P 5262：1965年早崎内湖産体長51.4mm）

なお1960年代以前の標本記録は、湖北野田沼、早崎内湖、入江内湖、松原内湖など湖東に分布する内湖からのものが多かった。これらは滋賀県水産試験場（彦根市）周辺の内湖や、1960年代前半に行われた琵琶湖生物資源調査団[※]が調査した内湖で、その多くは既に干拓され、消失したものが多い（西野，2005a）。

琵琶湖周辺では、1942年から1971年にかけて約25km²の内湖が干拓によって消失したが、標本の解析結果が示すように、干拓を免れた内湖には、少なくとも1960

表3-2-2　1950年代〜1960年代に内湖で確認された魚種

	十ケ坪沼	湖北野田沼	早崎内湖	崎内湖	入江内湖	西の湖	津田内湖	平湖	柳平湖	滋賀県RDB	環境省RL
ヌマムツ		○		○							
オイカワ				○							
カワバタモロコ		○		○						絶滅危惧種	EN
アブラハヤ		○		○							
ワタカ※				○						絶滅危惧種	EN
ホンモロコ※		○		○						絶滅危惧増大種	CR
タモロコ	○	○		○							
ムギツク				○				○		希少種	
モツゴ	○	○		○						希少種	
ビワヒガイ※		○		○						希少種	
ゼゼラ		○		○							
デメモロコ				○							VU
コイ					○						
ギンブナ		○									
ヤリタナゴ				○						絶滅危惧増大種	NT
カネヒラ		○								絶滅危惧増大種	
イチモンジタナゴ	○	○		○						絶滅危惧種	CR
シロヒレタビラ	○	○		○		○				絶滅危惧種	EN
ドジョウ				○							
アユモドキ						○			○	絶滅危惧種	CR
ギギ							○			絶滅危惧増大種	
ナマズ							○				
ビワコオオナマズ※		○								希少種	
イワトコナマズ※				○						絶滅危惧増大種	NT
トウヨシノボリ				○							

琵琶湖生物資源調査団：治水と利水を目的として、琵琶湖北湖と南湖の遮断や、北湖の水位変動が生物資源に及ぼす影響、および工事後における琵琶湖の水産対策についての基礎資料を得るため、宮地伝三郎氏を代表に結成された研究組織。内湖については1962年から1964年にかけて調査が行われた。

年代までは多くの在来種が生息していたと考えられる。

その後、琵琶湖で問題になった重大な環境変化として、内湖干拓による農地の増大に伴ってPCP等の農薬が過剰に使用されたことや、1960〜1970年代の高度成長に伴うPCBや重金属による水質汚染、淡水赤潮の発生などが指摘されている（Kira *et al.*, 2005）。このような水質汚染が内湖の魚類相に与えた影響については、本調査の結果からはよくわからない。

● 1970年以降の魚類相

1970〜1980年代にかけては標本数が少なく、5内湖から在来種12種、国外外来種のオオクチバスとタイリクバラタナゴが確認された。滋賀県RDBの上位4カテゴリーはわずか6種、うち絶滅危惧種はワタカ1種、絶滅危機増大種はホンモロコ1種にすぎなかった。1960年代に多く確認されたタナゴ類やカワバタモロコの標本はなかった（表3-2-3）。

1990年代以降、内湖での確認種数・登録件数が増加し、14内湖から在来種39種、国内・国外外来種あわせて7種が確認された。登録件数の増加は、1996年に琵琶湖博物館が設立され、過去数年間の準備室時代も含め、博物館の所蔵標本が収集されるようになったためである。この結果は、近年でも琵

表3-2-3　1970年代〜1980年代に内湖で確認された魚種

	湖北 野田沼	小松沼	松の木内湖	西の湖	曽根沼	滋賀県RDB	環境省RL	備考
アユ	○							
オイカワ	○							
ハス	○					希少種	VU	
ワタカ※		○				絶滅危惧種	EN	
ホンモロコ※	○			○		絶滅危機増大種	CR	
モツゴ	○					希少種		
ビワヒガイ※	○				○	希少種		
カマツカ	○							
ゼゼラ	○					希少種		
コイ			○					
ギンブナ		○	○					
タイリクバラタナゴ[1)]			○					国外外来種
トウヨシノボリ			○					
オオクチバス			○					国外外来種

1）一般に琵琶湖水系でタイリクバラタナゴと呼ばれているものはニッポンバラタナゴとタイリクバラタナゴ2亜種の交雑集団であり、厳密には適切な和名ではない。しかし、多くの研究機関における登録名はタイリクバラタナゴであり、外来集団のゲノムを持つことを明確にするため、本研究でもこの交雑集団に対しタイリクバラタナゴを用いた。

表3-2-4　1990年代以降に内湖で確認された魚種

	堅田内湖	小松沼	乙女ヶ池	松ノ木内湖	五反田沼	十ヶ坪沼	浜分沼	湖北野田沼	早崎内湖3)	曽根沼	神上沼	伊庭内湖	西の湖	平湖	滋賀県RDB	環境省RL	備考
スナヤツメ	○			○									○		絶滅危機増大種	VU	
ワカサギ									○								国内外来種
アユ	○		○							○			○				
ヌマムツ	○				○								○				
カワムツ	○												○				
オイカワ	○												○				
ハス			○										○		希少種	VU	
ウグイ			○														
ワタカ※	○		○	○									○		絶滅危惧種	EN	
ホンモロコ※	○												○		絶滅危機増大種	CR	
タモロコ	○												○				
ムギツク															希少種		
モツゴ							○	○					○		希少種		
ビワヒガイ※	○												○		希少種		
カマツカ													○				
ゼゼラ													○		希少種		
ツチフキ2)	○										○		○			VU	
スゴモロコ※			○										○			NT	
デメモロコ													○			VU	
ニゴイ													○				
コウライニゴイ	○																
コイ													○				
ゲンゴロウブナ※	○														希少種	EN	
ギンブナ	○						○	○					○				
ニゴロブナ													○		希少種	EN	
ヤリタナゴ													○		絶滅危機増大種	NT	
アブラボテ									○				○		絶滅危機増大種	NT	
タイリクバラタナゴ1)	○																国外外来種
カネヒラ											○		絶滅危機増大種				
イチモンジタナゴ				○											絶滅危惧種	CR	
ドジョウ	○				○	○							○				
スジシマドジョウ大型種													○		絶滅危惧種	EN	
シマドジョウ		○															
アユモドキ													○		絶滅危惧種	CR	
ナマズ	○																
メダカ	○												○		絶滅危機増大種	VU	
グッピー							○										
ドンコ	○	○															
カムルチー		○															国外外来種
ブルーギル	○	○		○									○				国外外来種
オオクチバス	○	○	○	○	○	○							○				国外外来種
ヨシノボリ類		○															
トウヨシノボリ		○	○		○								○				
ビワヨシノボリ※											○						
カワヨシノボリ													○				
ウキゴリ			○		○								○				
ヌマチチブ				○													国内外来種

2）中村（1969）は，本種を国内外来種と考えているが，ここでは在来種とした．
3）早崎内湖は1971年に全面干拓されたが，2001年から干拓田の一部が湛水されており，そこで採集されたと考えられる（2-5参照）．

琵琶湖に生息する在来魚約60種の65％に相当する種が内湖で確認されていることを示している。また滋賀県RDBの絶滅危惧種4種、絶滅危機増大種6種など上位4カテゴリー指定種は17種にのぼった。しかし確認種数は内湖間で大きな偏りが見られ、多くの種を確認できたのは西の湖と堅田内湖のみだった（表3-2-4）。そのうえヤリタナゴ、アブラボテ、カネヒラ、イチモンジタナゴ、シロヒレタビラなどタナゴ亜科の多くがごく僅かしか採集されなくなり、カワバタモロコなど絶滅危惧種の記録もほとんどなくなる。代わって多く登場するのが、ムギツクやシマドジョウなど河川性の魚種である。確認された在来種は、流入河川や連続する用水路に依存すると考えられる魚種が多く、内湖と繋がる水路などでの採捕記録が多かった。

　1990年代以降の最大の特徴は、ほとんどの内湖でオオクチバスとブルーギルが確認されるようになり、登録数が激増したことである（図3-2-3）。魚類標本からは1990年以降、内湖の魚類相に大きな変化があったと考えられる。

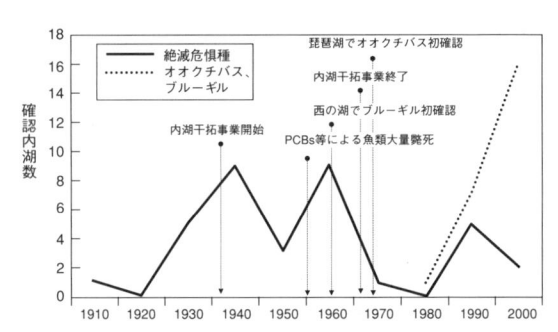

図3-2-3　内湖産標本における絶滅危惧種（カワバタモロコ、ワタカ、イチモンジタナゴ、シロヒレタビラ、スジシマドジョウ大型種、アユモドキ）とオオクチバス・ブルーギルの出現内湖数の変化

5．魚類の回遊パターンと内湖の利用の仕方

　琵琶湖水系は、琵琶湖とその周辺に、内湖および湖東を中心に水田地帯が大きく広がり、両者をつなぐ用水路、そして琵琶湖に流入する118もの一級河川、さらに瀬田川、宇治川、淀川を通じて大阪湾までつながる流出河川等から構成されている。魚類は、これらの環境を様々な形で利用している。ひ

3章 琵琶湖・淀川水系の魚介類

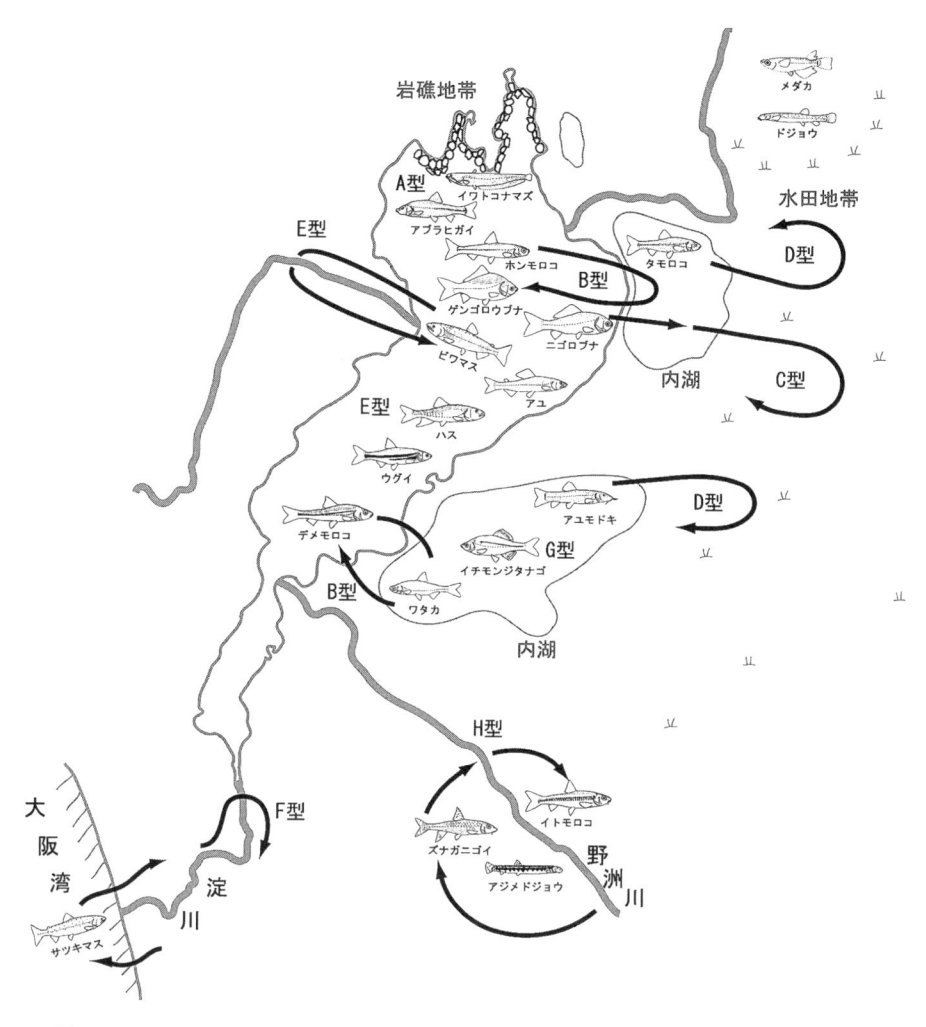

図3-2-4 琵琶湖・淀川水系における淡水魚の回遊様式
(細谷, 2005)

とつの魚種が特定の環境や場に生息するのではなく、摂餌や繁殖などの生活史に応じて複数の場を利用することが多い。

細谷（2005）は、琵琶湖に生息する魚種を回遊様式にもとづいて8つに類型化した（図3-2-4）。このうち4タイプが内湖を利用する回遊型である。すなわち、ホンモロコ・ゲンゴロウブナなど内湖を産卵場所、仔稚魚の繁殖場所として使う「琵琶湖・内湖回遊型」、より陸域の産卵場所への依存度が強いニゴロブナなどを「琵琶湖・内湖・水田回遊型」とした。また、琵琶湖よりも内湖や水路で生活し、産卵場所として水田を利用するタモロコ・アユモドキ・スジシマドジョウ小型種などの「内湖・水田回遊型」、内湖や琵琶湖南湖に依存した生活史を送るモツゴ・バラタナゴ・カワバタモロコなどを「琵琶湖・内湖定住型」である。

一方、残りの4タイプは、生活史の中で内湖と直接的な関わりをあまり持たないと考えられる回遊型である。琵琶湖北部の岩礁帯を中心に生息するイワトコナマズ・アブラヒガイなどは「琵琶湖定住型」、琵琶湖の沖合を中心に生活し、産卵のため流入河川へ遡上するビワマス・ウツセミカジカ・ウグイ・アユなどは「琵琶湖・流入河川回遊型」、さらに一般的な両側回遊を行うサツキマスなどは「琵琶湖・流出河川・大阪湾回遊型」、野洲川、日野川で見られる河川でのみ生活するズナガニゴイ・イトモロコ・アジメドジョウなどは「河川定住型」である。

標本調査の結果から、近年見られなくなったタナゴ亜科やカワバタモロコ、アユモドキなどの多くは、内湖定住型や内湖—水田回遊型に属することがわかる。対照的に、数は多くないものの、近年でも標本が残っているビワヒガイやホンモロコなどは琵琶湖・内湖回遊型である。このことは、琵琶湖と内湖を回遊する魚種に比べ、生活史を内湖により多く依存する種が減少していることを示唆している。

ところで本調査では、早崎内湖と津田内湖で琵琶湖定住型と考えられるビワコオオナマズ、イワトコナマズの若魚の標本を確認した（表3-2-2）。琵琶

湖・流入河川回遊型であるハスも、比較的多くの個体が内湖から採集されていた（表3-2-1～3-2-4）。これらの魚種も、内湖環境が健全であった時代には生活史のなかで内湖を利用していた可能性がある。内湖は内湖を利用する種のみならず、琵琶湖の沿岸域を利用するすべての種にとっても重要な場であった可能性が高い。

　滋賀県RDBで絶滅危惧種や絶滅危機増大種、希少種に指定されているが、内湖で確認されていない魚種の多くは、河川に定住するか、あるいはハリヨやホトケドジョウのように湧水を起源とする水域に多い種など、明らかに内湖とは異なる環境に生息するものが多い。そのため、現在滋賀県内で危機的状況にあるとされる魚種の多くは、生活史のなかで内湖と何らかの関係があったといえるだろう。

6. 魚類相からみた内湖の原風景

　内湖は琵琶湖周辺に点在する小湖沼だが、その環境は琵琶湖と大きく異なっている。琵琶湖は世界でも有数の古代湖で、周囲約235kmの湖岸には、岩石・岩礁湖岸や広大な砂浜やヨシに代表される抽水植物湖岸など多様な湖岸環境と、最大水深103mもの深い湖盆を有する。富栄養化が進んだとされる現在でも、水質は比較的良好で、北湖は中栄養湖と位置づけられている。一方、内湖は、琵琶湖と水路等で繋がっている小水域で、水深は1～2m前後と極めて浅く、全面積の45％にヨシが生育する湿地帯である。また琵琶湖と比べて水塊が小さいため、水温の日較差や季節変動が極めて大きい。大部分の内湖は富栄養湖と位置づけられる（西野，2005b）。内湖の持つ環境条件は、東アジアの温帯域における一般的な平野部の湿地としての性格が強い。

　琵琶湖の固有魚種は15種（亜種を含む、未記載のビワヨシノボリ、スジシマドジョウ大型種、スジシマドジョウ小型種琵琶湖型を含む）いるが、このうち、ビワコオオナマズやアブラヒガイ、イサザ、ビワヨシノボリなどは、琵琶湖の北部に広がる岩石・岩礁湖岸や深い湖底など湖の特定の環境と強く

結びついた生活史を持つ。これらの種は琵琶湖本湖を利用するグループだと考えられる。一方、内湖からもニゴロブナやゲンゴロウブナ、ワタカなど多くの固有種が確認されている。これらの種は、ヨシ帯を産卵場所・仔稚魚の生育場とし、内湖を積極的に利用していたグループだと考えられる（図3-2-4）（中村，1969；平井，1970）。アユモドキは、琵琶湖淀川水系と岡山平野にも生息しているが、本種もかつて内湖に多産していた（中村・元信，1971）。在来種だけでなく、固有種の一部も内湖を利用してきたことは明らかであり、その出現は1960年代以前が中心であった。

　ところで固有亜種のスゴモロコとデメモロコは近縁だが、スゴモロコは主に琵琶湖で生活し、内湖をほとんど利用しない一方、デメモロコは内湖を中心とした生活環を持つ（中村，1969）。また琵琶湖のタモロコは、他湖沼の集団に比べ体高が高くなり、鰓耙数が減少し、口が下を向くようになるなど、より沿岸域に適応した半底棲型の特徴を強くもつ。これは、近縁の固有種で、琵琶湖の沖合を主な生活場とし、動物プランクトンを食べるホンモロコとの間で形質置換[※]が生じているためだと考えられている（細谷，1987）。

　このように、琵琶湖やその周辺水域に異なった生態特性を有する近縁種が共存し、多様な環境にそれぞれ適応することによって種分化が促されてきた背景には、琵琶湖本湖だけでなく内湖の存在が重要な役割を果たしていたと考えられる。琵琶湖の在来魚の種多様性は、少なくとも50年前ほどまでは内湖で保持されてきたといえる。

　さきに、内湖で激減した種の多くは内湖定住型であることを述べた。これらの魚種は内湖という閉鎖的環境では逃げ場所がない。イチモンジタナゴやカワバタモロコに代表されるこれらの魚種は、健全な環境が保持されていた時代でも、琵琶湖ではあまり見られなかった種であり、内湖以外の場所では生活環を完結させることも困難だったのかもしれない。

　これらの魚種は、河川や琵琶湖に逃避することが困難であったため、内湖干拓による生息地の消失、湖岸堤等の建設による内湖と琵琶湖との分断に加

形質置換：近縁な２種が共存する地域では表現形質が明瞭に分かれ、一方の種しか分布しない地域では形態が互いに類似する現象。

え、外来魚の侵入という直接的な影響から逃れることができなかったと考えられる。実際、オオクチバスとブルーギルが琵琶湖の在来魚類に与えた悪影響については多くの報告がある（中井，2002；中井・浜端，2002など）。内湖のような閉鎖性の強い環境への影響は、2種の外来魚が発見された当時から懸念されており、近年、まさに最悪のシナリオが実現していると言える（寺島 彰，1977；福田ほか，2005；西野，2005c；中川・鈴木，2007など）。

また内湖のヨシ帯は、琵琶湖周辺のヨシ帯面積の60％を占める。ヨシは水深1mより浅い水域に生育するため、多くのコイ科魚類の産卵盛期にあたる夏期に水位が数十cm下がるだけで、かれらにとって重要な産卵場所であるヨシ帯の多くが干上がってしまう。コイ科魚類の産卵は水位の上昇と密接な関係にあったと考えられ、琵琶湖岸のヨシ帯では、1992年に瀬田川洗堰操作規則が制定されてから、特にコイ・フナ類の産卵や仔稚魚の出現は水位が比較的高く維持される4～5月に限定され、水位が低下する6月中旬以降、ほとんどみられなくなっている（山本・遊磨，1999；1-3参照）。内湖では、琵琶湖とほぼ連動して水位が変動するが、コイ科の産着卵や仔稚魚の出現時期は、琵琶湖と同様4～5月に集中している（福田ほか，2005；西野ほか，2009）。琵琶湖岸のヨシ帯同様、内湖でも、水位操作によりその生態学的機能が発揮できなくなっている。

このように、戦中・戦後からの干拓事業の展開以降、内湖は様々な脅威にさらされてきたが、とくに最近は外来魚と水位操作の影響が大きいと考えられ、これらの問題解決が内湖の在来魚類の多様性復元の鍵といえる。

復元目標とするかつての理想的な内湖環境、というよりも「本来あるべき内湖の姿（環境）」と認識するべきだと思うが、それは、内湖に強く依存する在来魚や、内湖を回遊する様々な魚種が生活史を完結できる環境だといえる。琵琶湖水系の自然の構成要素として、これら在来魚類の生活史を支えることができる内湖は欠かせない環境要素である。

〈藤田朝彦・細谷和海・西野麻知子〉

3-3　在来魚と外来魚の繁殖環境の違い：西の湖の事例から

1．在来魚が多く生息する西の湖

　前節では、かつての内湖が琵琶湖の在来魚にとって重要な生活の場であったことを示した。しかし現在、すべての内湖にブルーギルが、3分の2の内湖にオオクチバスが生息し、ブルーギルとオオクチバスの相対密度が高い内湖ほど在来魚の種数が少ないことがわかっている（西野，2005c；図3-3-1）。これら侵略的外来魚が、内湖に生息する在来魚に深刻な影響を与えていることは様々な調査結果が示している（福田ほか，2005；中川・鈴木，2007）。

　一方、西の湖のようにブルーギルやオオクチバスの相対密度が高いにもかかわらず、在来魚の種数が多い内湖がいくつかみられる（図3-3-1）。2種の外来魚が比較的高密度で生息するにも関わらず、なぜそれらの内湖に多様な在来魚が生息可能なのか？　その理由を明らかにできれば、2種の外来魚が猛威をふるっている日本の淡水環境の改善に少しでも寄与できるのではない

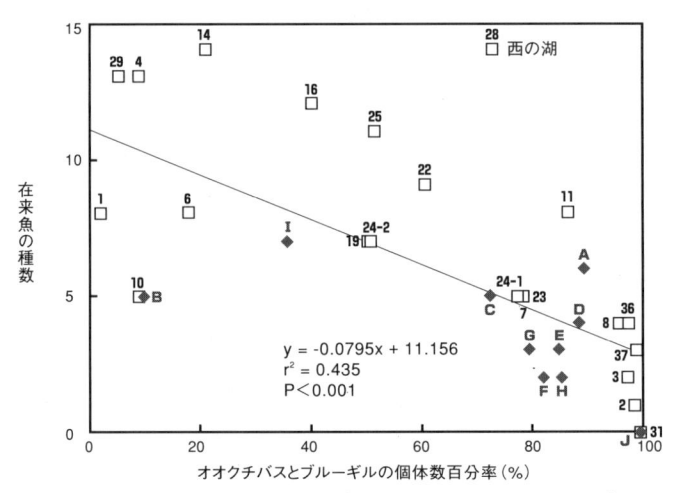

図3-3-1　残存内湖（□）、人造内湖（◆）におけるオオクチバスとブルーギル個体数百分率（合計）と在来種数との関係（西野，2005c）
直線と式は全内湖の回帰直線とその回帰式。

$y = -0.0795x + 11.156$
$r^2 = 0.435$
$P < 0.001$

か、という思いから本調査を行った。

　近江八幡市と安土町にまたがる西の湖は、琵琶湖周辺に残存する最大の内湖（水面面積2.22km²）である。ここは琵琶湖周辺で最初（1965年）にブルーギルが確認された水域で（寺島，1977）、オオクチバスも1980年代から生息が確認されている（前節参照）。にもかかわらず、近年でも比較的多くの在来魚が西の湖から採集されている（美濃部・桑村，2001；藤田ほか，2008；前節参照）。特別天然記念物のアユモドキは、琵琶湖・淀川水系と岡山県の旭川水系にしか自然分布していないが、琵琶湖周辺では、1992年に西の湖への流入河川で採集された個体が最後の分布記録となっている（西野ほか，2006；藤田，2007）。現在でも、あるいはごく最近まで、西の湖周辺には在来魚にとって良好な環境が残されていたと推測される。

　かつての西の湖は、琵琶湖最大の内湖であった大中の湖（水面面積11.45km²）や小中の湖（0.49km²）と接し、また津田内湖（1.19km²）とは複雑に入り組んだ水路で繋がっていた（口絵Ⅱ-1参照）。これらの内湖は1960年代に干拓され、西の湖も順次干拓される予定だった。しかし、その後の洪水時に遊水池として機能し、大中の湖干拓地が冠水を免れたこともあり、西の湖と大中の湖の北岸の一部（伊庭内湖＝東部承水溝）がほぼそのままの形状で残された。

　2-3で述べたように、西の湖とその周辺は過去に著しい地形改変を受けてこなかった。そのため現在でも非常に発達したヨシ群落が残っており、江戸時代から続く地場産業であるヨシの生産を支えている。西の湖のヨシ群落の面積は1.09km²で西の湖水面面積のほぼ半分、内湖全体のヨシ群落面積の55.2％を占める（滋賀県，1992）。おもな流入河川は、安土川、山本川、蛇砂川の3河川で、唯一の流出河川が長命寺川である。西の湖の周辺には、水路が複雑に入り組んだ水郷景観が広がり、水郷内には西の湖園地、北の庄沢などの開放水面もみられる（写真3-3-1）。さらに周囲には、水田や畑が広がり、西の湖と水田を繋ぐ用水路も多い。

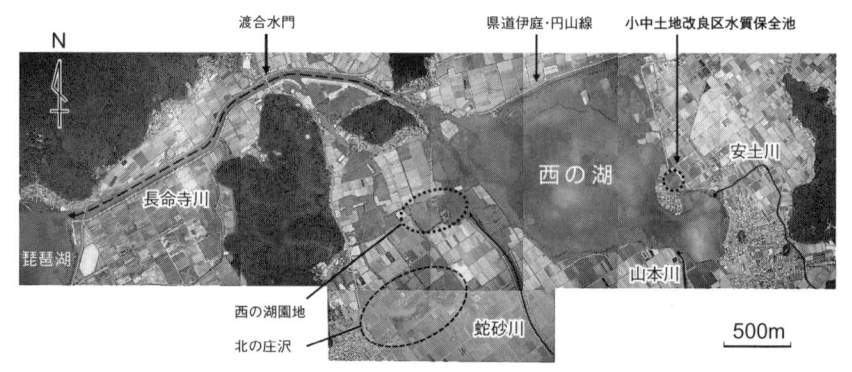

写真3-3-1　西の湖とその周辺地域
矢印は流入・流出河川と水の流れを示す。西の湖の水位は、渡合水門で調節されている。

2．魚類の繁殖場としての西の湖

● 仔稚魚調査

　ブルーギルやオオクチバスが多く生息するにもかかわらず、西の湖で多くの在来魚が生息可能な理由を解明するには、西の湖が今も在来魚類の繁殖場として機能しているかどうかを明らかにする必要がある。そのため、西の湖周辺で仔稚魚の分布調査を行った。

　西の湖および流入・流出河川、北の庄沢、周辺水路、小中土地改良区水質保全池（以下、水質保全池とよぶ）から、湖岸形状、植生、底質など多様な環境要素を有する54の調査地点を選んだ。それぞれの調査地点で、緯度、経度、水温を計測した後、1）湖岸の傾斜、2）湖岸がコンクリート護岸（もしくは岩盤）かどうか、3）水辺に抽水植物帯（以下、ヨシ帯と表現する）があるかどうか、4）湖底が泥底であるかどうか、5）湖底が砂礫底かどうか、6）湖底が泥質かどうか、7）湖底にリターが堆積しているかどうか、8）隣接する水田の有無、9）恒常的に水が流れているかどうか、10）開放水面の有無を記録した。各地点で、調査員2名が500μmの稚魚ネットを用いて仔稚魚を15分間採集し、70％エタノールで固定した。これらの調査は

2006年5月21日〜25日に集中して行った。

　採集した仔稚魚は実験室に持ち帰り、標準体長を測定した後、中村（1969）、沖山（1993）、細谷（2002）にもとづき、形態学的特徴から同定した。孵化直後のコイ科仔魚では、形態による同定が困難なため、ダイレクトシーケンス法によりミトコンドリアDNAのCytochrome b 領域約300bpを決定し、塩基配列情報に基づいた同定も行った。

●オオクチバスと在来魚仔稚魚の出現場所の違い

　調査期間中に採集、同定できた仔稚魚はコイ科10種、サンフィッシュ科1374個体、その他3種21個体で、のべ15種だった（表3-3-1）。このうち外来魚はオオクチバス、ブルーギル、タイリクバラタナゴ、ヌマチチブの4種計1,379個体で、全仔稚魚数の74%を占めた。そのほとんどはオオクチバス（1,362個体）で、全仔稚魚数の73%にのぼった。ブルーギルは僅か12個体、しかも体長が27.5〜89.9mmと大きく、すべて前年生まれの未成魚と考えられる。

　在来魚仔稚魚はコイ科8種、その他2種の10種だった（表3-3-1）。すべての仔稚魚について種まで同定ができていないため、在来魚の総数は不明だが、タイリクバラタナゴやヌマチチブと同定された仔稚魚を除くと、コイ科458個体、その他の分類群20個体となり、両者あわせて全仔稚魚数の26%を占めた。またコイ科の58%（269個体）はコイ亜科、41%（189個体）はタナゴ亜科で、両亜科でコイ科の99%を占めた。タナゴ亜科はカネヒラとタイリクバラタナゴの2種で、カネヒラ（180個体）がほとんどだった。琵琶湖固有種は、ゲンゴロウブナ、ニゴロブナ、ビワヒガイの3種だった。

　図3-3-2に仔稚魚の分布を示す。サンフィッシュ科仔稚魚とその他の仔稚魚が採集された地点は、大きく異なっていた。まず、オオクチバス仔稚魚は7地点で採集され、すべて西の湖本湖と水質保全池（St.14）に分布が限定されていた。とくにSt. 6，25，37，42ではオオクチバス仔稚魚のみが採集され、St.25以外は西の湖本湖の北岸または東岸に分布していた。いずれも仔魚〜稚魚期の個体で、最大標準体長は約14.5mmだった。体長や形態から、これら仔稚魚は親

表3-3-1　本調査で採集された仔稚魚数と平均体長（mm）および成魚の個体数

科　名	種　名	仔稚魚	平均体長	成　魚
キュリウオ科	アユ		−	1
コイ科	コイ科の1種	2		−
コイ亜科	コイ亜科の1種	14		−
	コイ	23	11.9	7
	フナ属の1種	109		−
	ギンブナ	27	12.0	21
	ゲンゴロウブナ※	57	11.2	3
	ニゴロブナ※	5	11.5	4
	ワタカ※	−		9
	ホンモロコ※	−		1
	モツゴ	32	9.2	22
	カマツカ	−		2
	ツチフキ	1	11.8	28
	ビワヒガイ※	1	13.2	3
	スゴモロコ※	−		2
	デメモロコ	−		6
タナゴ亜科	タナゴ亜科の1種	5		−
	タイリクバラタナゴ[2]	4	7.6	16
	カネヒラ	180	9.4	19
ダニオ亜科	ダニオ亜科の1種	1		
	オイカワ	1	17.2	6
	カワムツ	−		1
	ヌマムツ	−		1
ドジョウ科	ドジョウ	−		5
	カラドジョウ[2]	−		2
ナマズ科	ナマズ	−		2
メダカ科	メダカ	10		−
ハゼ科	ヌマチチブ[1]	1		−
	トウヨシノボリ	10		8
タイワンドジョウ科	カムルチー[2]			3
サンフィッシュ科	オオクチバス[2]	1362		63
	ブルーギル[2]	12		303
	在来種合計※※	478		151
	外来種合計	1379		387
	合計	1857		538

仔稚魚は、種まで同定できないことが多いため、同定できなかった場合は、科名、亜科名または属名で表示した。
※琵琶湖水系固有種。
※※仔稚魚の在来種合計には、未同定のコイ科を含む。
1）国内外来種
2）国外外来種

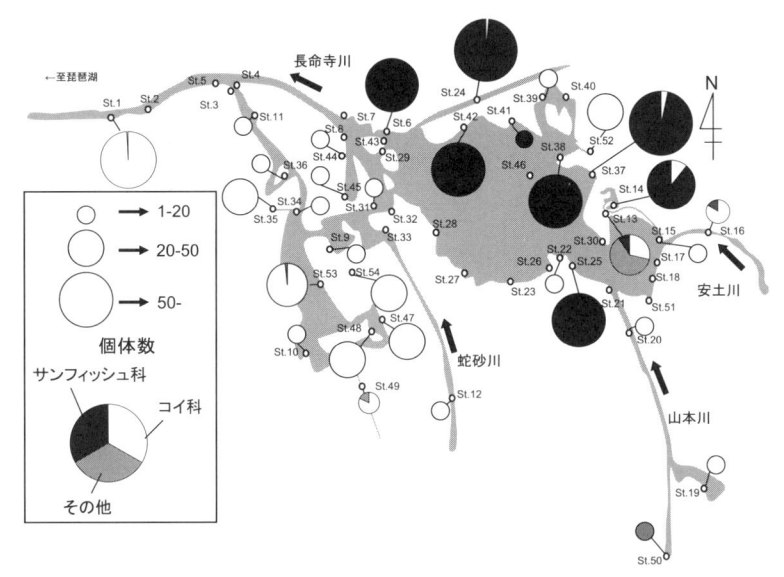

図3-3-2 西の湖および周辺水域におけるコイ科およびサンフィッシュ科仔稚魚（ブルーギル未成魚を含む）の分布（2006年5月）矢印は水の流れの方向。

魚の保護下で群れを形成している時期（環境省自然環境局, 2004）に相当する。オオクチバス仔稚魚が採集された地点では、1地点あたりの採集個体数が30～449尾と多かったが、これは仔稚魚が群れを形成していたためと思われる。

ブルーギル未成魚は、西の湖本湖の3地点（St.16, 31, 41）と水質保全池への水路（St.13）で採集され、St.41ではブルーギルのみが採集された。

一方、コイ科仔稚魚はのべ27地点に出現し、コイ9地点、ギンブナ10地点、ニゴロブナ3地点、ゲンゴロウブナ11地点、モツゴ5地点、タイリクバラタナゴ3地点で、ほとんどは北の庄沢や西の湖園地、周辺水路、水質保全池（St.14）およびその水路に分布していたが、西の湖本湖でも4地点（St.15, 22, 39、52）に出現した（図3-3-2）。ビワヒガイ（St.36）、ツチフキ（St.13）、オイカワ（St.12）は各1地点で確認された。またメダカとトウヨシノボリ

仔稚魚はSt.13および周辺水域（St.49, 50, 53）で確認された（図3-3-2）。

コイ科仔稚魚の体長は5.1mm〜20.8mm、種別の平均体長は7.6〜17.2mmで、体長15mm以上の稚魚はわずか24個体だった。孵化直後のコイ科仔稚魚の体長はふつう5mm前後で、孵化後約40日、全長15mm前後で稚魚期に入る種が多い（中村，1969）。そのため、採集された仔稚魚は前期仔魚〜後期仔魚に相当すると考えられる。

オオクチバス仔稚魚のみが出現した地点は4地点、コイ科仔稚魚が出現したのは27地点で、両者がともに出現したのは水質保全池と西の湖本湖（St.24, 37）のわずか3地点にすぎなかった（図3-3-2）。

● 環境要素からみた外来魚と在来魚仔稚魚の分布の違い

各採集地点の環境要素についてクラスター解析を行ったところ、5つのクラスターに分かれた（図3-3-3；表3-3-2）。クラスター1は75%がコンクリー

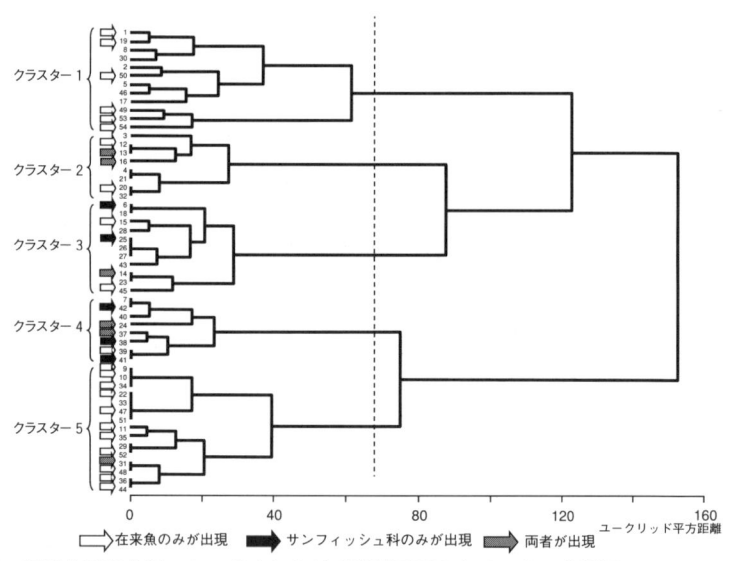

図3-3-3　仔稚魚調査を行った55地点における環境要素のクラスター分析図
ウォード法による。

表3-3-2 各クラスターのコイ科仔稚魚、オオクチバス仔稚魚の出現地点数、採集個体数および各環境要素がみられた地点数と環境要素の地点数がクラスター別の全地点数に占める割合（カッコ内は％）※

	地点数	西の湖本湖地点数	コイ科仔稚魚出現地点数	コイ科仔稚魚採集個体数	オオクチバス仔稚魚出現地点数	オオクチバス仔稚魚採集個体数	水際が緩傾斜	コンクリート・岩盤	抽水植物帯	砂礫	泥	リター	水田隣接	流水	開放水面
クラスター1	12	3	5 (42)	238	0 (0)	0	1 (8)	9 (75)	3 (25)	3 (25)	8 (67)	3 (25)	2 (17)	5 (42)	8 (67)
クラスター2	8	1	4 (50)	18	0 (0)	0	0 (0)	0 (0)	8 (100)	3 (38)	5 (63)	1 (13)	1 (13)	8 (100)	2 (25)
クラスター3	11	11	3 (27)	14	3 (27)	630	3 (27)	2 (18)	11 (100)	11 (100)	2 (18)	0 (0)	2 (18)	1 (9)	10 (91)
クラスター4	8	8	3 (38)	8	4 (50)	732	1 (13)	0 (0)	8 (100)	1 (13)	7 (88)	8 (100)	4 (50)	0 (0)	4 (50)
クラスター5	15	3	12 (80)	184	0 (0)	0	9 (60)	0 (0)	15 (100)	0 (0)	15 (100)	0 (0)	6 (40)	0 (0)	9 (60)

※同一地点で複数の環境要素がみられるため、各環境要素が占める割合を合計すると100％を超える。
　水際が緩傾斜：陸域から水域にかけての傾斜が緩やかな地点、コンクリート・岩盤：岸、河床にコンクリートや岩盤で構成された部分がある地点、抽水植物帯：調査地点にヨシなどの抽水植物帯がみられる地点、砂礫：湖底の底質が主に砂礫質の地点、泥：湖底の底質が主に泥質の地点、リター：湖底にリターが堆積している地点、水田隣接：水田が隣接する地点、流水：恒常的に水が流れる地点、開放水面：開放水面に面する地点（調査範囲に対岸を含む）

トや岩盤の湖岸で、ヨシ帯が25％と少なく、67％が泥底の地点だった。クラスター2はすべてヨシ帯だが、水際が急傾斜で、かつ水の流れがある地点で、63％が泥底の地点だった。クラスター3はすべてヨシが繁茂し、湖底が砂礫底の地点で、91％の地点で開放水面がみられた。クラスター4はすべてヨシが繁茂するが、87％の地点で水際が切り立っており、かつほとんどの湖底が泥底でリター※が堆積する地点である。クラスター5もすべてヨシが繁茂し、湖底が泥底の地点で、60％が水際の傾斜が緩やかな湖岸だった。クラスター1，2，5は周辺水域に多く、クラスター3と4はすべて西の湖本湖に限定されていた（図3-3-4）。

　オオクチバス仔稚魚の出現地点はクラスター3（3地点630個体）とクラスター4（4地点732個体）のどちらかに属していた。この2つのクラスターに属する地点は西の湖本湖に限定され、とくに北岸と東岸に多かった。い

リター：植物の枯死体。

図3-3-4　各クラスターの分布

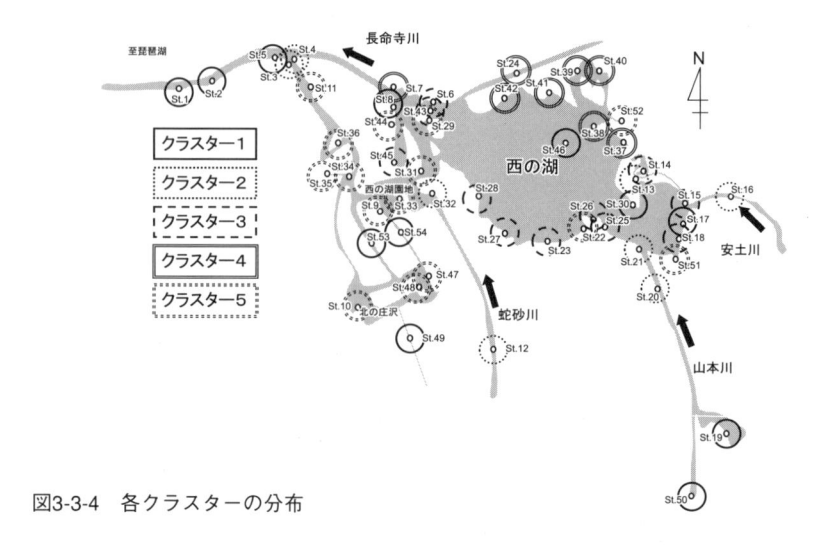

　いずれもヨシが繁茂するが、水際の傾斜が急で、開放水面が広がり、水の流れがない地点が多かった。湖底は砂礫底か、あるいはリターが堆積する泥底のいずれかだった。オオクチバス仔稚魚が多く採集されたSt.37、38は泥底で、その上にヨシの破片やホテイアオイなどのリターが堆積していた。オオクチバスは産卵床として砂礫底を好むとされるが、泥底であっても切り株や水草の茎を使って産卵することが知られている（前畑, 2001）。そのためこれらの地点では、湖底が泥底であってもリターが存在することで、オオクチバスの産卵が可能だったと考えられる。

　オオクチバス仔稚魚が多かった地点の断面をみると、水際のヨシが株立ちして切り立っており、水深60〜90cmの湖底にリターが多く堆積するような地形が多かった（図3-3-5A、写真3-3-2左、写真3-3-3）。このような地形のヨシ帯は、西の湖の現在の水位変動ではほとんど冠水することがない陸ヨシ[※]だった。

　一方、コイ仔稚魚の出現地点はクラスター1、3、4、5、フナ類は全てのクラスター、タナゴ類はクラスター1、2、5に属したが、どの分類群で

陸ヨシ・水ヨシ：ある水位の時に、抽水状態（ヨシの下部が水に浸かっている）にあるヨシを水ヨシ、ヨシの根元まで陸地の状態を陸ヨシという。

3章　琵琶湖・淀川水系の魚介類

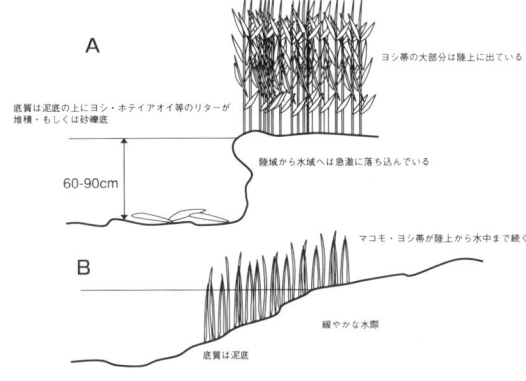

図3-3-5
A：オオクチバス仔稚魚が多く採集された環境構造
B：コイ、フナ等在来種仔稚魚が多く採集された環境構造

写真3-3-2　内湖における水際の環境構造の違い
右：ヨシ帯が陸上から水中まで繁茂し、水際の傾斜は緩やか。在来コイ科魚類が多く繁殖する（北の庄沢）
左：西の湖北岸のヨシ帯はほぼ陸ヨシで、水際のヨシが株立ちして切り立っている。このような地形は、オオクチバスやブルーギルの繁殖場所になっている（西の湖）

写真3-3-3　株立ちして切り立った水際のヨシ（西の湖北岸）水位低下時に撮影

写真3-3-4　コイ科仔稚魚が採集された水路（St.52）

も最も多くの出現地点がクラスター5に属していた。ただオイカワの出現地点はクラスター1、2だった。全体として、コイ科仔稚魚はすべてのクラスターに属する地点に出現したが、最も個体数が多かったのはクラスター1（5地点238個体）、最も出現地点が多かったのはクラスター5（12地点184個体）で、両者で採集個体の91%を占めた（表3-3-2）。

　コイ科仔稚魚が多かった地点は、クラスター1のようにコンクリートや岩盤の湖岸で、水際の傾斜は急だが、ある程度水の流れがあり、湖底に泥が堆積するような地形か、クラスター5のようにヨシ等の抽水植物が繁茂し、湖底はすべて泥質で、水際の傾斜が緩やかな地形といえる（図3-3-5B、写真3-3-2右）。このような地形では、水位が多少変動してもヨシ帯の一部が常に冠水して水ヨシとなっている。オオクチバス仔稚魚が多く分布した西の湖北岸でも、St.39、52ではコイ科仔稚魚のみ（コイ、フナ類、モツゴ）が採集された。これらの地点はクラスター4と5に属するが、いずれも隣接する水田への灌漑のための用水路で、開放水面が小さく、湖岸のヨシやキシュウスズメノヒエの一部が冠水していた（写真3-3-4）。

● **仔稚魚が確認できなかった地点**

　本調査では、仔稚魚が採集できなかった地点が21あった（図3-3-6）。これらの地点は長命寺川と西の湖の流出口付近、および西の湖本湖の南岸と東岸に集中する傾向があった。St.2〜5はいずれも長命寺川に面した調査地点で、水深が2m以上と深く、水際にはヨシ帯などの構造物がない。そのため、仔稚魚の生息には適していないと思われる。

　またSt.7、8、29、43も、西の湖と長命寺川が繋がる地域である。これら4地点はクラスター1、3、4、5に属し、共通した環境要素はほとんどみられないが、西の湖や長命寺川に直接面する地点が多かった。これらの地点は湖底が泥質のことが多く、オオクチバスやブルーギルの産卵には向かないと考えられる。

　西の湖本湖では南岸を中心に11地点で仔稚魚が採集されなかった。これら

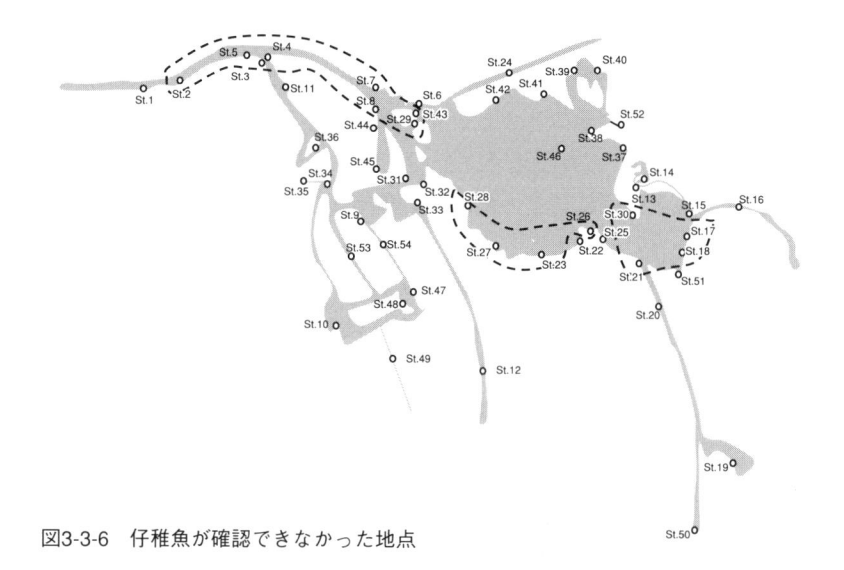

図3-3-6　仔稚魚が確認できなかった地点

の地点は全てクラスター4に属し、湖底は砂礫におおわれ、全地点のなかで最も硬い底質だった。このような底質は、オオクチバスの産卵場所に適していると考えられ、実際、南岸のSt.25では多数のオオクチバス仔魚が採集されている。なおその後の調査で、6月以降、オオクチバスとブルーギル2種の仔稚魚の多くが、南岸を含む西の湖本湖で確認されている（西野ほか, 2009）。

3．西の湖と周辺水域の成魚の分布

　仔稚魚の分布は西の湖本湖と周辺水域とで大きく異なっていたが、これらの水域は、成魚や未成魚にとってどのような役割を果たしているのだろうか。それを明らかにするため、西の湖と周辺水域から20地点を選んで未成魚～成魚の採集を行った。採集には、それぞれの地点で様々な魚種が採集できるようタモ網、投網、刺網（目合約40mmの3枚網、目合い20mmの1枚網）、延縄を併用した。刺網と延縄は前日に設置し、調査当日に回収した。採集した魚

はその場でホルマリン固定し、実験室に持ち帰ってから同定した。

　採集された成魚はのべ25種523個体で、うち外来魚はブルーギル、オオクチバス、タイリクバラタナゴ、カムルチー、カラドジョウの5種387個体だった（表3-3-1）。ブルーギルとオオクチバスの2種が採集総数の70%を占めていたが、仔稚魚とは逆にブルーギルが303個体と、オオクチバス（63個体）の5倍近くも多かった。

　在来魚は20種151個体で、その多くはコイ科16種（135個体）で、採集総数の25%を占めていた（表3-3-1）。採集された琵琶湖固有種もすべてコイ科で、ニゴロブナ、ゲンゴロウブナ、ワタカ、ホンモロコ、スゴモロコ、ビワヒガイの6種だった。在来成魚の種数は、仔稚魚調査の確認種数（10種）の2倍で、メダカ以外は成魚調査でも確認されている。

　なお本調査で出現した魚種は、1990年代に西の湖で確認された魚種（表3-2-4；美濃部・桑村, 2001）とほぼ同じだったが、カラドジョウは西の湖での

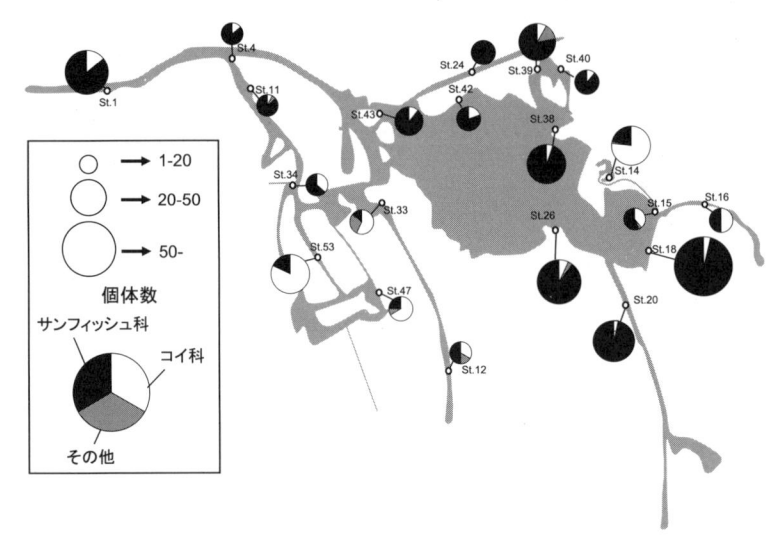

図3-3-7　西の湖におけるコイ科およびサンフィッシュ科成魚の出現状況（2006年6月）

初記録である。

　図3-3-7に成魚の分布を示す。調査したすべての地点でオオクチバスとブルーギルのどちらか、あるいは2種がともに採集され、またコイ科成魚も、St.24を除くすべての地点で採集された。仔稚魚の分布と同様、成魚でも西の湖本湖でオオクチバスとブルーギルが優占し、周辺水域で在来魚がやや多い傾向がみられた。しかしオオクチバス成魚とコイ科成魚の間には、仔稚魚のような極端な分布場所の違いはみられなかった。

4．西の湖の現況が示すもの

　美濃部・桑村（2001）は、西の湖に多くの在来魚が生息している理由として、ヨシ帯の面積が大きく、また多様な環境で構成されているためではないかと述べている。確かに、西の湖には広大なヨシ帯が発達しており、一見すると種多様性が高い地域にみえる。実際、原野の植物や寒地性植物にとって、西の湖とその周辺地域は琵琶湖周辺でも有数の生育地である（2-1、2-2参照）。しかし本調査結果が示すように、西の湖本湖のヨシ帯は、コイ科魚類の繁殖環境としてはほとんど機能していない。

　本調査の結果から、オオクチバス仔稚魚は西の湖本湖、コイ科仔稚魚は周辺水域と、分布が大きく異なっていた。成魚でも、仔稚魚ほど顕著ではないにしても、よく似た分布傾向が見られた。このことは、西の湖本湖にはオオクチバスの繁殖に適した環境が整っており、コイ科の繁殖に好適な場所が乏しいが、周辺水域には、コイ科の繁殖に好適な場所がまだ多く残っていることを示唆している。

　西の湖本湖では、コイ科仔稚魚がほとんど確認されなかったが、その理由として、コイ科魚類の産卵そのものが行われていない場合と、産卵が行われたが、卵や仔稚魚が補食等で死亡した場合とが考えられる。本調査では、西の湖本湖でも、コイ科の仔稚魚および未成魚・成魚が僅かながらも採集されている（図3-3-2、図3-3-7）。また地元の漁業者や釣り人からの聞き取りから

も、この地域でコイ科魚類が産卵しているようである。環境要素のクラスター解析結果からもわかるように、コイ科魚類は、西の湖本湖も含め、多様な環境構造を繁殖場として利用している（表3-3-2）。西の湖本湖では、水際のヨシ帯の断面形状が切り立った湖岸が多いが、その奥（陸側）には豊かなヨシ帯が広がっており、人工的な護岸も少ない。後述するように水際の断面形状を修復し、また水位操作を見直すことで、西の湖本湖でも、コイ科魚類の繁殖場として機能する可能性は高いと期待される。

　なお、ブルーギル仔稚魚は今回の調査では全くみられず、前年生まれと考えられた未成魚が採集されただけだった。しかし成魚調査では、オオクチバスの5倍近くもブルーギルが採集され、採集成魚の56%を占めた。湖北野田沼、浜分沼、柳平湖、堅田内湖の調査では、オオクチバスが5〜6月上旬に、ブルーギル仔稚魚が6月以降に出現している（福田ほか，2005；西野ほか，2006，2007；中川・鈴木，2007）。西の湖でも、ブルーギルは6月以降に繁殖していると推測される。事実、その後の調査で、6月以降にブルーギル仔稚魚が多数採集され、その分布はオオクチバス仔稚魚同様、西の湖本湖にほぼ限定されていた（西野ほか，2009）。

5．西の湖本湖の環境変遷

　西の湖本湖でオオクチバス仔稚魚が多く採集されたのは、おもに水際が切立ったヨシ帯だった。このような環境構造は、西の湖本湖でもとくに北岸と東岸に多い。地元NGOのT氏によると、1960年代に大中の湖を干拓するときに、南堤防（現在の県道伊庭・円山線：写真3-3-1）の造成用土砂として、西の湖の湖底の砂礫や泥をサンドポンプで吸い上げた結果、このような地形に変わったのではないか、とのことであった。

　つまり、干拓にあたって湖岸堤を建設するために、西の湖湖底の砂礫等を大量に採取した結果、水際のヨシ帯の断面形状や湖底の底質が変化し、オオクチバス（やブルーギル）が繁殖しやすく、コイ科が繁殖しにくい環境構造

に変わったと推測される。南堤防に近い西の湖北・東岸に水際が切り立ったヨシ帯が多くみられるという事実は、この推測を裏付けている。

航空3次元航測から、西の湖周辺の干拓を免れた地域では湖岸線の変化が小さいことがわかっている（2-3参照）。とくに西

写真3-3-5　浮き産卵床

の湖北・東岸の砂嘴の形状は、約200年前の伊能図とほとんど変わっていない。つまり、陸上の地形はほとんど変化していないが、水際のヨシ帯の断面形状や湖底の底質は40年も前に大きく変貌していた。そのことが今、オオクチバスやブルーギルに好適な繁殖の場を提供する結果に繋がっているといえよう。

ところでこのような地形は、西の湖だけに見られるわけではない。"水際が切り立ったヨシ帯で、湖底が砂礫またはリターが堆積した湖底"は、他の水域でもオオクチバス等にとっての産卵適地となっている可能性が高い。例えば、ヨシによる水質浄化等の目的で琵琶湖内に多く設置されている"浮き産卵床"（写真3-3-5）の断面は、水際が切り立ったヨシ帯とよく似た形状をしている。

6．豊かな在来魚類相の回復に向けて

本調査の結果は、侵略的外来種であるオオクチバス等の繁殖が、ヨシ帯の形状や湖底の底質のような物理的な環境構造に大きく影響されていることを強く示唆している。したがって、西の湖本湖でも水際のヨシ帯の形状や湖底の底質をうまく修復できれば、オオクチバス等が繁殖しにくく、在来のコイ科魚類が繁殖しやすい環境構造を再生できると考えられる。実際、西の湖北岸に位置するSt.39やSt.52は、湖岸傾斜はやや急だが、ヨシの生育密度が比

較的低く、しかも冠水して水ヨシとなっている水路状の水域である（写真3-3-4）。こういう地点には、比較的多くのコイ科仔稚魚が確認された（図3-3-2）。西の湖本湖でも、コイ科魚類の産卵に適したと考えられる環境構造は、実際に産卵場所として利用されている。

　地元漁業者へのヒアリングから、かつての西の湖には、コイ科をはじめとする多くの在来魚が生息していたことがわかっている。コイ科を中心とした在来魚類の繁殖環境をとり戻すためには、西の湖周辺水域に広がる緩やかな傾斜のヨシ帯と泥底の湖底、あるいは水田に隣接した水路状の水域という環境構造が、ひとつの修復モデルになると考えられる。ただ、すべての内湖に外来魚が定着している現状では、単に環境構造を修復するだけでは不十分で、同時に外来魚の駆除を集中的に行うことが不可欠である。とくに、コイ科魚類の主な繁殖場所となっている北の庄沢、西の湖園地などの周辺水域でオオクチバス・ブルーギル成魚を、また西の湖本湖ではSt.24等サンフィッシュ科仔稚魚の多い地点でこれら仔稚魚を集中的に駆除することは、コイ科魚類相の回復にとって大きな効果が期待される。

7．西の湖の水位とコイ科魚類の繁殖環境

　現在も豊かなヨシ帯が残されている西の湖であるが、干拓にともなう堤防建設で多くの土砂が採取され、水際の断面形状や湖底の底質が大きく変化した。また内湖干拓や宅地造成などの影響を受け、周辺水域との水系の繋がりが分断された水域が増えている。さらに、西の湖では琵琶湖とほぼ連動した水位操作が行われており、1992年に瀬田川洗堰操作規則が制定されてからは、琵琶湖と同様、5月中旬から夏期にかけて水位が低く抑えられている（図3-3-8）。

　コイ科魚類、とくにフナ類の繁殖環境には季節的な水位変動が極めて重要な役割を果たしている。山本・遊磨（1999）は、琵琶湖でのコイ科魚類の繁殖期は1960年代には4〜8月と長かったが（平井, 1970）、操作規則制定以

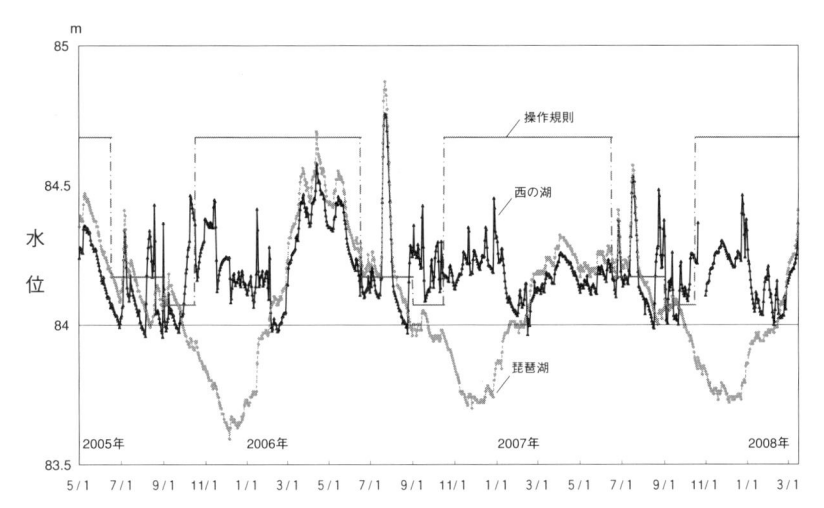

図3-3-8　瀬田川洗堰操作規則（1点破線）および2005～2008年の琵琶湖（点線）と西の湖本湖（実線）の日水位変化
琵琶湖水位は、琵琶湖河川事務所HP（http://www.biwakokasen.go.jp/）から作図した。西の湖では水位計を設置して自動計測し、毎日午前6時の値を用いた。縦軸は標高。水位が東京湾中等潮位（T.P.）+84m以上では、琵琶湖と西の湖でほぼ同様の水位変動パターンを示すが、西の湖水位が琵琶湖より数cm低いことが多かった。これは、西の湖での水準測量および水位計の測定誤差ではないかと考えられる。

降は洪水期前期にあたる4～5月にほぼ限定され、本来の繁殖期間が著しく短縮されたことを指摘した。その後の研究でも、琵琶湖のみならず内湖でも産卵ピークである6～7月にコイ、フナ類の産卵や仔稚魚がほとんどみられなくなっている（西野ほか, 2004, 2009；福田ほか, 2005；琵琶湖河川事務所, 2004）。

　西の湖の水位は、流出口にある渡合水門で人為的に操作されている。琵琶湖水位とほぼ連動した水位操作が行われているため、操作規則制定以前と以後で、水位の変動パターンが大きく変化したと考えられる。なお西の湖の年間の水位変動幅は、琵琶湖のそれと比べてかなり小さいが、これは西の湖流出口の標高が琵琶湖底より高いためである（図3-3-8）。一方、国土交通省が2005年に発表した琵琶湖周辺の浸水想定図（http:// www.biwakokasen.

go.jp/simulation/sinsuisoutei/biwako/index.html）から、西の湖周辺には標高の低い地域が分布していることがわかる。実際、西の湖周辺のほぼ3分の1の面積が水位調節範囲内（B.S.L.＋30〜－30cm）の低湿地である（2章、図2-3-4参照）。操作規則が制定された1992年以前には、西の湖本湖の切り立った陸ヨシ帯も5〜8月にはしばしば冠水して水ヨシとなり、コイ科魚類の良好な繁殖場となっていた可能性がある。

　だとすれば、オオクチバス等の繁殖場となっている西の湖本湖であっても、コイ科魚類の産卵に合わせて人為的に水位を上げることで、在来魚が繁殖しやすい環境に少しでも近づけることが可能である。西の湖の水位は、琵琶湖とは独立して管理されており、必ずしも琵琶湖水位とピッタリ連動させる必要はない。とくにコイ科魚類の産卵前期にあたる4〜5月は、琵琶湖水位の上限をB.S.L.＋30cmまで比較的高めに維持できる期間であり、この期間の西の湖水位は、現在よりもより柔軟に操作できる余地がある。

　淀川では、淀川大堰を人為的に操作して水位を数十cm上げたところ、堰上流のワンドで魚類の産卵行動が誘発されたという報告がある（http://www.yodoriver.org/kaigi/yodo/34th/pdf/yodo_34th_s01.pdf）。西の湖周辺の一部に低地があるため、浸水被害が生じないような配慮が必要となるが、低地が広がる地形であるからこそ、水位を僅か10cmほど上昇させるだけでも、在来のコイ科魚類にとって良好な産卵環境に変わる地域が著しく増加する可能性が高い。在来のコイ科魚類の繁殖環境改善には、水際のヨシ帯の形状を修復することや外来魚の駆除が不可欠であるが、それとともに、西の湖の水位を4月以降、やや高めに操作することで、さらに効果が高まると期待される。洪水被害を防ぎつつ、在来魚類の産卵に配慮した水位操作を実施する試みとその検証は、西の湖でこそ実現可能だと考えられる。

（藤田朝彦・細谷和海・西野麻知子）

3-4　淀川の原風景：ワンド・タマリと魚貝類

1．淀川固有の原風景　ワンド・タマリとその起源

　「ワンド」という河川の水環境を指す用語は、最近では極めて一般的になった。ワンドの語源には諸説あるが、その使われ方をみると、本流に沿った入り江状の、ふだんは流れがないか、流れが緩い水域を指していることが多い。近年の河川の自然再生事業においても、ワンドの造成が計画に盛り込まれていることをよく見聞きする。淀川においてワンドという用語が盛んに使われだしたのは1970年代の半ば頃であったろうか。一部の釣人などの間では以前から使われていたようであるが、淀川にはかつて他の河川とは比較にならない膨大な数のワンドが存在していたにもかかわらず、1960年代や1970年代半ば頃までの魚貝類等の調査報告書や新聞記事などを見ても、ワンドは河川敷内の「池」や「水たまり」という表現になっていることが多い。詳細は後に述べるが、1970年代の半ばといえば、淀川のワンドが河川改修工事によってさかんに埋め立てられたり、削られたりして激減した時期であり、淀川の自然保護運動の高まりの中でワンドという用語が使われ始め、語感のもつ親しみやすさなどから広く一般に定着したように思われる。

　ここで注目しておきたいことは、淀川のワンドの多くは、その起源が他の河川のそれと比べて極めて特殊だということである。淀川は古代から大坂－京都間の重要な航路であった。しかし淀川は、上流の木津川などから流出する大量の土砂によって、浅く幅広く流れ、航路として利用できる澪筋※も大水が出るたびに変化するなど不安定で、特に渇水時には航行に支障をきたすことも多かった。明治期に入ると、舟運需要のますますの高まりに加え、船の大型化が進むなか、流速を弱めた水深の深い安定した航路を確保する必要性に迫られた。明治政府はその初頭に当時優れた河川技術を有したデ・レーケらオランダ人技術者を招聘し、日本各地の河川改修工事に当たらせた。これが我が国の近代河川事業の黎明となる。

　淀川においては、専ら航路確保の目的によって1874年から本流の幅を平均

澪筋：川で平時に流水がながれている道筋。

120mに狭めることで1.5mの水深を確保するとともに、遡行する船のために河道内で本流を意図的に蛇行させて流速を緩やかにするという、大規模な河川改修工事が行われた。その工事に用いられたのが粗朶沈床とよばれる工法を用いた水制工である。粗朶とは、粘りのある雑木の枝のことで、この枝を編んだ巨大なマットレス状の構造物に割石を載せて沈め、木杭で固定するという、オランダで培われた伝統工法である。水制工は幅十数m、その長さは200m以上におよぶものもあり、京都伏見から大阪天満橋までの約40kmの流程に沿って両岸に平均100mの間隔で800基も設置された。柔軟性を有した水制工は河床の変動にもよく追従し、その周辺では、流水の複雑な動きによって土砂の洗掘や堆積が起こり、形状や面積、本流とのつながりかたの違い、本流に比べて浅い平均水深、底質の違い（泥、砂泥、砂、砂礫、石積み）、水生植物帯（抽水植物帯や沈水植物帯）の分布のしかたなど、多様な環境条件が成立・維持されていた。すなわち、ワンドは数多くが連続する「ワンド群」として存在することで水環境としての多様性をいっそう際立たせていたのである（綾，1999；河合，2005）。

　淀川においては、平水時にその水域が直接本流とつながっているか、隔絶されているかにかかわらず、水制工が起源となって形成されたことが明らかなものは「ワンド」、河川敷内にある凹地に水が溜まったものを「タマリ」とよんでいる（淀川には戦時中の爆弾の炸裂跡に水が溜まったタマリもいくつか現存している）。しかし、大小のタマリのいくつかを古い航空写真や地形図などを使って詳しく調べてみると、その形成過程に水制工が関わっているものもかなりあることがわかってきた。このように、ワンドとタマリは、その起源と時間軸を考え合わせると明確に区別できない場合も多い。

　本流の蛇行の外側（水衝部）に設置された水制工は、流速が大きいため土砂が堆積しにくく、ワンドの形状が長期にわたって維持されやすい。しかし淀川の場合、先述したように舟運の航路確保という目的から、本流を意図的に曲げるために蛇行の内側（水裏）にも長大な水制工が設置された。流速が

3章　琵琶湖・淀川水系の魚介類

小さい水裏は堆積が卓越するため、洪水のたびに運ばれてくる大量の土砂によって水制工はしだいに埋没し、そこに大きな砂州（寄り州）が形成されていった。水制工が発達させた砂州内には起伏に富んだ微地形が生じ、面積や水深などがさまざまに異なる比較的規模の小さなタマリが無数に生じた（写真3-4-1）（小川・長田，1999）。1960年代の半ばにはおよそ500個を数えたワンドと砂州内に点在する無数のタマリ、それらの周辺に広がる広大な裸地。そして、それらは毎年のように、梅雨や台風の増水時に大きく冠水して濁流に洗われた。すなわち、河道内氾濫原である。これがまさに淀川の原風景であった。言うまでもなく、そこには多くの種の淡水魚をはじめ、河川に暮らす生きものたちが淀川の豊かな河川生態系を成立させていた（図3-4-1）。

ところで、このようにワンドの歴史的経緯を併せて考えると、ワンドの歴史はたかだか100年余りであるから、淀川の豊かな水環境は明治期以降に形成

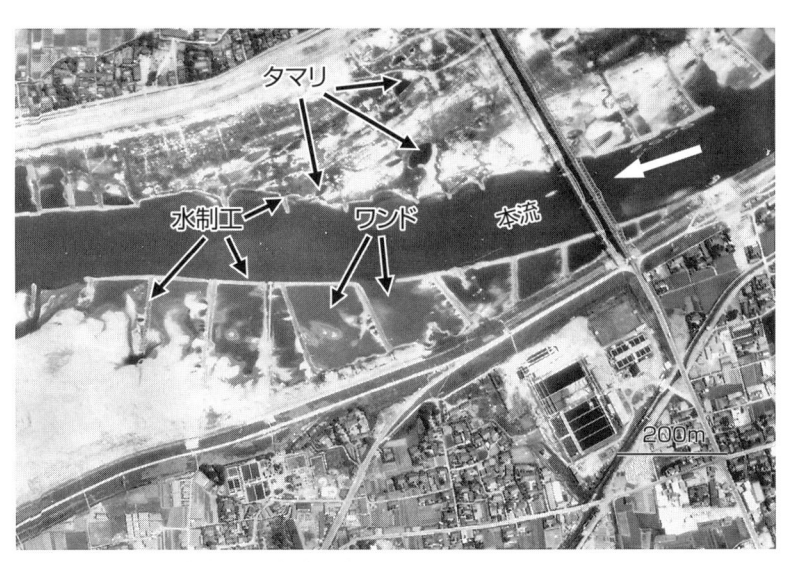

写真3-4-1　1961（昭和36）年の水制工とワンド・タマリ
大阪府守口市付近の庭窪ワンド群（空中写真は国土地理院）

●ワンドの環境と魚貝類の生活場所

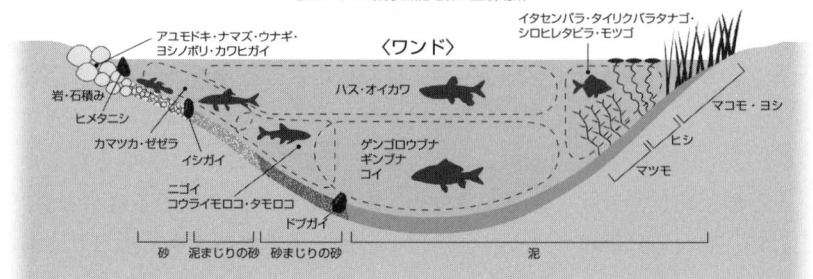

図3-4-1　多くの魚貝類を育んだ時代のワンドの水中のイメージ（淀川河川事務所）

されたと思われるかも知れない。しかしこれについては、かつて淀川・大和川の茫洋とした河川氾濫原であった大阪平野や、京都府南部に存在し、広大な淀川の遊水池として機能していた巨椋池（1941年に干拓で消失）などの水環境がしだいに農地化・市街化していくなかで、淀川の河道内に多産したワンドやタマリという水環境がその代償機能を果たしてきたと理解することができよう。

２．少年時代の原風景

　この淀川の河道内氾濫原で魚捕りに呆けたのが筆者の少年時代である。毎年のように、梅雨末期の増水の収束を心待ちにし、水が引きはじめたワンドやタマリ周辺に大きく広がった冠水帯（水陸移行帯＝エコトーンともよばれる）に生じた無数とも言える小さな浅いタマリ（一時的水域）にとり残された魚を掬うときの心のときめきは、つい昨日のことのように鮮明に想起することができる。このような一時的水域には、産卵場所を冠水帯に依存するコイやフナ、ナマズ、スジシマドジョウなど、夥しい数の稚魚の姿があった。ときには、アユモドキの稚魚を目にすることもあった。これらのうち、厳しい夏の日射しで敢えなく干涸びる個体も数多くあり、自然の無情さに子ども心を痛めたこともあったが、次の増水の機会までうまく生き長らえ、ワンドやタマリ、本流に移動し成長するものも多くいたにちがいない。盛夏には、

写真3-4-2 淀川の原風景とも言うべき、淀川の豊かな河川環境を象徴した赤川タマリ（大阪市都島区）
1972年10月、筆者撮影。1989年頃に掘削され消失した。

食べた餌で腹部がパンパンに膨らんだイタセンパラ（口絵Ⅶ-1）の未成魚の群が四ツ手網や投網によく入ってきた想い出も鮮明である。しかし、傷をつけないように細心の注意を払って持ち帰ったイタセンパラは数日ともたなかった。ところが、秋の産卵期を控えた9月に入ると、持ち帰ったイタセンパラは少々傷がついてもほとんど死ぬことはなかった。今にしても不思議でならない。また、ワンドの水制工の上に腰掛けてミミズや赤虫を餌に釣糸を垂れたとき、鉤にかかるタナゴ類、ヒガイ類の婚姻色の美しさ、そして何よりも魚種の豊富さにどれほど心をときめかせたことであろうか。早朝から浮子が辛うじて見える夕暮れまで没頭したものである。

毎年決まって梅雨や台風などの増水時には本流の水位が大きく上昇し、左右岸の堤防間いっぱいに広がった濁流で洗われるワンドやタマリ。そしてその周辺に広がる冠水帯。高度に都市化が進んだ大阪市内の淀川にも、このような素晴らしい河川環境が二十数年前（1980年代の前半）までごく普通にみられた風景であったことを特に記しておきたい（写真3-4-2）。

3．豊かな淡水魚貝類相を誇った淀川

琵琶湖淀川水系の淡水魚類相の豊かさについての詳細は別章に譲るが、ここでは「淀川」すなわち、桂川・宇治川・木津川の三川が府境あたりで合流し、大阪平野を貫流して大阪湾に注ぐ流程約36km（これを淀川本川とよぶ）

図3-4-2　淀川の淡水魚類の生息水域

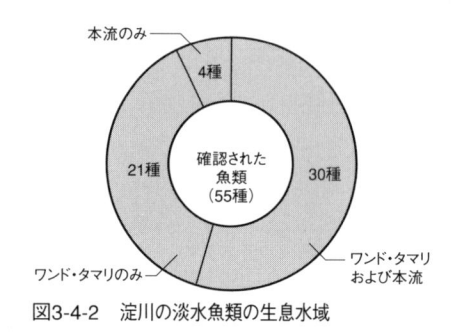

のうち、汽水域を除く26kmの区間について述べたい。この区間は、先に述べたかつて水制工に由来する膨大な数のワンド・タマリが存在していたところである。

淀川の魚類については、古くは宮地（1935）、東（1949）によって50種前後が報告されているが、淀川の魚類の生息場所としてワンドやタマリが非常に重要な役割を果たしていることを初めて明らかにしたのは水野（1968）である。その後、この区間の詳細な調査を行った紀平・長田（1974）、大家ほか（1975）によってもこのことが確認された。1972年から1986年にかけて行われた淀川河川敷生態調査団の調査結果によると、本流およびワンド・タマリにおいて55種（亜種および2種類の飼育品種をふくむ）の魚類が確認されているが、そのうち、ワンド・タマリで確認されたものは9割以上の51種にもおよび、さらに、その約4割にあたる21種がワンドやタマリのみで生息が確認された種であった。また、淡水貝類についての詳細は割愛するが、この区間で確認された30種の貝類のすべてがワンドやタマリを利用していたという（図3-4-2）（紀平ほか，1988）。

では、なぜワンドやタマリの存在がこのように淀川の淡水魚貝類相の豊かさを保証してきたのであろうか。これについて、先にワンドやタマリが有する水環境の多様さに触れたが、長田（1975）は、この理由をおのおのの魚種が生活場所を違える"すみわけ"、餌生物を違える"食いわけ"を可能にする環境の多様性がワンド（以下タマリを含む）に備わっているためであり、しかも、それは1個のワンドが有するのではなく、環境条件の異なる数多くのワンドの総和であるとしている。

一方、高度経済成長期をふくむ1960年代半ばから1980年代半ばにかけては、

淀川本流のBODやアンモニア性窒素などの化学的指標をはじめ、生物学的指標による水質汚濁は非常に進行した。しかし、平水時に本流と隔絶されたワンド・タマリの多くは伏流水によって良好な水質が維持されているところが多いという印象があった。これも、ワンドやタマリの存在が淀川の豊かな淡水魚貝類相の維持に寄与した理由であったと考えられる。

4．衰退した淀川の淡水魚類相

　1969年、淀川ではすでに絶滅したと思われていたイタセンパラが、淀川の魚類を調査していた高校の生物クラブによって大阪市内の淀川のタマリで捕獲され、淀川の河川敷に豊かな自然環境が残されていることが広く一般市民に知られる契機ともなった（野村ほか, 1970）。ところが、時期を同じくして、その生息場所であったワンド・タマリの多くは河川改修工事による埋め立てや掘削が進行していた。そのため、本種をその生息環境とともに保全する重要性を強く訴えていた団体の一つである㈶淡水魚保護協会（1994年に解散）の申請によって、1974年、イタセンパラは国の天然記念物の種指定を受けた（地域指定が本来の希望であった）。その頃からか、イタセンパラは淀川の豊かな河川環境を象徴する種として「淀川のシンボルフィッシュ」とよばれるようになった。しかし、容赦なく続く河川改修工事は加速度的にワンド・タマリの数を減らし、1970年代半ばには、ワンドの数はわずか40個程度になってしまった。そのような状況にあって、存続が危ぶまれていた淀川最大規模の城北ワンド群（大阪市旭区）は、㈶淡水魚保護協会をはじめ、日本生態学会淀川問題検討委員会などの行政に対する粘り強い交渉によって辛うじて掘削・埋め立てを免れることになり、希少種イタセンパラが生息する淀川の豊かな水環境の保全を確信したのである（口絵Ⅵ-1，口絵Ⅷ-1）。

　その後およそ10年間、城北ワンド群は淀川の豊かな自然環境を象徴する場として機能を発揮していた。しかし、1980年代半ば頃から異変を感じさせるような事態が生じてきた。ワンドの平水位が1983年に竣工した淀川大堰（河

写真3-4-3 1971年に城北ワンド群で筆者が採集したアユモドキ（全長17cm）（財淡水魚保護協会）

口から10km）の管理水位の上昇にともない、かつてより50〜60cmも上昇したことでワンドやその周辺に浅く広がる水辺が大きく減少してしまった。そして一方で、梅雨や台風などによってかなりまとまった雨が降っても、水位が大きく上昇することがほとんどなくなった。仮に上昇することがあっても数時間足らずで水位が下がってしまう。かつてはひとたび水位が上昇すると、数日をかけてゆっくりと下がっていったものである。また、規模の小さなワンドは、水田雑草として知られるスズメノヒエ類によって水面が完全に覆い尽くされるところが現れてきた（河合，1989，2001）。さらに水中に目をやると、砂地には浮泥が堆積し、いつもきれいであった水制工の石積の表面には糸状藻類が生え、そこに泥が付着してマット状になった。投網を打つと腐植質が網を汚した。言うまでもなく、異変はこのような環境の変化だけで止まらず、魚類相にも顕れてきた。それまでごく普通にみられたスジシマドジョウやツチフキ、イチモンジタナゴ、ムギツク、ドンコなどがまったく姿を消し、数多くいたナマズも極めて稀にしか見られない種になってしまった。1999年に淀川河川敷生態調査の一環として大規模に行われた城北ワンド群の魚類相調査においては、27種（亜種をふくむ）の魚類（うち9種は国外・国内外来種）が確認されたが、その中にこれらの種は1個体もふくまれていない（写真3-4-3）（淀川工事事務所，2000）。

　一方、筆者は、1994年から城北ワンド群全域で始まったイタセンパラ仔稚魚の個体数調査において、大きな年変動がみられるものの、2005年まで確実にその生息を確認してきた。ところが、その翌年の2006年の調査では、まったく個体を確認することができず、僅かな望みをかけた2007年の調査、そし

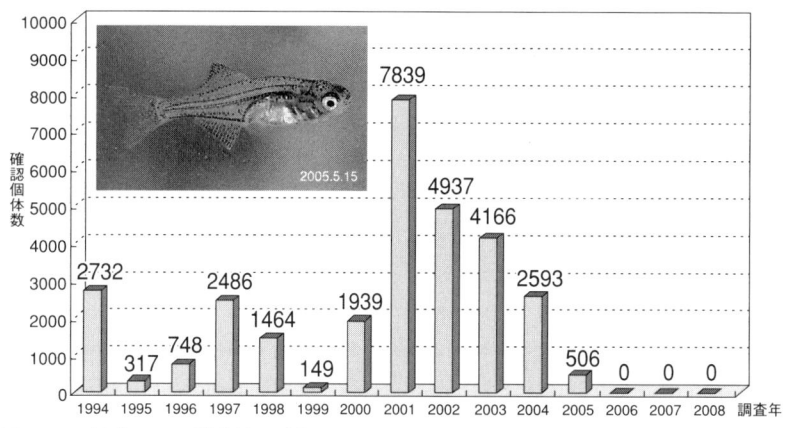

図3-4-3 城北ワンド群全域で確認されたイタセンパラ仔稚魚個体数の経年変化

て2008年もとうとうその姿をとらえることはできなかった。本種は、河川・環境行政側も研究者も、そして何より淀川を愛する市民によっても、他のどの種にも増して手厚く保護されてきた、いや、してきたつもりであった。しかし、イタセンパラはその期待に応えてはくれなかった（図3-4-3）（河合, 2008）。

　淀川で野生絶滅の可能性という、由々しき事態を受けた河川管理者（国土交通省淀川河川事務所）は、2006年、ワンドのより詳細な現状把握と、ワンドの環境改善のための手法を検討する基礎データを得るため、城北ワンド群の中の一つのワンド（面積約3000㎡）をポンプで排水して干し上げる実験を行った。その結果、見えてきたワンドの魚類相は予想を上回る惨憺たる状況であった。確認された魚類は19種、うち5種は外来種であった。捕獲された総個体数3999個体のうち、外来種は3652個体と、実に全個体数の91％を占めていた。さらに、外来種の97％がブルーギルであった。一方、14種の在来種のうち7種がわずか一桁の個体数であり、もっとも多く確認された178個体のフナ類はすべてが成魚であった（井上ほか, 2008）。調査は秋に行われたため、本来であれば、新規に加入した体長数cmのフナ類の幼魚が数多く見られ

写真3-4-4 広大なワンドの水面を埋め尽くした外来水生植物、筆者撮影（城北ワンド群　2007年10月）

るはずである。春にはこのワンド内でのフナ類の産卵が確認されていることから、ブルーギルやオオクチバスの捕食圧が大きくはたらいたものと考えられる。このような、外来種の激増―在来種の激減という、魚類相の著しい変化の構図は、城北ワンド群に限ったことではなく、特に最近の3年間に淀川の中下流域に残存するワンドやタマリ、本流すべてに共通した現象となっていることが、1971年からほぼ10年ごとに淀川の魚類の動態を詳細に継続調査している大阪府淡水魚試験場（現、大阪府水生生物センター）によって明らかにされている。

　また、1990年代の終わり頃からはワンドや本流にウォーターレタス（ボタンウキクサ）やナガエツルノゲイトウ、最近では、ミズヒマワリや外来雑種のオオアカウキクサ（以上はすべて特定外来生物に指定）・ホテイアオイなどの外来水生植物が蔓延するようになり、水面を埋め尽くすといった現象が毎年のように発生している。これらの植物の遮光による水中の貧酸素化や、生産された大量の有機物によるワンド・タマリの水質や底質の悪化が懸念されるため、河川管理者は多額の費用を投じて駆除作業を行っているが、その増殖速度とのせめぎ合いが続いている（写真3-4-4）。

5．ワンド・タマリの環境はなぜ衰退したのか

　以上述べてきたように、およそ100年にわたって淀川の豊かな淡水魚貝類

相の存続を保証してきた淀川のワンド・タマリは、1980年代半ばを境にして環境が大きく衰退を始め、さらに最近の2〜3年は、往時の状況を想像することもままならないほどの壊滅的な状況に陥ってしまった。この状況をもたらした原因はいったい何なのか。

筆者が39年間にわたって足繁く通ってきた城北ワンド群では、1980年代半ば頃から非常に不可解に思うことがあった。先にも少し触れたが、梅雨や台風などによる比較的まとまった雨が降っても水位がほとんど上昇しなくなったことである。以前は、そのような降雨があると、決まって本流の増水にともなってワンドの水位も1〜2m、ときには3m近くも上昇し、ワンドの中を濁流が走った。そこで、増水時の流量と毛馬（城北ワンド群の少し下流にある観測所）での水位データを過去のものと比較してみると、驚くべきことに、かつて2m程度の水位上昇をもたらした程度の流量では、現在は水位がまったく上昇しなくなっていることがわかってきた（図3-4-4）。この流量は、

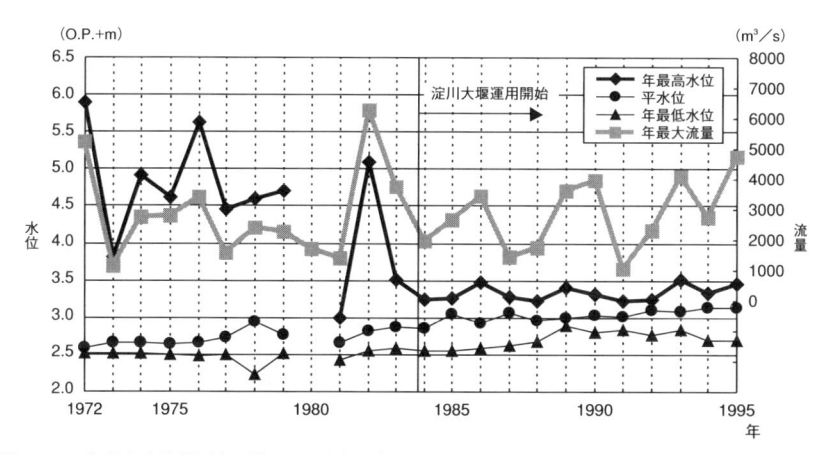

図3-4-4　年最大流量(枚方)に対する毛馬(長柄)観測所の日平均水位の経年変化（淀川環境委員会資料）
O.P.は工事基準面（大阪湾最低潮位）を表す。1980年の水位データは欠測。淀川大堰運用以降の30〜40cmの水位変動は堰操作が影響している。

毎年のように梅雨や台風によって発生する程度の流量である。流量の変化に応答して水位が変化するという、河川のもつごく自然な現象が、淀川中下流部ではまったく失われてしまっているのである。さらに、平常時の流量においても以前とは異なっている点に気づく。現在のワンドの水はほとんど滞留した状態になっているが、以前はワンドの水の交換率がもっと高かったと思われる。それは、延長約1.5kmにもおよぶ城北ワンド群の上手と下手との間には常に水位差が生じていたためである。これは、城北ワンド群から上流約14kmの枚方との水位差が平常時の流量において約2mあったことに起因する。しかし、現在ではその水位差はほとんどなくなっている。その原因は、低水路（本流）の横断面積の飛躍的増大と、高度な水位調節能力をもった淀川大堰の堰上げ効果が大きく影響しているためである。つまり、平常時の流量においては、淀川大堰から上流の枚方あたりまでの流程16kmもの区間が、あたかもダム湖のような湛水域になっているということであり、これは、汽水域を除く淀川本川の流程26kmの6割以上の区間に相当する。淀川の中下流域にこのような状況をつくりだしたのは、高度経済成長にともなう流域の社会的・経済的重要性の急速な増大に鑑み、治水安全度の向上をめざして1971年に従来の100年に一度から200年に一度の大雨を想定した洪水確率に改訂したことが大きく関わっている（淀川水系工事実施基本計画の改訂）（口絵Ⅵ-5）。

　治水対策を行う河川整備の計画にあたっては、まず計画の対象となる洪水の規模が決められ、これに基づき、計画基準地点（淀川の場合は枚方）の河道で安全に流下させうる流量の最大値（これを計画高水流量とよぶ）を設定して河川の改修計画が立てられる。ここで淀川において注目すべきことは、従来、6950㎥/sであった計画高水流量が、この改訂によって約1.7倍の12000㎥/sになったことである（表1-1-1参照；淀川の年平均流量はおよそ250㎥/s）。この計画によって淀川中下流域においては、1970年代の初頭から一気に河川改修が進行した。この改修によるもっとも顕著な変化は低水路のようすである。明治期以来水制工によって狭められていた平均120mの低水路は、

洪水の流下能力を上げるために 2 倍以上の平均300mに拡幅され、河床も浚渫されてより深くなった。同時に、蛇行も直線化された。この工事にともなって、ワンドの数がおよそ10分の 1 に激減するとともに、多くのタマリを有した砂州もほとんど姿を消した。さらに、枚方から下流では、低水路の掘削残土を両岸に積み上げてほとんど冠水することがない高水敷を造成し、その上に大規模な国営の河川公園が整備された。その結果、ワンド・タマリをふくむ、もっとも淀川らしい環境を有した冠水帯の面積がおよそ 5 分の 1 に縮小してしまった。

しかし、この改修は単にワンドやタマリの数、冠水帯の減少をもたらしただけではなかった。直線化され、横断面積が大きくなった低水路は、治水計画どおり、多少のまとまった雨が降ってもほとんど水位を上昇させず、余裕をもって洪水を流下させることができるようになった。ところが、掘削や埋

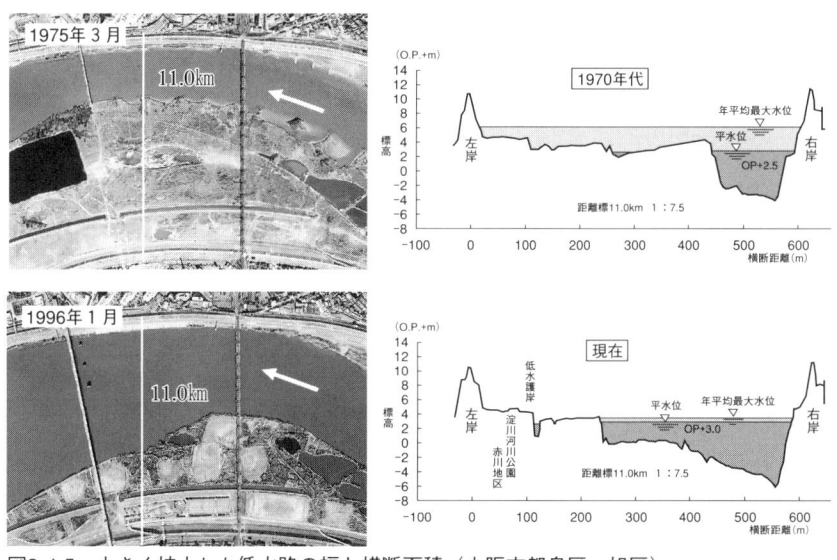

図3-4-5 大きく拡大した低水路の幅と横断面積（大阪市都島区〜旭区）
空中写真は国土地理院。

め立てを逃れ、辛うじて残存したワンドやタマリのほとんどは淀川中下流部に位置しているため、軒並みこの水位の安定化の影響を受けることとなった。水位の安定化が始まった1980年代半ばは、ワンド・タマリ環境の衰退がはじまった時期とまったく一致している。この事実は、ワンド・タマリの良好な環境は、毎年発生するような規模の洪水や、数年に1回程度の中規模の洪水によって更新・維持されていたことを物語っている。

　すなわち、流量の増大によって低水路を溢れた水はワンド・タマリの水位も大きく上昇させる。そして、その中を強い流れが走ることで、水質の改善や、土砂移動をともなう底質の更新がなされる。また、植生の侵入・繁茂による遷移がもたらすワンド・タマリ環境の劣化も、流水の作用によってリセットされる。一方、洪水時の強い流れは、ときには地形を改変し、ワンド・タマリの消長に影響を与えることもある。（これらの作用を「洪水攪乱」とよんでいる）。さらに、ワンド・タマリの周辺に広がる冠水帯は、文字どおり、そこが冠水し、しばらくの期間維持されることでさまざまな魚種の産卵や仔稚魚の成育の舞台として機能していたのである（図3-4-5）（綾，2005；河合，2003，2005）。

写真3-4-5　著しい河床低下によって根入れ部分が大きく露出した橋脚
白矢印は橋脚建設時（1920年代末）の河床の位置を示す。
人物は筆者（八幡市付近の木津川御幸橋　2008年）

　一方、枚方から上流部では、掘削や埋め立てによらないワンドの消失が起こっていた。淀川本川の上流部に位置する楠葉地区（くずは）（大阪府枚方市）のワンド群は、1980年頃から著しい平水位の低下が認められ、1987年には完全に干上がってしまった。これは河床低下によるもので、1979年から1998年にかけての約20年間を

みると、2mもの平均河床の低下が起こっていることがわかる。この大幅な河床低下は、上流のダム群の整備等による土砂移動の遮断に加え、淀川本川の中流部での砂利採取が加速させていることが原因であり、木津川や宇治川、桂川の下流にも波及している。河床低下は徐々に進行することから、河川環境への影響は目立ちにくいが、ワンド・タマリの干出や周辺の冠水帯の冠水規模や頻度の低下、冠水期間の短縮化などを引き起こす。また、地下水位も低下することから、高水敷の乾燥化を誘発し、淀川が本来有していたヨシ原に代表される潜在的な河川敷植生の衰退など、河川環境へ与える悪影響は計り知れない。これは淀川が抱えるもう一つの極めて深刻な問題である (写真3-4-5)。

6．ワンド・タマリ環境の再生に向けて

「河川環境の整備と保全」が河川整備の目的に加わった1997（平成9）年の河川法改正から12年が過ぎた。法改正を受けて淀川工事事務所（現、淀川河川事務所）は、同年その指導・助言機関として「淀川環境委員会」を設置し、淀川の本格的な河川環境の保全・再生事業に積極的に乗り出し、筆者もその発足当初から委員の一人として関わり続けてきた。詳細は別章に譲るが、1999年から再生事業に着手してきた数カ所の新設ワンドの経年変化から、洪水攪乱を受ける機会がほとんど失われた淀川本川の中下流域においては、造成後いずれも2〜3年で過剰な水生植物の繁茂や、水質・底質の悪化などによってワンドやタマリとしての機能がほとんど失われてしまうことがわかってきた（河合，2005）。

くり返し述べてきたように、かつてのワンドやタマリが機能していたのは、毎年発生するような小規模の洪水や、数年に1回程度の中規模の洪水によって、水質や底質がさまざまな頻度や強度の洪水攪乱を受けて更新されていたためであった。ワンド・タマリの保全・再生にあたっては、構造物というハード面の整備に止まらず、そこに河川の本質である水位の変動や洪水攪乱の機会という、ソフト面をどう保証していくかが重要な鍵になる。

筆者が40年以上にわたって淀川の河川環境とその変遷を目の当たりにしてきた経験から、もっとも強く感じていることは、「洪水攪乱」というキーワードこそが河川生態系を正しくとらえ、河川環境の保全・再生に活かすうえでのパラダイムだということである。降水の流出は河川流量を変動させ、それに応答して水位が変動する。それは確実に季節のリズムに則ったものであり、遷移が進み常に劣化の方向に進もうとする河川環境が、流水のもつ運動エネルギーに翻弄されるなかで動的な平衡状態が保たれる。そこに成立するのが河川特有の健全な生態系である。

　2009年3月に策定された「淀川水系河川整備計画」は、今後20〜30年を想定した淀川の将来像を決定づける極めて重みのある計画である。その計画策定にあたっての基本的な考え方のなかに、"河川環境の保全・再生は「川が川をつくる」ことを手伝うという考え方を念頭に実施していく"ことが明記されている。とりわけ、水域環境の衰退が著しい淀川中下流部において、この考え方を実効性のあるものにしていくためには、洪水攪乱をいかに再現するかが、保全・再生の成否を決定づける重要な課題となろう。しかし、ワンド・タマリをふくむ、河川環境の保全・再生に必要な最小限の洪水の規模は、人命や膨大な資産を喪失させるような大洪水では決してない。河道内で余裕をもって流下させることのできる、毎年、あるいは数年に1回程度の規模の中小洪水である。人命に対する高度な治水安全度を確保しつつ、中小の洪水時には、低水路を溢れて河道内（堤防間）を自由に流れることを許容する河川の整備が淀川中下流部においてなされたとき、悠久の時を経て淀川に育まれてきた在来の多様な生きものたちが息づく、素晴らしい淀川の河川環境が取り戻せるであろう。その風景は、言うまでもなく筆者が少年時代に感動体験した「淀川」である。

（河合典彦）

4章
とりもどせ！ 琵琶湖・淀川の原風景

みずすまし水田での自然観察会

4-1 ヨシ保全と住民との関わり

1. ヨシ原は「身近な自然」たりうるか？

　毎年、冬から早春にかけて、ローカルニュースや新聞の地方版では、住民が行うヨシの刈り取りや火入れの様子が紹介される。それは、アシともよばれてきた、この植物と湖国の人びととの長い関係をしめす光景にもみえる。実際、冬のヨシ刈りや春の火入れは、ヨシを利用しながら保全する伝統的な技術である。ただ、今の琵琶湖の周りで行われている刈り取りや火入れは、西の湖周辺など一部の地域をのぞけば、実はそれほど古いものではない。今の活動は、その大半が1990年代に始まった新しい活動なのである。なぜ、このような活動が琵琶湖の周りに広がりはじめたのだろうか。

　そのきっかけはこういうことだ。イネ科の多年草であるヨシは、琵琶湖や内湖の湖岸にみられ、琵琶湖の周りの人々に利用されてきた植物である。だが、ヨシ原は、内湖の干拓や湖岸の開発によって戦後急速に減少することになった。ヨシ原の減少は、魚類や鳥類などの生物や、湖岸の水質保全機能の衰退、あるいは、湖岸の浸食等への影響があるとされる。ことに、生態学の研究者たちは、沿岸帯生物の多様性の保全に悪影響があるのではないかと警鐘を鳴らしてきた（根来ほか，1966；生嶋，1966；吉良，1991；西野・浜端，2005）。そこで滋賀県は1992年に「滋賀県琵琶湖のヨシ群落の保全条例」（以下「ヨシ群落保全条例」）を公布、施行した。条例では、(1)琵琶湖及び内湖の主要なヨシ群落を保全地域に設定し、(2)植栽によりヨシ群落を増加させることや適切な維持管理、さらに(3)ヨシの活用策の検討を打ち出すことになった。この条例以降にヨシ原で刈り取りや火入れという活動が広がりはじめたのである。

　それらの活動は、条例で言えば維持管理になるだろうし、参加型環境保全という観点から見れば、「身近な」自然を自分で守る活動という方向が望まれるであろう。なぜなら、住民たちが働きかけているのは、遠い場所にあるヨシ原ではなく、自分たちの住んでいる場所の地先ともいえる「身近な」ヨ

シ原だからである。ただ難しいのは、人間にとっては、地理的に近いことがかならずしも身近な存在であることを意味しないことである。ましてや、琵琶湖の周りの大半の住民にとって、ヨシ原は、いったん生活から離れてしまった自然である。では、いったん生活から離れてしまったヨシ原は、どのようなプロセスによって「身近な自然」となっていくのだろうか。ここでは具体的な事例をみながら「身近な自然」となるプロセスについて考えていくことにしたい。

2．ヨシ原との伝統的な関わり
●誰がヨシを利用してきたか

　誰がヨシ原のヨシを利用していたのだろうか。ヨシは、暖帯から日本列島のような温帯にかけての湿地に広く分布する植物だ。航空写真などでみると、ヨシ原は湖岸域や内湖の汀線付近の陸域から水域にかけて帯状につながっているように見える。ただ、そこに住み、ヨシを利用してきた住民（農民、漁民）からみればそうではなかった。なぜなら、かつてのヨシ原は、里山と同じようにそれぞれ村の領域に組み込まれており、原則としてその村の人々が関わる場所だったからである。関わる人間たちにしか見えない境界線が、湖に向けて縦にひかれていたといえばイメージしやすい。たとえばヨシ群落保全条例において植生を指定する際に大字○○地先という地域表示をしており、ヨシ原が村の一部だった頃の名残が残っている。また、ヨシ原のある琵琶湖や内湖の湖岸は、屋敷地や水田などの農地とは異なり、通常は特定の持ち主が決まっておらず、村人なら誰でも関われる場所も多かった。

　ただ、こう述べた上ですぐに例外を指摘しておく必要がある。それは、ヨシの生産地として知られる、琵琶湖の内湖の一つ、西の湖周辺のヨシ原である。近江八幡市と安土町にまたがる西の湖周辺のヨシ原は、「葭地」と呼ばれ、明治期の初頭にはすでに法的な所有者が設定されていたケースが少なくない（近江八幡市史編集委員会，2006）。

● ヨシの用途

　では、ヨシの用途とはどのようなものだろうか。ヨシは3月末から4月に発芽し、6月末まで急速に成長し、草丈は3m程度にもなる。その後、穂をだして開花し12月には地下茎を残して完全に地上部は枯れる。使う場合には、枯れた茎を刈り取って使用することが多い。ヨシ及びヨシ原の用途は、伝統的には次のようになるだろう。

　第1に、葭戸や葭棚、葭簀等の「加工用」である。

　加工用のヨシはもっとも質のよいヨシを用いる。質とは、曲がり、虫喰い、太さ、長さに加え、加工に適した色、つや、模様などである（西川，2002；K氏からの聞き取り）。ちなみに西の湖周辺のヨシ生産者は、ヨシを陸生の「陸ヨシ」と水生の「水ヨシ」にわけ、後者は品質が劣ると評価している（生嶋，1977；K氏からの聞き取り）。加工に適したヨシは今では西の湖周辺の陸生ヨシだが、他の農村のヨシも質のよいものは加工用となった。

　第2に、屋根や箕等の住民の「日常生活用」である。

　屋根等に使われるヨシは、加工用とは違いあまり質の高いものではなく、水生のヨシを用いることも多かった。また、米を干すときに下に敷く箕などは、湖に面した農村では自分で刈り取ってつくるものであった（守山市での聞き取り）。

　第3に、葭巻漁やタツベ漁などの「漁撈（ぎょろう）」である。

　漁撈ではヨシそのものよりもヨシ原を用いる。伝統漁法のなかには、ヨシを痛めるためヨシに権利をもつ人からはあまり好まれなかったものもある。たとえば葭巻漁である。そのため葭巻漁の際には、漁師は権利を持つ人にお礼をした（滋賀県教育委員会，1981）。

　第4に、「開田」である。

　琵琶湖の周りの農村では、水田の耕作者に地先のヨシ原を占有する権利をみとめていた村がある。そのような村では、ヨシ原に少しずつ水田を開いていくこともあったのである。

第5に、近江八幡市の神社などで使用される伝統的なヨシ松明などの「祭礼用」である。

第6に、新しいヨシ松明。これは最近のヨシ原と住民との関わりの中ででてきた用途で、時代的には現代に属する。松明は刈ったヨシでつくり、行事に利用されている。

これ以外にも、地域によっては家畜のエサや燃料にするなど、ヨシおよびヨシ原には農家にとって様々な用途があったのである。

このように、農村の人々にとって地先のヨシ原はたしかに身近な自然であった。それはヨシが使い道のある有用な植物だったこともあるが、ヨシ原という空間にも様々な使い道があったからである。琵琶湖のまわりには、西の湖周辺のように所有者やヨシ生産という用途の決まったヨシ原もあったが、大部分のヨシ原は、管理にあたる村人を中心に葭巻漁をする漁師たちや、よそからヨシを買いにくる人々など、多様な人々が様々な関心にもとづいて共同利用できる空間だったと判断してよいであろう。

ただ、高度成長期以降になると、農村生活の変化によってヨシの利用は減少していく。それは、全国の農村の里山などに生じてきた現象と同じである。ただ、里山と違っていたのは、利用が減少する中で、共同利用空間の管理（開発計画を含む）が、政府に委ねられてしまったことだ（近畿地方建設局・水資源開発公団, 1993）。その後、ヨシ原は急速な勢いで減少することになったのである。ところが、最近になって状況はかわりはじめた。法制度上の条件が変化したわけではないが、保全対象としてヨシ原が注目される中で、人々の関心が再び琵琶湖や内湖に残されたヨシ原にむけられるようになったのである。

3. 復活したヨシ原との関わり

まず担い手はどのような人たちなのだろう。私が参加したNPO主催の西の湖岸でのヨシ刈りには若者たちが参加していたが、どの程度のボランティ

表4-1-1 ヨシ群落保全事業（1999年度）

実施場所		面積（ha）
大津市	市事業2箇所　自治会6箇所	2.90
守山市	自治会1箇所	2.33
近江八幡市	市事業2箇所	19.1
彦根市	市事業1箇所	0.58
新旭町	町事業1箇所	0.58
びわ町	自治会1箇所	1.8
合計		27.29

出典：『環境白書』（滋賀県，2000）

アや住民たちがヨシ刈りや火入れに参加しているのであろうか。維持管理活動を支援する淡海環境保全財団がWEBで公開した資料では、2004年度で28団体、3401人、19カ所のヨシ原で手入れが行われたという。もう一つ1999年度までしかわからないが、「環境白書」（滋賀県）の補助事業についてのデータがある（表4-1-1）。これをみると自治会が多数参加していることに気がつく。このように、琵琶湖の周りのヨシ原での刈り取りには、ヨシ刈りボランティアとよばれる人々も多数参加していると同時に、地元に密着したNPOや自治会という住民の組織が重要な役割を果たしていることが注目される。

　ただ、その内容は、地域や活動によってもかなり違っている。そこで、ここでは三つの地域の事例をみながら、このヨシ原との関わりの復活にみられる特徴を検討していくことにしよう。

● 西の湖周辺

　今、琵琶湖と内湖、瀬田川等を含めたヨシ原の面積は396haである。そのうち半分以上が内湖岸のヨシ原で、その半分強の111haが近江八幡市と安土町にまたがる西の湖周辺に集中している（滋賀県，1992）。この地域にはヨシ加工業者やヨシの生産者が多い。そのような事情もあって、西の湖周辺のヨシ原は、今でも人々の生活と結びついている。

　この地域では、近隣農家の「刈りこさん」による伝統的なヨシ刈りもみられるが、ボランティアを導入した刈り取りも行われている。刈り取りは、伝

統的なヨシ刈りと同じである。数本を束にして抱きかかえ根元をカマで刈り取り、たまったところで束にして搬出する。伝統的なヨシ刈りと違うのは、ヨシ原に一斉に出て賑やかに行う点である。

　世話役のKさんの家（T家）は、Kさんで4代目になるヨシ生産を家業とする家である。もともと農家だったT家では、戦後、農地をヨシ原と交換したり、手に入れた農地にヨシを植栽したりすることでヨシ原を増やした。現在、2.5haのヨシ原と1.3haの水田があり、委託を受けたヨシ原の刈り取りや火入れも行っている。西の湖周辺は、全国的にも質の良いヨシを出荷することで知られ、T家でも今でこそ屋根用が多くなっているが、かつては加工用ヨシを中心に生産していた。また、簾の加工をてがけたこともある。

　T家のヨシ原のヨシは、いわゆる陸ヨシである。図4-1-1は、今のヨシ原での作業を示したものである。刈り取りは、12月に始まるが、光沢のある上質のヨシを得るには、1月の寒さにあててから刈り取る必要がある。刈り取り後のヨシ焼きは3月の末に行っている。かつては4月の始めだったが、水

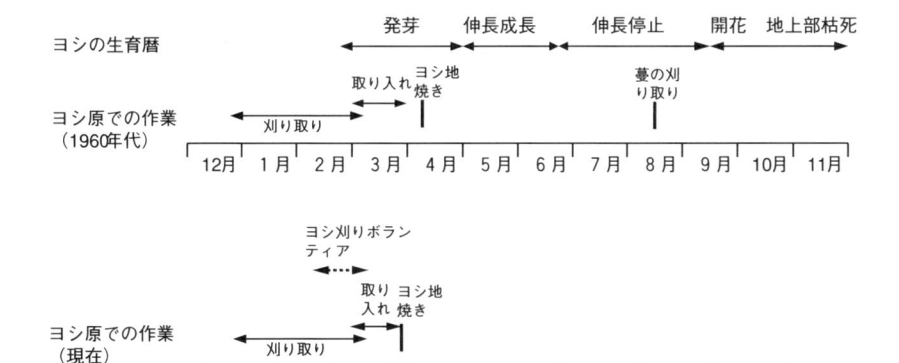

図4-1-1　ヨシ原での作業暦（T家）
出典：ヨシの生育歴については、布谷，1999により作成。
生業暦についてはK氏からの聞き取りに基づいて作成した。

位が早く上昇するようになり作業に支障が出るので早めたという。ヨシ焼きの時期にこだわるのは、品質にかかわるからである。肥料にするなどヨシ焼きには様々な目的があるが、出たばかりの親芽を焼くのが主な目的だとKさんはいう。

「（ヨシの親芽が）火傷すると生育は止まりますわね。それによって脇芽を出します。脇芽は何本も出ますので、競争して成長するわけです。そうすると密生するから風にも強いし、競争する関係できれいな真っ直ぐなヨシができる。そこに目的があるのです。それと虫が、土の中から春先出てくるのです。それを焼く。土壌消毒ですね。」（K）

このようにKさんの関心は、より質の高いヨシを生産することだ。そのようなKさんの悩みは二つある。一つは、ヨシの品質が低下したことだ。Kさんは県条例をつくる際も尽力したが、ヨシを用いて水質を浄化するという主張には反対だったという。むしろ逆ではないかとKさんは考えている。琵琶湖の水質浄化を進めることでヨシの質を上げたいというのがKさんの願いである。もう一つの悩みは、生産したヨシの販路が限られていることだ。条例によって、ヨシ保全への関心は高まった。それはよいことだが、ヨシの用途は広がっていないのである。

● 守山市の湖岸

守山市の湖岸は、開発によってたいへん大きく変貌したところである。K町は戸数約380戸、稲作中心の湖に面した農村で漁業も盛んである。また地区の生活環境保全の活動も活発で、たとえば川掃除などは毎月、自治会の組ごとに交代で行っている。

この農村にはかつて地先に広大なヨシバ（ヨシ原）があった。ヨシ原の一部を共同利用地として青年団が管理し、また、水田の地先のヨシバについては水田の間口に応じて水田の所有者が占有できたという（安室，1998）。ヨ

シはあくまで副次的生業の一つであったが、冬の刈り取りによって集めたヨシは自分で使うほか、業者に売るとそれなりのテマ（現金収入）になったという。ヨシ原の多くはいわゆるミズヨシ（水生のヨシ）で、質はよい方といわれていたが、買い取られたヨシの用途のほとんどは屋根用であった。この生業としてのヨシの刈り取りは1980年代にいったん終焉することになる。

　ヨシ刈りや火入れが復活したのは、条例によって区の地先にある約2haほどのヨシ原が保全地域に指定され、管理を委託されてからである。現在のヨシ刈りは、自治会役員を中心に数人で7日前後かけて行う。一列に並んで密生したヨシ原に分け入り、草刈り機でヨシを刈り倒していくのである。刈ったヨシの使い道がないのと足場が悪いために、借り倒してその場で乾燥させ火入れをしている。火入れの時期決定は安土とは異なる。ヨシの乾燥の度合いと住宅地が近いために風向きを勘案して決めている。

　この地区の人びとのヨシについての考え方は、「昔は農家がヨシを刈って金にしたり、自分のところで使ったりしていたが、今は買い手がいない」、「魚の繁殖のために今はヨシを刈っている」という言葉に現れている。ヨシの使い道がないのである。

● 草津市の湖岸

　草津市湖岸も開発によって原形をとどめないほどヨシ原が消滅した地域である。その後水資源開発公団が1970年代からヨシの植栽を行ったこともあって、今ではある程度のヨシ原が湖岸にできている。現在ヨシ刈りが行われているのは、その一角である。このヨシ原を抱える学区は、市街地化も進んでいるが、メロン栽培等の農業と漁業もさかんで農村的景観をとどめている。

　地元の人たちには、農業に必要な分を調達するという程度のヨシ刈りはしていたが、大規模に行っていた記憶はない。現在のヨシ刈りでは学区の有志約50人で0.2haを刈り取る。刈り取り自体は2時間程度で終わる作業である。この地区のヨシ刈りの特徴は、刈ることが目的というよりも、刈った場所に隣接する湖岸で行事をすることが目的となっている点である。行事のために

ヨシでヨシ松明がつくられ、その当日に点火されている。

　学区の有志がヨシの刈り取りをはじめたのは行政からの働きかけがきっかけとなっているが、持続的な活動となった背景には中心的人物のＦさんの模索がある。

　Ｆさんは学区を構成する自治会の会長である。数年前、この学区は草津市によるまちづくりのモデル地区となり、協議会の設立総会も行った。Ｆさんは会長を引き受けたが、「まちづくり」の難しさを思い知ることになった。活動は、まちづくりとは何をすることなのか話し合うことから始まったが、でたのは橋をつくるとか、道路をつくるとかいう話題であった。これでよいのだろうかと考えて、様々なまちづくりの現場を見て回るうちに、ある町が集落単位で、川をつくったり運動場を広げてたこ揚げしたりしているのをみて、結局まちづくりとは「皆が集まる場所を提供すること」だと考えたのだという。

　Ｆさんは、圃場整備の委員をした経験があり、利害調整のたいへんさも知っていたから、その重要性はわかった。しかし、模索が本当に始まったのはその後である。そもそもどうすれば「皆が集まる場所」の提供ができるのか、良い案がなかなか出てこなかったのである。各町の住居表示をつくってみたらとか，名所旧跡の図をつくったらどうかとかなど様々な案をためしたが、どれも一長一短があり、ゆきづまりを感じていたときに、県の外郭団体職員からヨシ松明をしたいのでヨシを刈りませんかと誘われた。県の話はその年だけということだったが、やってみたら実に気持ちが良かったので毎年続けていこうということになったのである。

「（3月頃にヨシ松明）燃やすのはいいのですよ。感じがね、なんというか春らしくなってくる時分で。琵琶湖にでてもそんなに寒くないし。ものすごくさわやかで気持ちいいし。そやから春分の日に決めて（刈り取ったヨシを）半分燃やすのですわ」（Ｆ）

活動を続ける内に、Fさんはいろんなことが周りで起こりはじめたことに気付く。たとえば会ったこともない人からヨシ刈りに参加したいといって電話をもらったり、刈り取ったヨシを人目につくところに置いておくと、ヨシ笛をつくろうという人が出てきたりしたという。また、事業に協力しはじめた大学生達もいる。このように、ヨシ刈りをきっかけとして、様々な人的ネットワークがたちあがりはじめたのである。Fさんは、このようなネットワークをもとに毎年行う湖岸での行事を発展させたいと考えている。

4．何がヨシ原を「身近な自然」へと変えるのか

　ここでは、ヨシ保全と住民との関わりに生じた最近の変化をとりあげ、生活からはなれてしまったヨシ原を再度「身近な自然」にかえていく活動として分析してきた。その結果、まず、第一に、ヨシ原の消滅は、植物群落の消滅だけではなく、共同利用空間の消滅でもあったことを指摘した。その上で、三つの事例を紹介したが、立場も条件もちがっているにもかかわらず、そこに共通しているのは、いずれも維持管理にとどまらず、今の自分たちの生活にとっての望ましいヨシ原の利用とは何かを真剣に考えながらヨシ原への関わり方を決めている点である。2番目の守山湖岸の場合には、現在のヨシの用途がみつからないために川掃除などの地区活動とは全く異なる形態でヨシ刈りを行っている。それらの活動から見えてくるのは、「身近な自然」となる条件としての利用についての模索の必要である。なかでも興味深いのは、単純な生業への復帰ではないものの、ヨシ原と関わっていくことが再びある種の共同利用空間づくりへと向かっているケースがみられたことである。

　ただ、このような利用の模索は、それぞれの地区の生活空間がもつ歴史性、すなわちヨシ原と関わってきた歴史にねざした個別的なものでもある。したがって「身近な自然」を自ら守るという参加型環境保全の理想を追求するのなら、生態学という見地からみたヨシ刈りの合理的な見直しとあわせて、担い手の生活空間の歴史性への配慮が必要である。すなわち、今あるヨシ原を

どう守るのかという短期的視野に加えて、なぜヨシ原はかくも減少してしまったかという歴史と、その歴史の上に成り立った現代の生活空間の個別性を視野に入れてヨシ原との関わりを応援していく必要があるのではないだろうか。

（牧野厚史）

4-2　市民による琵琶湖の自然再生
―びわ湖よしよしプロジェクトと魚ののぼれる川づくり―

　私たちのNGO「びわ湖自然環境ネットワーク」では、今二つのプロジェクトに力を入れている。一つは、「びわ湖よしよしプロジェクト」、もう一つは「魚ののぼれる川づくり」である。前者は、琵琶湖にヨシ帯をとりもどそう、後者は琵琶湖に注ぐたくさんの川を魚がのぼれるようにしよう、というのが目的である。

　いずれも、これまでに行われてきた自然再生事業の失敗や成功事例に学んで2003年から始めたものだが、6年目の今、ようやくそれぞれに一定の成果が出てきている。ここでは、その取り組みを紹介した。琵琶湖とその周辺の原風景回復の一助となれば幸いである。

1．よしよしプロジェクトのきっかけ

　琵琶湖では、行政等によってこれまでヨシ帯を回復させるための試みが行われてきたが、その中には、堅牢なコンクリートと石組みの防波堤を設置したり、矢板や蒲団かご※を使用して埋め立てるなどの工法も含まれていた。このような工法は、湖岸を必要以上に埋め立てて、「生命のゆりかご」と呼ばれる水辺の生態系を大きく破壊しているようにみえる。

　そこで、従来の工法から脱却して、「水辺の生態系を最大限守りながら、ヨシ帯を回復させて行くには、どのような方法をとれば良いのか？」という課題に対して、自然素材を用いたヨシ植栽方法に着目した。

2．プロジェクト始動へ

　水辺を壊さずに自然の素材を使ってヨシ帯を再生させるために、どのようにすればヨシ植栽ができるかを考えていたところ、霞ヶ浦でNPOが主体となってアサザという水辺の植物を回復させる取り組みが大きな成果をあげているという情報を入手した。さっそく2002年10月に霞ヶ浦へ視察団を派遣し

蒲団かご：鉄線で編んだかごのなかに、玉石や割栗石を詰めたもの。角型ジャカゴ。

た。そこで見たものは、水辺に長く伸びた粗朶※消波堤とアサザやヨシの自然の回復力であった。そこは、かつてコンクリートの防波堤が設置されていた場所であった。

「これだ！」と感じた視察団は、案内していただいた車の中でさっそく琵琶湖での事業名を考えた。霞ヶ浦が「アサザプロジェクト」なら、琵琶湖はヨシと良しを並べて「びわ湖よしよしプロジェクト」と命名することにした。

しかし、琵琶湖と霞ヶ浦では自然条件が大きく異なる。日本一の面積を誇る琵琶湖では、冬になると比良おろし、比叡おろしとよばれる季節風が強く吹く。果たして、粗朶消波堤だけで水辺のヨシの植栽を守れるかという不安があった。

この問題を解消したのが、宍道湖で実施されていた竹ポットによるヨシ植栽だった。穴を空けた竹筒の中にヨシ苗を入れて地中に埋め込むことで波による根洗いを防ごうというものである。実際に竹ポットからヨシが成長した現場を案内される機会があり、そのアイデアに感心しながら、これは使えると考えた。

こうして、琵琶湖での粗朶消波堤と竹ポットを組み合わせた計画を練り、以前ヨシが生えていたところで植栽がしやすく、かつ作業や設置後のメンテナンスと観察が比較的しやすい所として大津市和邇中浜（旧、滋賀郡志賀町中浜）を選んだのである。

3．障害を乗り越えて

琵琶湖におけるヨシ帯回復のための粗朶消波工の実施にあたって最初に行ったのが、滋賀県への許可申請である。法律的には「河川法」と「自然公園法」に基づく許可が必要で、県の担当課に何度か足を運んで取得した。

その上で、粗朶消波堤に使うスギとヒノキの間伐材60本と、柴（粗朶）100束、ヨシの植栽に使う竹筒28本を準備した。予算がないため、現場から4kmほど離れた比良山麓で、会のメンバーが所有する森林から杉と檜の間伐

粗朶：木の小枝を束ねたもの。

材を分けてもらうことにした。竹筒も大津市内のメンバーが所有する竹林から調達したが、参加者のほとんどが始めて経験することで、山仕事の経験者が指導にあたった（写真4-2-1）。そのときの案内書が以下である。

「粗朶消波工の実験」計画

　琵琶湖の豊かな環境を取り戻すためにはヨシの復元が重要だと、滋賀県や水資源開発公団などがヨシ植栽をしてきましたが、莫大な費用がつぎ込まれた割にはあまり成果をあげていません。むしろヨシ帯の造成で琵琶湖や内湖を埋め立て、琵琶湖の原風景を台無しにした水辺の生態系を破壊してしまう工事が行われています。

　これでは琵琶湖の保全にも復元にもなりません。霞ヶ浦や宍道湖では、アサザやヨシ帯復元に知恵と工夫の事業が行われています。この優れた工法に学び、琵琶湖でもやってみることにしました。1年後に良い結果が出るものと期待します。

　12月15日にはほぼ計画通り間伐材の杭と柴（粗朶）を作りました。19日は主として粗朶消波工の作業を予定しています。参加者が少ないと作業が大変です。できる限り会員の参加を要請します。

	間伐と柴刈り（ほぼ終了）	粗朶消波工設置
日　時	2002.12.15（日）　実施済 雨天決行	2003. 1.19（日） 予備日25日（土）
集合場所	JR蓬莱駅　10：00	JR和邇駅　10：00
内　容	間伐材で杭と柴を作る	湖岸に間伐材と柴で消波工をつくりヨシを植える
持ち物	のこぎり、鎌、軍手、防寒具、帽子、雨具、弁当、水筒	軍手、長靴（あれば胴長）、防寒具、帽子、雨具、弁当、水筒

○参加費　　無料
○申込み　　びわ湖自然環境ネットワーク

　●問い合わせ　〒520-0056大津市末広町10-9
　　　　　　　　TEL・FAX　077-592-0856（寺川庄蔵）
　　　　　　　　Eメール：t-shozo@mx.biwa.ne.jp
　■主　催　　ＦＬＢびわ湖自然環境ネットワーク
　■協　力　　やぶこぎ探検隊

写真4-2-1　柴刈
大津市八屋戸（2002.12.15）

写真4-2-2　粗朶消波堤と竹筒ヨシの植栽
大津市和邇中浜（2003.1.19）

写真4-2-3　ヨシの新芽
大津市和邇中浜（2004.3.28）

こうして最初にヨシ植栽を行った2003年1月には、幅60cm、長さ10m、高さ1.5mの粗朶消波堤1基を設置し、その内側に28本のヨシポットを150㎡に縦横に2mくらいの間隔をあけてまんべんなく植えた（写真4-2-2）。しかし7月に見に行ったところ、粗朶消波堤も竹筒のヨシもほぼ全滅していた。原因は単純で、実行した粗朶消波堤は話にならないくらい荒波に弱体であったのだ。竹筒に入れたヨシは1本も新芽を出すことはなかった。こちらは、構造上の問題であることが後でわかった。

その後、造園業者で作るNPO法人「大津みどりのNPO」が協働してくれることになり、専門知識と作業のノウハウで活動が飛躍的に発展した。

2回目の2004年は、㈶琵琶湖・淀川水質保全機構から50万円の助成を受けることができたので、1回目の失敗を教訓に、粗朶消波堤の規模拡大をはかり、柴を2重に入れ、結束も番線にするなど強固にした。すると、1月に設置した

粗朶消波堤が、8月でもほぼ完全な状態で残った。ヨシ植栽も、竹筒の構造を根の周りの穴を大きくするなどの改良を加えたところ、当初は50本のうち30本以上から新芽が出るという大きな前進があった（写真4-2-3）。ただ残念なことに、6月の台風でヨシが倒され、7月の時点では13本に減ってしまった。

　設置後の観察を続けるなかで、新たな変化も出てきた。消波堤の内側に砂が堆積し、竹筒外からヨシが生えてきたり、両サイドからヨシが進出したりした。また水鳥が消波堤を休息地として利用するようになった。さらに、地元でも作業を手伝ったり、周りを掃除するなど関心を持つ人が増えてきた。一方、施設内の杭にバス釣りのワームが引っかかっていたり、ブラックバスが泳ぐ姿も見られた。

　2004年8月には、こうした状況を確認するとともに、消波堤内の水中に堆積した砂地に、近くの川から採取したヨシ株の直植えを行う新たな実験と、育たなかった竹筒の植え替えを行った。

　その後、ヨシはほぼ順調に育っていたが、この年は大型台風23号が日本列島を直撃し、10月20日には琵琶湖とその周辺に近年にない被害をもたらした。竹筒のヨシも大きなダメージを受けたが、粗朶消波堤の破損は小さく、またヨシも10株程度は守られた。

　竹筒のヨシが破損する主な原因は、粗朶消波堤の全長が9mと短いために十分な波よけ効果が発揮されず、横や斜めからの波で倒されたことと、竹筒の長さが50cm程度と短いため、波をかぶって、ヨシの茎が折れやすいことが原因とみられた。一方、粗朶消波堤は今回の大型台風にも耐えたので、工夫すればさらに機能が向上することがわかった。

　3年目となる2005年のびわ湖よしよしプロジェクト3は、㈶河川環境管理財団から200万円の助成を受けて、志賀町中浜の従来から取り組んできた場所に隣接させる形で、幅120cm〜180cm、長さ33m、高さ2mの粗朶消波堤を設置した。ヨシ植栽については、4月から8月にかけて竹筒ヨシを400本

写真4-2-4　水資源機構のヨシ植栽
東近江市栗見新田（2006.10.1）

写真4-2-5　国交省の粗朶消波堤
高島市新旭町針江（2006.1.28）

写真4-2-6　滋賀県の粗朶消波堤
長浜市川道町（2006.3.31）

㈱)、面積にして650㎡で実施した。

　この頃から、われわれの活動に対し行政はじめ関係機関の関心が高まってきた。まず㈱水資源機構琵琶湖開発総合管理所から協働の実施提案があり、地元などにも呼びかけ、2005年8月28日(日)に東近江市栗見新田の湖岸で10mの粗朶消波堤と100本（株）の竹筒ヨシを植栽した（写真4-2-4）。

　続いて、国土交通省琵琶湖河川事務所からも協働実施の依頼があった。地元との協働を含めた水辺の環境と魚の産卵・遡上をテーマにした幅広い取り組みの一つとして、高島市新旭町針江で2006年1月に粗朶消波堤20mを3基設置した（写真4-2-5）。

　滋賀県（自然環境保全課）からも、ヨシ帯回復のため粗朶消波堤設置への協力要請があり、平成18年3月にびわ町（現、長浜市）の湖岸に設置する長さ30m、2基の粗朶消波堤設置について「指導・監督」を行った（写真4-2-6）。

　県のヨシ帯回復事業は、正式に

写真4-2-7　大津市和邇中浜
壊れた粗朶消波堤（2003.7.20）

写真4-2-8　大津市和邇中浜
ヨシが繁茂して粗朶消波堤が見えない（2007.8.4）

写真4-2-9　大津市和邇中浜
粗朶消波堤とヨシ植栽（2005.4）

写真4-2-10　大津市和邇中浜
粗朶消波堤いっぱいまでヨシが定着（2007.8.4）

は「琵琶湖湖北地域ヨシ群落自然再生事業」という名称で、6年がかりでびわ町と湖北町でヨシの再生を図る計画である。今後については、湖北地域だけに限定せず琵琶湖の全域に広げ、ヨシ再生可能区域の規模が再生延長9.1km、面積19.6ha、22区域を予定している。

　このようにして、自然素材を使った粗朶消波工が課題を抱えつつも改善を重ねてきた結果、一定の成果をあげてきたといってもいいのではないだろうか。はじめて実施した大津市和邇中浜では、もともとあったヨシ帯が消失し、全くヨシの見られなかった湖岸（写真4-2-7、4-2-9）が、今では沖合いに設

置した粗朶消波堤が見えないくらいヨシが繁殖した（写真4-2-8、写真4-2-10）。予想もしていなかったことだが、浜欠けで倒れそうだった松の木も、砂が堆積することで元気を取り戻してきている。

　行政との協働で実施した能登川町（現、東近江市）や高島市新旭町針江、そして長浜市川道町でもヨシが確実に定着してきている。

　琵琶湖や全国に広がることを目標に始めたびわ湖よしよしプロジェクトは、完成とまではいえないが、水辺の自然を壊さずにヨシを回復させるという難しいテーマの実現に一歩近付いたのである。

4．「よしよしプロジェクト」から魚道作りへ

　よしよしプロジェクトを始めた当初は、魚道設置など考えてもいなかったのだが、プロジェクトが軌道にのり始めた頃から、琵琶湖周辺の川から魚が消えていったいま、もう一度魚が泳ぎ子供たちの歓声がする川を取り戻したいという思いが強まった。そこで「魚ののぼれる川づくり」と名づけたプロジェクトを、同じメンバーで新たに始めることにした。

　第1回魚ののぼれる川づくりは、2003年4月19日に始まった。喜撰川は、大津市和邇中浜と和邇北浜の間を流れる河床が8m程度の中級河川である。とりあえず、この川の魚類の生息状況を調べることにした。素人集団では方法もよくわからないので、調査には高橋さち子さん（龍谷大学非常勤講師、魚類生態学）に協力をお願いすることにした。調査の結果、一番驚いたことは、川がコンクリートで改修され、水も汚れているのでもう魚がいなくなっているだろうと思い込んでいたのが、タモ網ですくうとアユ、フナ、ナマズ、ドジョウなどたくさん取れたことである。まだまだ琵琶湖周辺の川は捨てたものではないと感じてうれしかった。

　以後、大津市から高島町（現、高島市）にかけて、1級河川の魚類調査を進めた結果、魚の生息状況と河川の立地や規模から大津市の北部（旧、志賀町）を流れる喜撰川に照準を合わせた。

4章 とりもどせ！琵琶湖・淀川の原風景

写真4-2-11　魚道再設置
大津市和邇中浜（2006.3.26）

そして、河川の下流から上流まで一定の範囲を区切って魚の生息分布調査を重ねた。その結果、下流から400mの第1堰まではアユやナマズなど10数種類の魚が多数分布していたのに、その上流には1～4種しか生息していないことがわかった。ここに魚道を設置し、その後に再び調査を実施すれば、どの魚が遡上したかで魚道の効果がわかるはずである。

　苦労したのは、魚道の設計である。どうすれば魚がのぼれる魚道が作れるか、議論の末に編み出したのが「木製箱型魚道」であった。

　魚道制作にあたっては、①間伐材を使用、②治水上の安全性、③安定性を考慮し、何より魚が実際に遡上しないと意味がないので、その効果も考えた。

　魚道造りは、2005年2月から4月にかけて、高低差をつけた100cm×80cmの7個の木箱を、延べ3日間、21名で仕上げた（写真4-2-11）。さらに、河川法の占用許可を申請したが、初めての試みということで、6月7日までの1カ月しか許可が得られなかった。その後、粗朶消波工にも協働で取り組んできた「大津みどりのNPO」の協力を得て、5月21日(土)にトラック搭載クレーンで運搬し、設置した。参加者は国交省の職員も含め17名であった。

　ところが、その夜に雨が降り翌朝見に行くと上流側の最初の1段目の木箱の底が抜けており、水圧の強さをいきなり見せ付けられた。補修はしたものの、その後雨が降らずに許可期限の6月7日を迎えたため、撤去せざるを得なかった。成果は、初日に木箱の底が抜けたとき、他の木箱に逃げおくれた鮎が2匹入っていたことであった。

　2006年の魚道設置は、前年の経験を生かし、同じ場所で3月から1年間の

写真4-2-12　魚道改良
大津市和邇中浜（2007.11.11）

写真4-2-13　遡上する鮎
（2007.8.4）

河川占用許可申請を行い、長期的に魚の遡上を調査することにした。ところが、この年はなぜか魚の遡上を確認することができなかった。

　2007年も同じ場所で継続して設置し、なぜ遡上しないのかについて考えていたところ、大阪から見学にこられた㈳大阪自然環境保全協会の野田奏栄さんから、「水が流れる木箱と木箱の20cmの落差に空気穴ができる、それを魚が嫌うのではないか」とのアドバイスをいただいた。さっそく落差に空気穴ができないように滑り台の板を張り、一番下の木箱の向きを横にしていたものを直線的にして、水の流れを変える改良を行った（写真4-2-12）。

　その後、2007年8月4日に行った遡上調査で、魚道の上流で大量の鮎が群れをなして泳いでいる姿を発見したのである（写真4-2-13）。2003年4月の魚類調査から4年、感激ひとしおであった。

5．NPOのすすめ

　私は若いころからサラリーマンをしながら、父と共に家業の農業を6反ほど営んできた。そのかたわら山登りが好きになり、休みともなると、近くの比良山から遠く長野県の北アルプスまで登りに行くのが楽しみであった。同時に、その好きな山がゴミでいっぱいであったり、スキー場の開発で自然が

壊される姿を目の当たりにし、清掃登山で山のゴミ拾いをしたり、乱開発反対運動にも積極的に取り組んできた。

　これによって、職場や地域の人間関係に限定されるだけであった人生から、様々な仕事や考え方をした沢山の人との出会いが始まった。1990年から、環境保全に取り組む人達の交流組織「びわ湖自然環境ネットワーク」を始めたが、この活動は私の人生に更なる広がりを与えてくれた。今も、この組織の代表をさせていただいているが、仲間との語らい、そして、次への挑戦は人生を豊かにしてくれる。

　よしよしプロジェクトから魚ののぼれる川づくりまで、失敗を重ねることで、小さな成功が、より大きな成功に繋がっていくということを実感している。はや、65歳にもなってしまったが、石組みの川の再生などいまもやりたいことがいっぱいである。あなたのチャレンジを期待したい。

　　　　　　　　　　　　　　　　　　　　　　　　　　　（寺川庄蔵）

4-3 外来魚が侵入しにくい環境構造

1．はじめに

　琵琶湖における内湖の減少、湖岸堤・湖岸道路等の設置により水陸移行帯を分断しているところがあるなど、湖岸形状の変化、水質や底質の悪化、水位変動の減少や外来種の増加並びに水田を産卵の場としていた魚類の移動経路の遮断等様々な要因が、生物の生息・生育環境を改変し、固有種をはじめとする在来種の生息数の減少を招いている。

　近年では、侵略的外来魚であるオオクチバス、ブルーギル等（以下、外来魚とする）によるコイ科魚類に代表される在来魚の捕食による脅威が懸念されている。

2．侵略的外来魚駆除技術の検討

　湖岸域、内湖や琵琶湖から田んぼにつながる水路での「外来魚がいない川づくり」の一助となるよう、外来魚と在来魚の「棲み分け」による在来魚の保全を目指し、外来魚駆除技術を確立するための基礎資料を得るため、国土交通省琵琶湖河川事務所が検討（2005年度〜2006年度）したもぐり堰（水面

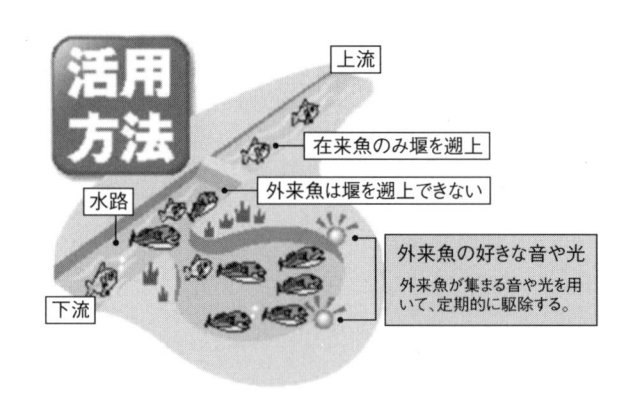

図4-3-1　活用方法イメージ図

下に設置した堰）による外来魚の遡上抑制実験（以下、堰実験という）の結果を紹介する。本検討の活用イメージを図4-3-1に示す。

3．堰実験
● 実験の目的

ブルーギルは本来止水域にすむ魚であり、河川の堰や水路と川の落差、流れなどの要素がブルーギルの侵入を阻害していると考えられている（中島ほか，2001）。そのため、琵琶湖と内湖や水田をつなぐ水路において、外来魚の侵入を抑止するため、実験水路内における「もぐり堰の高さ」や「流速」の変化による外来魚の遡上抑制を検証することを目的としている。

● 実験方法

堰実験は、滋賀県草津市にある琵琶湖・淀川水質浄化共同実験センターの実験水路において実施した。実験イメージを図4-3-2に示す。

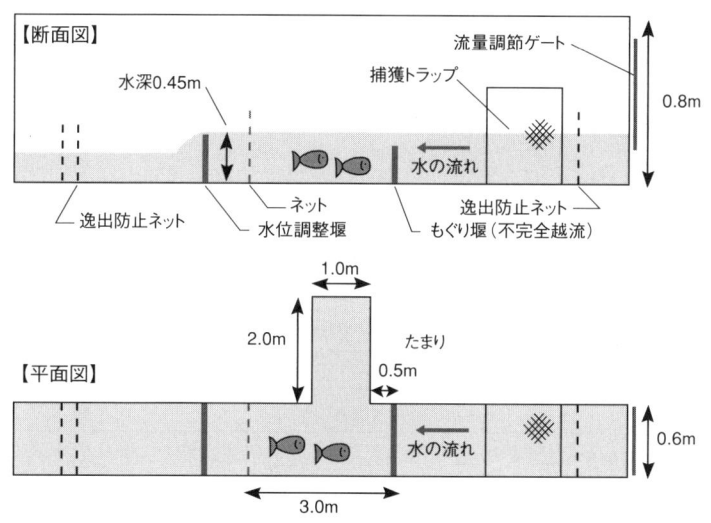

図4-3-2　堰実験イメージ図（平常時を例）

実験対象魚は、外来魚としてオオクチバス成魚・未成魚、ブルーギル成魚、在来のコイ科魚類としてギンブナ成魚を選定した。対象魚は、琵琶湖周辺において釣りやタモ網等により採集し、実験個体数は、20個体を基本とした。

　対象魚は、非活性期（非繁殖期）と活性期（繁殖期）で反応が異なることが考えられることから、もぐり堰による外来魚の遡上抑制効果を検証するため、非活性期における外来魚の堰を遡上する運動能力を確認した上で、2005年9〜11月に非活性期、2006年5〜7月に活性期。併せて、平常時（流速一定）や出水時（流速増大）の流水パターンを想定した実験を実施した。

● 実験項目

　実験対象とした刺激は、もぐり堰を設置し流速を変化させることにより外来魚の遡上抑制の効果を検証した。実験項目は、表4-3-1に示す堰高（堰なし、20cm、30cm、40cm、20cm×2カ所）と流速（0、0.2、0.5、0.8、1.0m/s）を設定して実施した。

4．実験結果の概要

表4-3-1　実施した堰実験のパターン（堰高・流速）

実験項目	季節	オオクチバス成魚	オオクチバス未成魚	ブルーギル成魚	ギンブナ成魚
運動能力	非活性期	※1 ―	堰なし×流速（0、0.2、0.5、1.0m/s） 堰高40cm×流速（0.2※2、0.5m/s）		―
平常時日中	非活性期	―	堰なし×流速（0.2、0.5、0.8m/s） 堰高20cm×流速0.2m/s※2 堰高40cm×流速（0.2、0.5m/s）		―
出水時日中	活性期	堰高40cm×流速（0.2、0.5m/s）			
		堰なし×流速（0、0.2、0.5m/s） 堰高（20cm、20cm×2カ所※3、30cm※4、40cm）×流速（0、0.2、0.5m/s）			
出水時夜間	活性期	堰なし×流速0.2m/s 堰高20cm×2カ所※3×流速0.2m/s			

※1：― は実験未実施。
※2：ブルーギルのみ。
※3：20cmの堰を2カ所に設置。
※4：オオクチバス未成魚、ギンブナのみ。

堰による遡上抑制・促進効果を堰がある場合の遡上個体数と同じ流速条件の「堰なし」の遡上個体数を比較して評価を行った結果を表4-3-2に示す。
　堰実験により、もぐり堰による外来魚の遡上抑制効果の検証結果としては、ブルーギルでは、顕著な遡上抑制効果が確認された。オオクチバスでは、一定の遡上抑制効果が確認された。ギンブナについては、一定の遡上促進効果を確認した。

表4-3-2　堰実験での遡上抑制効果のまとめ

実験項目	季節	実験条件（堰高・流速）			
		オオクチバス 成魚	オオクチバス 未成魚	ブルーギル 成魚	ギンブナ 成魚
運動能力	非活性期	—	40cm・0.5m/s	<u>40cm・0.2m/s</u> <u>40cm・0.5m/s</u>	
平常時日中		—	40cm・0.2m/s 40cm・0.5m/s	<u>20cm・0.2m/s</u> <u>40cm・0.2m/s</u> <u>40cm・0.5m/s</u>	—
	活性期	40cm・0.2m/s <u>40cm・0.5m/s</u>	40cm・0.2m/s 40cm・0.5m/s	<u>40cm・0.2m/s</u> <u>40cm・0.5m/s</u>	—
出水時日中		20cm・0.0m/s 20cm×2※・0.0m/s 40cm・0.0m/s 20cm・0.2m/s 20cm×2※・0.2m/s 40cm・0.2m/s 20cm・0.5m/s 20cm×2※・0.5m/s <u>40cm・0.5m/s</u>	20cm・0.0m/s 20cm×2※・0.0m/s 40cm・0.0m/s 20cm・0.2m/s 20cm×2※・0.2m/s 30cm・0.2m/s 40cm・0.2m/s 20cm×2※・0.5m/s 30cm・0.5m/s 40cm・0.5m/s	<u>20cm・0.0m/s</u> <u>20cm×2※・0.0m/s</u> <u>40cm・0.0m/s</u> <u>20cm・0.2m/s</u> <u>20cm×2※・0.2m/s</u> <u>40cm・0.2m/s</u> <u>20cm・0.5m/s</u> <u>20cm×2※・0.5m/s</u> <u>40cm・0.5m/s</u>	20cm・0.0m/s 20cm×2※・0.0m/s 30cm・0.0m/s 40cm・0.0m/s 20cm・0.2m/s 20cm×2※・0.2m/s 30cm・0.2m/s 40cm・0.2m/s 20cm・0.5m/s 20cm×2※・0.5m/s 30cm・0.5m/s 40cm・0.5m/s
出水時夜間		20cm×2※・0.2m/s	20cm×2※・0.2m/s	<u>20cm×2※・0.2m/s</u>	20cm×2※・0.2m/s

凡例）二重下線：有意な遡上抑制効果がある実験条件。
　　　下線：有意な遡上促進効果がある実験条件。
　　　網掛け：有意な遡上抑制効果も遡上促進効果もない実験条件。
　　　—：実験未実施。
　　　※：20cmの堰を2カ所に設置。

5．越流流速・堰高と遡上率の相関関係

　堰実験は、流速を設定し実施したが、堰の越流流速（堰の直上の流速）はさらに速い流速となっていることから、実験終了直前にもぐり堰の直上で流速を測定した。ここでは、この越流流速に着目し、越流流速と遡上率の相関関係を分析した。なお、越流流速は、ある程度制御することも可能であるため、実際の河川や水路で堰を設置する際の指標となる。また、堰高の影響についても、同様に遡上率との関係を分析した。

● 越流流速と遡上率の関係分析

　越流流速と遡上率の相関関係の分析では、対象種別・実験種別に越流流速と遡上率の散布図を作成し、直線回帰（単調減少・増加）を基本に回帰式を算定した上で、相関係数（R）を算出し有意差を判定した。なお、平常時の

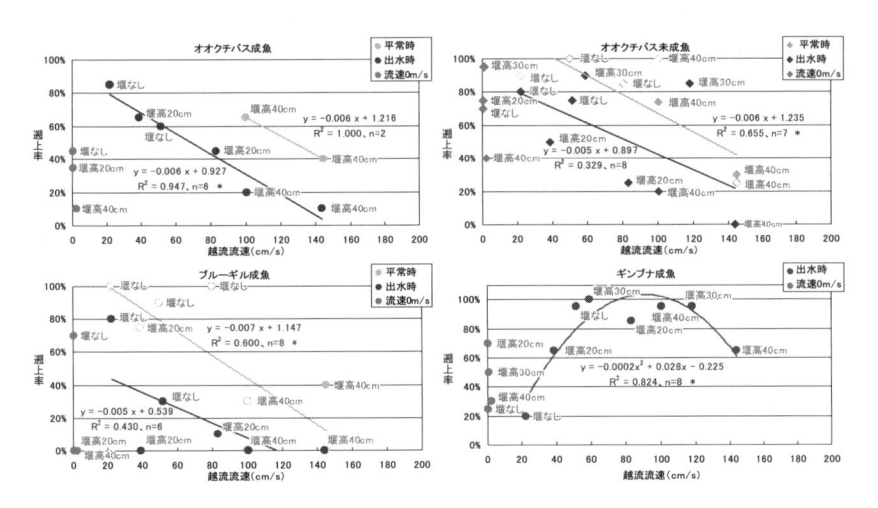

図4-3-3　越流流速と遡上率の相関関係
◇○：非活性期のデータ（その他は活性期のデータ：平常時の活性期と非活性期の間に明確な差がなかったため、同じ平常時のデータとして回帰式を算定した。）
　＊：越流流速と遡上率の間に有意（p>0.05）な相関がある。なお、流速0m/sのデータは越流流速がほとんど0cm/sのため、回帰・相関分析から除外した。
各点に実験条件の堰高を示す。

活性期と非活性期の間に明確な差がなかったため、同じ平常時のデータとして回帰式を算定した。

ただし、ギンブナでは明らかに直線回帰からはずれていたため（R^2=0.157、n=8、有意な相関なし）、散布図の形状から判断して二次曲線で回帰式を算定した。（図4-3-3）

● 回帰分析の結果

回帰分析の結果、外来魚（オオクチバス成魚・未成魚、ブルーギル成魚）では越流流速が速くなるほど遡上率が低くなる傾向があったが、ギンブナ成魚（在来魚）では90cm/s程度までは越流流速が速くなるほど遡上率が高くなり、それを越えると低くなる傾向が見られた。

オオクチバスは、越流流速が速くなるほど遡上率が低くなる傾向があり、その傾向は未成魚よりも成魚の方が顕著だった。

ブルーギル成魚も、越流流速が速くなるほど遡上率が低くなる傾向があったが、オオクチバスよりも遡上率が全般的に低い傾向があった。

ギンブナ成魚は、90cm/s程度までは越流流速が速くなるほど遡上率が高くなり、それを越えると低くなる傾向があった。

また、同様に堰高と遡上率の関係を分析した結果、外来魚（オオクチバス成魚・未成魚、ブルーギル成魚）では堰高が高くなるほど遡上率が低くなる傾向があり、ギンブナ成魚ではそのような傾向が認められなかった。

6．まとめ

堰実験により、堰高、流速、流水パターン（平常時、出水時）、季節（活性期、非活性期）の各種条件下における遡上抑制効果の検証を行った。その結果、堰の越流流速が90cm/s程度までの流れに対する反応が外来魚と在来魚（ギンブナ）で異なることが判明した。また、堰高が高くなるほど外来魚の遡上率が低くなることが判明した。これは、琵琶湖につながる河川・水路などにもぐり堰等の構造物を設置することで、外来魚遡上による拡散を防止

できる可能性が示唆された。

　今後は、現地での検証に向けて、適地の選定を行い、魚類分布状況などの事前調査を行った上で、もぐり堰による遡上抑制効果を検証してゆく必要がある。これには、①越流流速90cm/s程度の流れを作ることで外来魚と在来魚の分離が可能かどうか。②堰高により①の効果に違いが生じるのかどうか。越流流速の最適化やもぐり堰の設定条件などを現場で検証してゆく必要がある。

（藤井節生）

4-4　コイ・フナ類の産卵に配慮した琵琶湖水位操作の試み

1．はじめに

　琵琶湖の水位は、琵琶湖唯一の自然流出河川である瀬田川に設置されている「瀬田川洗堰」により調節されている。この堰で放流量をコントロールすることにより、琵琶湖・淀川水系の治水と利水安全度は飛躍的に向上した。

　しかし、瀬田川洗堰の流量調節により琵琶湖の水位変動は約235kmにも及ぶ琵琶湖湖岸全域に影響を及ぼし、とくに4月から7月頃を産卵期とするコイ科魚類の産卵と成育に影響を与えていることが近年指摘されるようになった。

　琵琶湖河川事務所では、これらの対策として生態系に配慮した瀬田川洗堰の試行操作を行っており、ここではその取り組みについて紹介する。

2．試行操作取り組みまでの経緯

　1997年にこれまでの治水・利水を目的とした河川法（1964年制定）が改正され、近年の国民の環境に対する関心の高まりや地域の実情に応じた河川整備の必要性等を踏まえ、「河川環境の整備と保全」を河川法の目的（河川法第一条）に位置付けるなど、抜本的な見直しを行うこととなった。

　これを受けて、近畿地方整備局では、「河川整備計画」の策定に向け、2001年2月に淀川水系流域委員会（以下流域委員会）を設置した。

　2003年1月には流域委員会より『新たな河川整備を目指して―淀川水系流域委員会　提言―』が提出され、琵琶湖の水位管理に関して「自然の水位変化が大幅に失われており」、「ホンモロコやニゴロブナ等を典型とする在来魚介類の生息域の減少に大きく影響している。」との課題が指摘された。生物の生息環境については、「洪水期制限水位への移行期に瀬田川洗堰からの放流量を増加させることにより、琵琶湖の水位を急低下させていることが生態系に大きな影響を与えている。」とされ、検討を要するとの指摘がなされた。

　これら指摘に対して、近畿地方整備局では、琵琶湖生態系の改善は、緊急

の課題の一つであると認識し、2003年から琵琶湖水位の急激な水位低下を緩和するため、治水・利水・環境の調和のとれた最適な琵琶湖の水位管理を目指し、瀬田川洗堰の試行操作を実施することとなった。

3．琵琶湖の水位管理

琵琶湖の水位は瀬田川洗堰により調節されている。瀬田川洗堰の水位管理は、琵琶湖周辺の洪水防御、水道用水及び工業用水の供給などを目的として、梅雨や台風など、降水量が多く洪水が起こりやすい時期を洪水期間（6月16

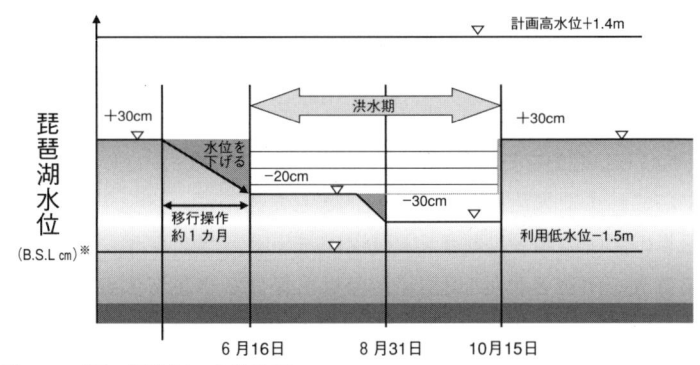

図4-4-1　瀬田川洗堰の水位管理

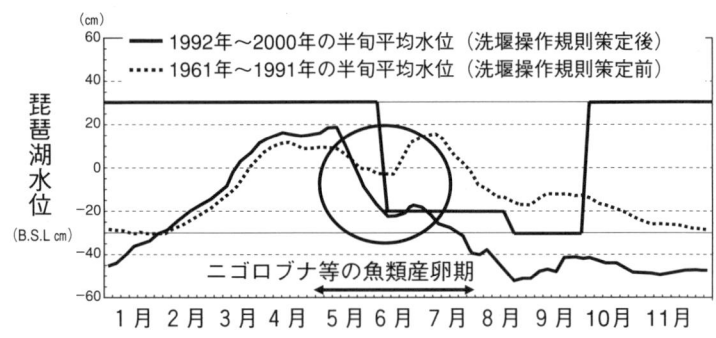

図4-4-2　操作規則策定前後での琵琶湖水位の比較

B.S.L：（Biwako Surface Level）：琵琶湖の基準水位のことで鳥居川観測所の零点高（T.P.+84.371m）としている。
T.P.（Tokyo Peil）は、東京湾中等潮位のことで、わが国の高さの基準。

日～10月15日）とし、6月16日から8月31日までの期間はB.S.L－0.2m、9月1日から10月15日までの期間はB.S.L－0.3mに制限し、それ以外の非洪水期間（10月16日～翌年の6月15日）はB.S.L＋0.3mを上限に水位管理を行っている（図4-4-1）。

　この水位管理は、琵琶湖総合開発事業の完成を受けて、1992年に瀬田川洗堰操作規則として新たに策定された。

　この操作規則に基づき、6月16日にはB.S.L－0.2mとなるよう、5月中旬以降から約1カ月かけて水位を低下させる操作を行っている。（以後、移行操作という。）

　しかし、この移行操作の時期がニゴロブナやホンモロコ等のコイ科魚類の産卵時期と重なり合う。そのため、瀬田川洗堰の放流に伴う琵琶湖水位の急激な水位低下が、琵琶湖沿岸部のヨシ帯等で産卵するコイ科魚類の産卵・生育環境に影響を及ぼしていると指摘されている。いわゆる魚卵の干出である。

4．琵琶湖河川事務所の取り組み

　琵琶湖河川事務所は、琵琶湖におけるこれらの課題を認識し、2003年から生物の生息・生育環境の保全・再生を目指した「瀬田川洗堰の水位管理」を行うため、順応的管理の考えを導入し、試行操作方針に順応性をもたせ、以下のことに取り組むこととした。

①生物の生息・生育環境の調査モニタリング

　まず、琵琶湖沿岸部におけるコイ科魚類の産卵及び成育実態を把握す

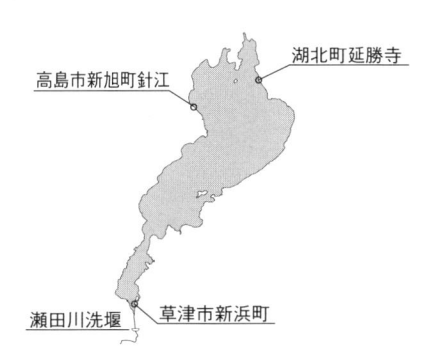

図4-4-3　生物の生息・生育環境の調査地点位置図

ることに努めた。産卵実態については、コイ・フナ類、ホンモロコを中心とした魚類の天然産着卵の付着状況の確認とコドラート法による産着卵数の推定を行った。(魚卵調査)

調査地点は、2003年当初から変動はあるものの2007年においては、高島市新旭町針江、湖北町延勝寺、草津市新浜の3地点において、3月〜8月まで実施している。

②瀬田川洗堰の試行操作を実施

治水・利水・環境の調和のとれた最適な琵琶湖の水位操作を目指し、治水、利水機能を維持しつつ、移行操作における琵琶湖の急激な水位低下を緩和することを目的とした瀬田川洗堰の試行操作を開始した。

③専門家の指導・助言を得る制度を構築

2004年3月、河川管理者が「河川整備計画」に係る調査や事業を実施・検討する際等に学識経験者の指導・助言を得るため「琵琶湖及び周辺河川環境に関する専門家グループ制度」を立ち上げ、その中に、琵琶湖の望ましい水位変動も含めた水陸移行帯の環境改善に関する「水陸移行帯ワーキング」を設置することにより指導・助言を得ることとした。この「水陸移行帯ワーキング」は公開性をもった会議とした。

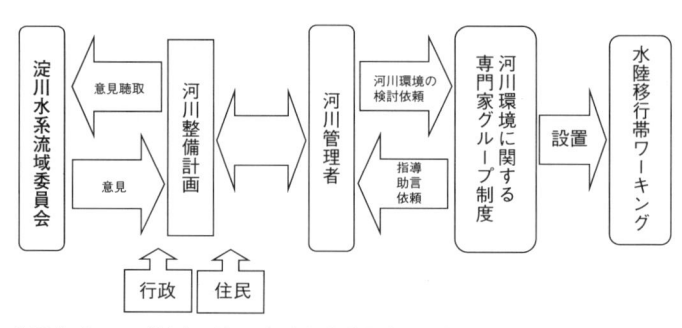

図4-4-4 専門家グループ制度と淀川水系流域委員会の役割

5. 生物の生息・生育環境の調査結果及び評価方法

2003年からの継続的な魚卵調査などの結果より、コイ・フナ類の産卵生態については、湖岸域の浮遊物（琵琶湖の水位変動に一定範囲追随できる場所）への産着が多く、ホンモロコでは湖岸付近の固定物（琵琶湖の水位変動に追随できない場所）への産着が多いという結果を得た。

これらの結果から、琵琶湖の水位変動による魚卵（産着卵）の干出状況を推定するため「干出率」を計算し、試行操作の実施効果を評価することとした。干出率の推定方法は図4-4-5に示す。

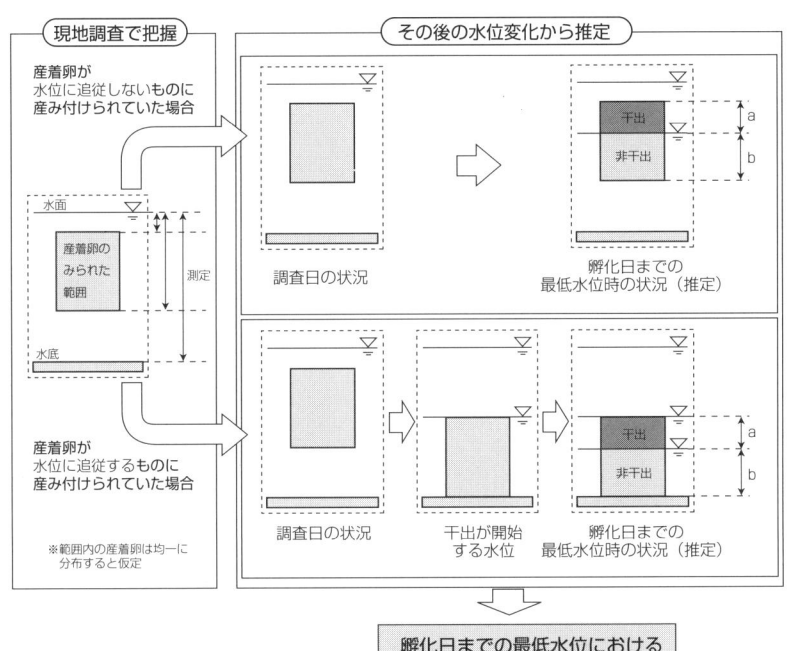

図4-4-5 干出率の推定方法

6．試行操作の実施状況

　治水・利水機能を維持しつつ、急激な水位低下を避けてコイ科魚類の魚卵の干出を防ぐために実施した。2003年からの試行操作の取り組み経過及び琵琶湖の水位状況を表4-4-1、図4-4-6に示す。

表4-4-1　試行操作の実施結果表

年	水位維持の目標	結　　果
1992〜2002年	5月中旬に常時満水位（B.S.L+0.3m）まで水位上昇させ6／16にB.S.L−0.2mまで低下させる。（急激な水位低下）	コイ科魚類の魚卵の干出死が発生しているとの指摘
2003年 試行操作	4月下旬に常時満水位（B.S.L+0.3m）まで水位上昇させ6／16にB.S.L−0.2mまで低下させる。（緩やかな水位低下）	魚卵の干出数が減少することが判明。さらなる改善方法への期待。
2004年 試行操作	Ⅰ期（4／1〜5／10）とⅡ期（5／11〜6／16）に分割して管理。Ⅰ期では、常時満水位（B.S.L+0.3m）より低い最低水位維持ライン（B.S.L+0.1m）で管理するとともに、降雨による水位上昇後7〜10日間の水位維持Ⅱ期では、6／16に洪水期制限水位（B.S.L−0.2m）となるように徐々に水位低下を実施。	7〜10日の水位維持を実施途上に大きな出水に見舞われ全開操作を行ったことから多くの魚卵が干出死。
2005年 試行操作	Ⅰ期（4／1〜5／10）とⅡ期（5／11〜6／16）に分割して管理。Ⅰ期では、B.S.L+0.25m〜B.S.L+0.05mの環境に配慮する範囲内に管理するとともに、降雨による水位上昇後7日間の水位維持を実施。Ⅱ期では、6／16にB.S.L−0.15m〜B.S.L−0.2mの環境に配慮する範囲内となるように徐々に水位低下を実施。	コイ科魚類の産卵期にまとまった降雨が見られなかったため水位維持には成功し、魚卵の干出は少なかったが、産卵量そのものも減少。
2006年 試行操作	2005年と同じ操作を実施	水位維持に成功し、魚卵の干出は少なかったが、産卵量は減少。

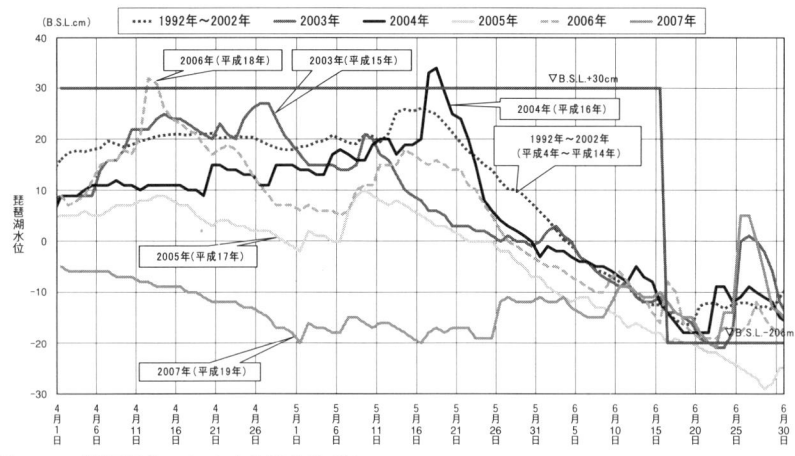

4章　とりもどせ！琵琶湖・淀川の原風景

図4-4-6　試行操作における実績水位グラフ

7．試行操作の結果

2003年～2006年までのコイ・フナ類とホンモロコの魚卵の干出率の推定結果と産着卵数について表4-4-2、図4-4-7に示す。

2006年は、草津市新浜、高島市新旭町針江、湖北町延勝寺のいずれの地点においてもコイ・フナ類及びホンモロコの推定干出率が最も低くなった。しかし、2004年5月に、降雨による水位維持が連続し、B.S.L+0.3mを超え

表4-4-2　2003年～2006年水位操作によるコイ・フナとホンモロコの卵干出率

■コイ・フナ類　単位：%

	南湖	北湖	
年	草津市新浜町	高島市針江	湖北町延勝寺
2003	—	5.8※	—
2004	—	52.0	11.6
2005	—	8.5	15.7
	(H18年から実施)		
2006	2.5	1.2	2.2

■ホンモロコ　単位：%

	北湖	
年	高島市針江	湖北町延勝寺 St.B
2003	10.1※	—
2004	22.8	—
2005	17.4	20.1
2006	1.6	11.2

注1）※は高島市新旭町饗庭での結果を示す．

237

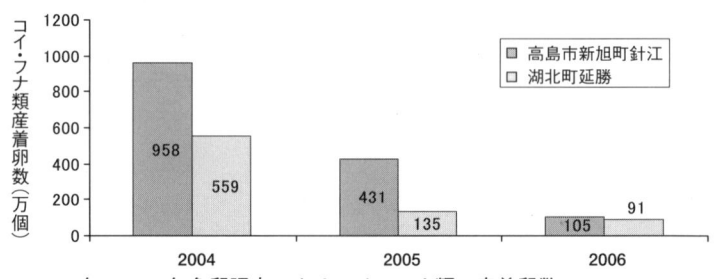

図4-4-7　2004年～2006年魚卵調査によるコイ・フナ類の産着卵数

る出水が発生したため、琵琶湖湖岸域の洪水防御のため全開放流操作を実施し、急速な水位低下を行った。結果として干出率が高くなった。

また2006年は、高島市新旭町針江、湖北町延勝寺のいずれの地点においてもコイ・フナ類の産着卵数が、産卵調査の開始以来最低を記録することとなっている。草津市新浜地点は調査期間が短いため比較は行っていない。

8．試行操作の課題

試行操作については、順応的管理を導入し実施結果を評価し、方針の修正を行っている。これまでの取り組みにおいて、卵の干出を緩和する手法として、以下の方法が確立されてきた。

①降雨後の水位上昇に伴い一定期間の水位を維持。
②水位上昇後の水位維持を可能とするよう利水に配慮して低い水位で管理を実施。
③現在の操作規則を逸脱しない範囲で環境に配慮する水位幅内（B.S.L+0.05m～B.S.L+0.25m）で管理。

ただし、7．試行操作の結果にあるように、水位維持を連続して実施することによりB.S.L+0.3mを超え急速な水位低下を行った事例や産着卵数が減少傾向にあるなど、まだまだ課題も多い。

9. 2007年琵琶湖水位の試行操作方針

2006年までに実施した試行操作方法により、魚卵の干出を緩和できることが概ね明らかになってきた。

2007年はさらに試行操作方法を改善し、2003年から実施している産卵期の魚卵調査を活かし、規模の大きい産卵があった場合（10万個以上[※]）に水位維持、それ以外の場合は速やかな水位低下を実施し、新たな産卵に備える操作を行うこととした。以下に2007年の操作方針を示す。（図4-4-8）

① 日々の産卵量を調査3地点（草津市新浜、高島市新旭町針江、湖北町延勝寺）のいずれかの地点で計測
② 調査地点で10万個以上の産卵が計測された日を「大産卵日」とし、翌日から5日間は水位維持
③ 4月1日から5月10日までは、目標下限水位をB.S.L.+0.05m、水位維持の上限値をB.S.L.+0.25mとし、この水位範囲内で、環境に配慮した操作を目指す。
④ 5月11日から6月15日までは、目標下限水位を6月16日時点でB.S.L.-0.2mとするとともに、水位維持の上限値も6月16日時点でB.S.L.-0.15mになるように水位低下量の緩和を目指す。

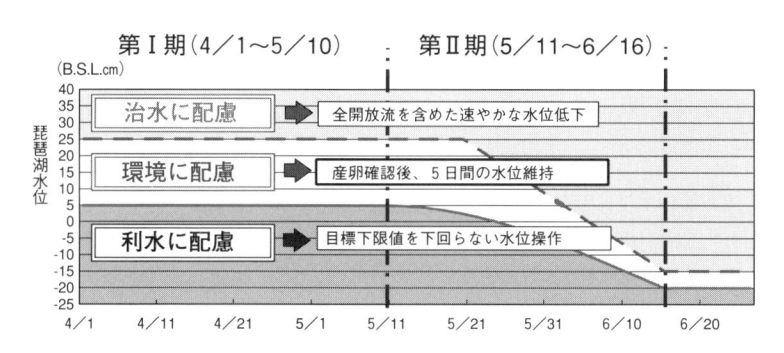

図4-4-8　試行操作の概念図

10万個以上：2004年から2006年までの魚卵調査結果において、10万個以上の産卵が全産卵数の97%を占めることによる。

10. まとめ

　2003年からの取り組みにより、コイ科魚類の産着卵の干出について水位維持や水位低下量の緩和が効果的であるとの結果を得た。しかしながら、瀬田川洗堰の試行操作は、操作規則を逸脱することはできないのが現状である。

　コイ科魚類の産卵・成育環境では、まだまだ未解明な部分が多く、専門家の指導・助言を受けつつ、継続して順応的管理を試行して行くことが必要である。

　今後とも、瀬田川洗堰の水位操作については、コイ科魚類だけでなく生物の生息・生育環境の調査を実施し、問題点等実態を把握の上、試行操作を行いながら、モニタリング及び評価を実施して、より最適な琵琶湖水位管理に向け試行を継続してゆくものである。

（藤井節生）

4-5　琵琶湖と田んぼを結ぶ取り組み

1．はじめに

　国土交通省琵琶湖河川事務所が2004年から試行的に取り組み始めた琵琶湖と田んぼを結ぶ取り組みについて紹介する。

　琵琶湖の唯一の水の出口である瀬田川洗堰の操作規則は琵琶湖総合開発の中で実施された琵琶湖開発事業（「水資源開発」と「琵琶湖治水」）が完成した1992年3月に制定された。この新しい操作規則により非洪水期（10月16日～翌年6月15日）には、基準水位＋0.30m以下を維持し、洪水期には琵琶湖水位をあらかじめ基準水位－0.2m（6月16日～8月31日）及び－0.3m（9月1日～10月15日）に下げておくことで、洪水時の最高水位を下げるようにしている。この琵琶湖の水位操作により①水位の季節的変動リズム（自然攪乱）が喪失するとともに、②長期的な低水位が頻繁に生じるようになったことなどにより、「ホンモロコやニゴロブナ等を典型とする在来魚介類の生息域の減少に大きく影響している」③琵琶湖と周辺水域・陸域間の連続性の遮断など2003年1月に淀川水系流域委員会から指摘を受けている。また、委員会からは湖岸堤による水陸移行帯の分断を回復するための手法や内湖や水田等との連続性を確保するための手法など環境修復策の検討を指摘されている。これを受け、琵琶湖河川事務所では、①コイ科魚類の産卵生育環境に配慮した瀬田川洗堰の水位操作の実施②瀬田川洗堰の管理者として実施可能な環境修復策の検討③上記の生態系の環境調査（モニタリング調査）を行うこととなった。

2．湖岸からスタート

　2003年から高島市や湖北町などの琵琶湖湖岸部での生態系の環境調査を開始した。その結果、高島市新旭町針江では琵琶湖水位が低下すると湖岸部の水陸移行帯で魚卵（産着卵）の干出や仔稚魚の逃げ遅れによる干出死が確認された。取り残される湖岸の池と琵琶湖を水路でつなぐことで魚卵の干出、仔稚魚

の逃げ遅れによる干出死を軽減できることがわかり、自然環境豊かな琵琶湖の景観を守りながら、機械を使わず人の手でまず水路を掘ることから始めるという試験的な取り組みがスタートすることとなった。当時、淀川水系流域委員会の委員であった京都精華大学の嘉田教授（現、滋賀県知事）の紹介により地元で暮らしの水環境に関する活動を続ける「世代をつなぐ水の学校」の子供たちを中心に漁業関係者や研究者、行政関係者等にも参加、協力をいただき2004年10月24日に「魚に優しい水路掘り」を計45名で実施した。これを契機に高島市でのお魚をふやす取り組みが農業、漁業、地元針江区、市、県、国の関係者で始まることとなるのである。

3．みずすまし水田が完成

「魚に優しい水路掘り」に参加されていた地元の土地改良区の事務局長の「昔は琵琶湖が水ごみ（洪水で琵琶湖水位が上昇する）の時には、田んぼに沢山のフナやナマズがのぼってきた」という話がきっかけで、針江にある休耕田で魚がのぼって産卵できる環境を作れないだろうか、という提案があった。それから、この水田の所有者に掛け合って休耕田を利用させてもらう承諾を草刈りや維持管理をすることを条件に借りることになった。2005年4月

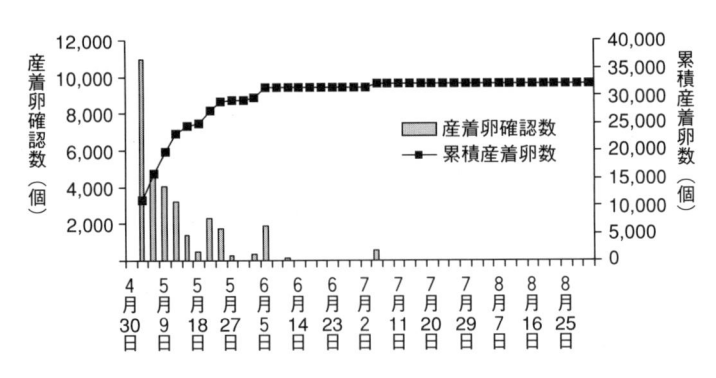

図4-5-1　みずすまし水田での産着卵数（2005年、コイ・フナ類）

29日には2年間休耕していた田んぼ（3,300㎡）は「みずすまし水田」として完成した。このみずすまし水田の名称は、農業排水による琵琶湖への負荷を減らすため、水を澄ませる役割の田んぼという意味でこのネーミングとなったものである。みず

写真4-5-1　自然観察会（2007年、みずすまし水田）

すまし水田は田んぼ横の水路の水を堰上げ、上流から水を入れられるようにし、田んぼの排水口に魚道を設置して魚が上がりやすくしている。4月の末から通水を始めるとすぐに効果が現れ、フナやドジョウが魚道からたくさんのぼり始め、産着卵の累計は5月だけで3万個以上にもなった（図4-5-1）。孵化して成長した稚魚は琵琶湖に戻っていった。自然観察会は、2005年5月～6月に3回琵琶湖博物館うおの会に指導していただき実施した。地元の方を中心に毎回約40名の方と調査を行うことができた。この水田では、フナ、ドジョウ、ナマズ、シマドジョウ、ゴリ、タナゴ、エビなどを確認でき、在来魚にとって外来魚が入ってこない安全で良好な産卵生育に適した環境となっている。琵琶湖、河川、農業水路と田んぼがつながる効果は、在来魚を増やすうえで大きな役割を果たしていることがわかる。2006年と2007年にも自然観察会を各3回実施し、2007年の観察会では1回でこれまで最高の200名を超える参加者となり、魚をふやす取り組みを理解していただくことができた（写真4-5-1）。

4．琵琶湖と田んぼを結ぶ連絡協議会

これまでに取り組んできた湖岸での水路づくりやみずすまし水田での取り組み、自然観察会等で、地元と行政機関が一体となって推進できる体制ができ上がりつつあった。そこで、単発的な取り組みとならないように2005年8

月23日に琵琶湖と田んぼを結ぶ連絡協議会を設立することとした。協議会会長は高島地域みずすまし協議会の会長、その他のメンバーは農事組合、湖西漁協、針江区、針江生水の郷委員会、高島市環境政策課、独立行政法人水資源機構、国土交通省といった多彩な構成となっている。この協議会が中心となってメンバー全員が共通の目的である「お魚をふやす」という目的に向かって各団体で取り組みできることを主体的に行うこととしている。

5．高島うおじまプロジェクト

琵琶湖と田んぼを結ぶ連絡協議会の各団体でそれぞれ魚をふやす取り組みを実施している。高島市で実施している各々の団体のプロジェクトを総称して「高島市うおじまプロジェクト」と名付けた。「うおじま」とは、昔、魚が湖岸に産卵しにくるとき、大群となって押し寄せ、それが島のように見えたことから呼ばれた漁師言葉で、今では見られなくなった「うおじま」を復活させるという願いがこの名前に込められている。

● みずすまし水田プロジェクト（3で紹介）
● 針江浜うおじまプロジェクト

針江浜では、ヨシを守り育てる取り組みと水位低下で湖岸に取り残される仔稚魚を助ける取り組みを行っている。ヨシを守る取り組みとして突堤1基と消波堤3基を施工し、ヨシにあたる波浪の影響を弱め、ヨシ苗も植栽して湖岸環境の復元を図っている。消波堤は木枠組みで中に粗朶が入った構造となっており、1基あたり幅約2m、長さ約20mとなっている。写真は粗朶の充填作業で地元の方、NPOやボランティアの協力を得て2006年1月28日に行ったものである（写真4-

写真4-5-2　消波堤施工（粗朶充填作業）

5-2）。

　ヨシを植栽する取り組みは2007年3月18日に地元の方を中心に82名が参加して小雪が舞う天候のなか行われ、ヨシ苗600株は湖岸（690㎡）に植えられた（写真4-5-3）。針江浜リニューアルセレモニーとしてタイムカプセルの埋設もあわせて行われた。カプセルの中には参加者の針江浜の未来についてのメッセージが封入されている。このことは知事にも伝わり、知事からのメッセージも入っている。10年後の2017年3月18日にタイムカプセルは、開封され、関係者は10年分の思い出を持参し集まることとしている。

　湖岸に取り残される仔稚魚を助ける取り組みは、湖岸で干上がる池（タマリ）に隣接する水路に堰を設置し、その水をせき上げ、池に導水し仔稚魚の干出を防ぐものである。5月中旬から6月中旬にかけ琵琶湖の水位低下が生じるその時期からコイ科魚類の産卵終期である8月頃まで堰を起こして導水し、その他の期間は堰を伏せた状態でモニタリング調査を実施している。

写真4-5-3　ヨシの植栽

● 深溝うおじまプロジェクト

　琵琶湖湖岸に琵琶湖と隔絶され琵琶湖水位が高いときには出現し、低くなると干出して消滅する池（タマリ）がある。この池が魚の産卵場として利用できるかを検証するための取り組みである。漁師から、この池は琵琶湖水位が高くなると琵琶湖と通じ、魚が産卵にきたと聞き、琵琶湖とつないでみることとなった。また、この池と田んぼを結ぶ水路も接続して琵琶湖、湖岸池、水路と田んぼを結ぶ取り組みが「深溝うおじまプロジェクト」である（図4-5-2）。まず、琵琶湖と湖岸池の接続をする水路掘りを湖西漁協で施工（2006年4月24日完成）、湖岸池と水路を結ぶ魚道を国土交通省琵琶湖河川事務所で施工（2008年3月完成）する。水路と田んぼを結ぶ通路（魚道）は農業者

図4-5-2　深溝うおじまプロジェクト

で行うというものである。付近の農業水路には、フナ、タナゴ、メダカ、ドジョウ、ゴリ、水生昆虫等が生息している。

● 田んぼ池プロジェクト

　水資源機構琵琶湖開発総合管理所では、湖岸道路沿いの遊休地を利用して2005年3月から高島市新旭町太田に田んぼ池（田んぼのような池）をつくってコイ、フナ等の在来魚の産卵、生育環境を助ける取り組みを行っている。幅10～20m、長さ50m～100m、深さ0～50cm程度の田んぼ池を3カ所施工している（写真4-5-4）。田んぼ池ではフナ、モロコ、ドジョウ、ナマズ、タナゴ等の魚類と魚の卵が多数確認されている。

写真4-5-4　田んぼ池（太田）

6．今後の取り組みについて

　現在、地元の方と協力的にお魚をふやす取り組みを進めることができているのは、観察会で多様な生きものに直接触れ、魚を育み、守ることによって環境が保全されていることを地元住民の方に理解頂けただけでなく、地域の財産として水辺の環境保全に自らが取り組む必要性を認識されたことや自然観察会を主催者が楽しんで実施していることも成功の一因ではないかと思われる。

　また、その他の関係機関と連携強化を更に推進していくことや今後他地域への展開を図っていくことが望まれるところである。

　市民の方でこのお魚をふやす取り組みに賛同し、参加していただける方を「お魚ふやし隊」※として住民連携できる取り組みも行っており、今後、お魚ふやし隊の活動を広げ、瀬田川洗堰の操作に反映できる取り組みを考えていくことが課題である。高島市のこの先行的事例が、琵琶湖の他の沿岸市町への展開の参考となれば幸いである（図4-5-3）。

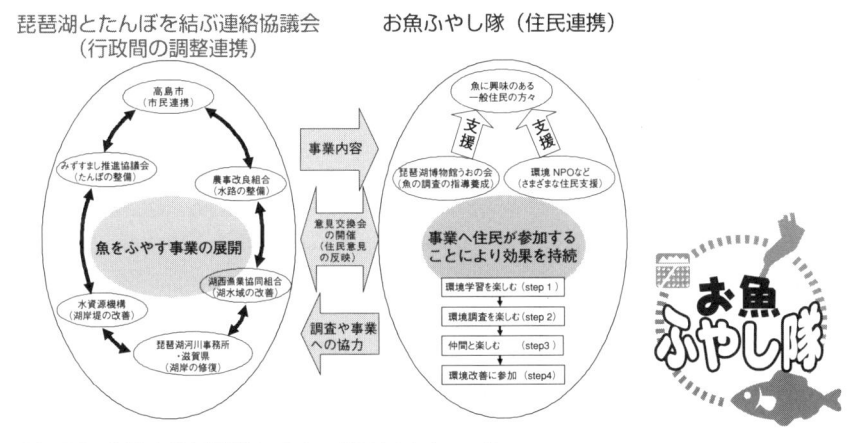

（藤井節生）

図4-5-3　行政と住民連携のイメージ図とロゴマーク

お魚ふやし隊：ＵＲＬ（http://www.osakana-huyashitai.jp/）

4-6　魚のゆりかご水田

1．はじめに

　かつて琵琶湖周辺の田んぼは、フナ、コイ、ナマズなど湖魚の格好の産卵成育の場だったが、同時にそこは、田舟などによる農作業を余儀なくされたり、琵琶湖の水位変動の影響を受けやすく、大雨が降ると浸水被害に見舞われるなど、農業活動においては非常に不利な地域でもあった。このため、昭和40年代から、治水・利水対策として、湖岸堤防の整備が行われ、逆水灌漑や琵琶湖水位の操作が行われた。それとともに、農業の生産性向上や食糧増産を目的とした農地整備が進められたことで、琵琶湖周辺地域の人々が安心して安定した生活を送ることができるようになった。

　しかし一方では、琵琶湖と水田間の魚類の移動経路や、移動の機会が減少することにつながり、近年では、水田地帯で見られる魚類の姿はめっきり少なくなった（図4-6-1）。

　このような水田地域を含む水辺環境の変化は、オオクチバスやブルーギル

ニゴロブナの生活史とかつての琵琶湖沿岸

ニゴロブナの成長

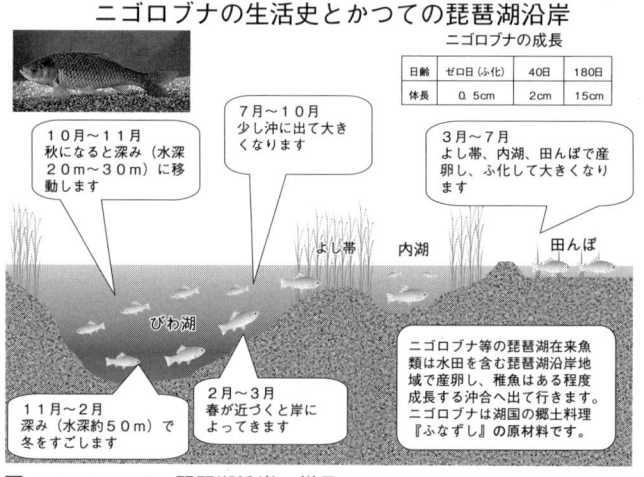

日齢	ゼロ日（ふ化）	40日	180日
体長	0.5cm	2cm	15cm

10月～11月
秋になると深み（水深20m～30m）に移動します

7月～10月
少し沖に出て大きくなります

3月～7月
よし帯、内湖、田んぼで産卵し、ふ化して大きくなります

よし帯　　内湖　　田んぼ

びわ湖

11月～2月
深み（水深約50m）で冬をすごします

2月～3月
春が近づくと岸によってきます

ニゴロブナ等の琵琶湖在来魚類は水田を含む琵琶湖沿岸地域で産卵し、稚魚はある程度成長する沖合へ出て行きます。ニゴロブナは湖国の郷土料理『ふなずし』の原材料です。

図4-6-1　かつての琵琶湖沿岸の様子

といった外来魚の増加等とあわせ、結果として、身近な存在であったフナ、コイ、ナマズなどの琵琶湖の在来魚の減少を招いてしまったものと考えられる。

滋賀県特産「ふなずし」の材料でもあるニゴロブナの漁獲量の減少は著しく、「ふなずし」は今では高価な食べ物となりつつある。

2．プロジェクトの始まり

近年、水田のような一時的水域が、多くの淡水魚の繁殖または成育の場として重要であることが、広く認知されるようになってきた。

そこで滋賀県では、湖の魚が産卵・成育できる水田環境を取り戻すため、2001年度から「魚のゆりかご水田プロジェクト」に取り組んでいる。農村振興課、水産試験場、（独）農業工学研究所が中心となり、農業技術振興センター、琵琶湖博物館、地域振興局田園振興課、水土里ネット滋賀、滋賀県農林土木コンクリート製品協会、学校、農家をはじめ多くの人々や団体の協力を得て進めてきた。

3．水田は『魚のゆりかご』

かつての水田は、魚の産卵繁殖の場だった。現在の圃場整備後の慣行農法による稲作水田においても、魚の繁殖の場としての機能を有するのか、検証を行った。

田植え後の水田にニゴロブナの親魚を放流し産卵させ、中干しまでの稚魚の成育状況を調査したところ、稚魚の生残率（稚魚数／産卵数）は平均で約30％、高い水田では約60％にもなり、琵琶湖沿岸のヨシ帯よりも高いことがわかった（写真4-6-1）。

写真4-6-1　ニゴロブナ親魚の産卵行動

写真4-6-2　フナの進入　　　　　　　写真4-6-3　一筆排水枡から流下した稚魚

　水田は水深がきわめて浅く、オオクチバスなどの外敵がいない。また水温が比較的高く、栄養分が多いため、仔稚魚のエサとなるプランクトンが豊富である。そのため、仔稚魚の成長がよく、孵化後約1カ月で遊泳力が備わる全長2cmに達することが確認されている。水田はまさに稚魚たちを育む『ゆりかご』であることを認識した（写真4-6-2、写真4-6-3）。

4．魚類の産卵成育の場として水田を活用する『魚のゆりかご水田プロジェクト』
　圃場整備前の水田が「魚のゆりかご」として役割を担っていたのは、琵琶湖の増水時に水面と田面がほとんど落差なくつながり、魚類が琵琶湖と田んぼを容易に往き来できたことによると思われる（図4-6-2）。そこで、平成16年度から、排水路の水位を階段状に堰上げ、水田の水面と同水位にする「排水路堰上げ式水田魚道」を設置した（写真4-6-4）。その結果、降雨があるたびにフナ、コイ、ナマズ、タモロコ等多数の湖魚が産卵のため水田に遡上し、また大きく育った多数の稚魚が琵琶湖に戻って行くことを確認できた（写真4-6-5、写真4-6-6）。

写真4-6-4　排水路堰上げ式水田魚道
下流から。

4章 とりもどせ！琵琶湖・淀川の原風景

ほ場整備によってできた水田と排水路の落差　　魚道設置による水田と排水路の落差解消

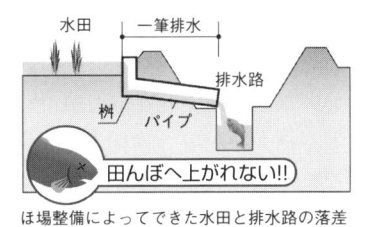

図4-6-2　排水路堰上げ式水田魚道の効果

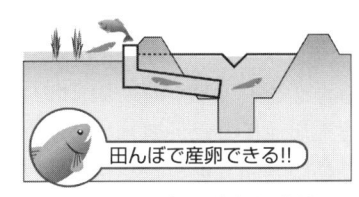

写真4-6-5　ナマズの遡上　　　　　　写真4-6-6　田んぼに遡上するフナ

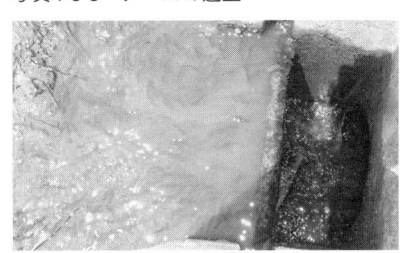

写真4-6-7　水田から稚魚の流下　　　写真4-6-8　稚魚つかみ

写真4-6-9　親子観察会　　　　　　　写真4-6-10　魚道の住民施工

251

この成果を受けて、2006年度は、琵琶湖周辺の12地域約40haで農家を中心とした地域活動組織が間伐材を用いて魚道を設置した。すると、約20haの水田から、中干し時に推定83万尾の稚魚が排水路へ流下した（写真4-6-7）。
　魚道を設置した各地域では、稚魚が流下する様子を見て「水田と琵琶湖との強いつながりを再認識させられた」という声が聞かれた。小学生による環境学習会が開かれ、食料生産と魚をはじめとした生き物の生息地としての水田の価値を学習する貴重な場を提供することもできた（写真4-6-8、写真4-6-9）。

5．魚のゆりかご水田で生産した米をブランド化

　"魚のゆりかご水田"に取り組んだ地域では、「環境こだわり農産物」とも組み合わせて、「"琵琶湖や多くの生き物と共存する米づくり"を、直接、消費者に評価してもらおう」という機運が高まりつつある。
　このため滋賀県では、稚魚の成育等に配慮して栽培されたお米を『魚のゆりかご水田米』として2006年7月に商標登録し、ブランド化を図っている（図4-6-3）。
　また平成2007年度は、一般消費者へのイメージアップを図るため、ブランドマークを公募により決定した。今後は、米袋や様々なPR資材への表示などに活用し、より魚のゆりかご水田米の普及を図り、永年的に継続される取組となるよう、農家の方をバックアップしていきたいと考えている。

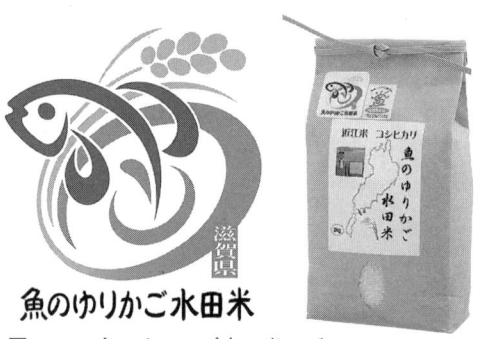

図4-6-3　魚のゆりかご水田米ロゴマーク

4章　とりもどせ！琵琶湖・淀川の原風景

6．農村に『にぎわい』を取り戻す魚のゆりかご水田

　田んぼに魚たちが戻ると、鳥の群れが目に付くようになった。網をもって魚採りをする子どもたちの姿も戻ってきた。その光景を暖かい眼差しで見つめる農家や、お年寄りの姿も見られるようになった。

　このように、田んぼに生き物のにぎわいが戻ると、農村では世代をこえ、地域をこえた人々のにぎわいが戻ることがわかった。今後は、環境保全や生態系保全の面だけの取り組みではなく、人と人とのつながりの再生といった面に注目し、より幅広い連携と協力のもと、『魚のゆりかご水田』を普及推進し、生き物と、人々でにぎわう農村づくりを目指していきたいと考えている。（図4-6-4、写真4-6-10）

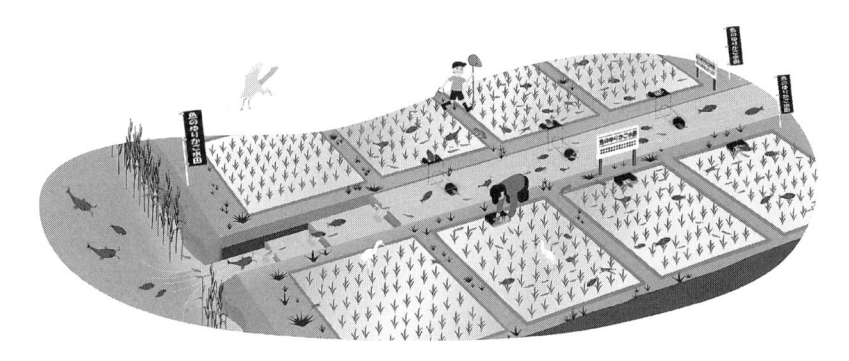

（堀明弘）

図4-6-4　生き物と人々でにぎわう農村

4-7　淀川での自然再生の取り組み

淀川でのケーススタディとして、ワンド、ヨシ原再生の取り組みについて紹介する。

1．まえがき

淀川には、「ワンド」と呼ばれる水域がある。本流に隣接し、洪水時には本流と一体となって速い水の流れとなるが、普段は緩やかな流れで水深も浅く、本流には見られない多種の生物の生息場所となっている。

もともとは明治時代の初期の頃に、上流からの土砂で船の運航（淀川は、当時京都と大阪をつなぐ重要な舟運の航路になっていた）に支障をきたしていた状況のため、水深を確保する目的で、川岸からＴ字型あるいはＬ字型の水制工が施工され、それが年月とともに口絵Ⅷ-1に見られるように多様な河川環境を形成するに至ったものである（3-4参照）。

しかし、戦後になって物流の主役が船から陸上交通に移るとともに、昭和20年代から30年代にかけて相次ぐ洪水に見舞われたことにより、昭和40年代以降、洪水対策の必要性から川幅を広げ、深く掘り下げる工事が全川にわたって行われ、数多く存在していたワンドは、ほとんどその姿を消すこととなった。

しかも、ワンドが姿を消しただけでなく、川岸を削られないよう河岸整備がなされ、堤防保護のため高水敷が整備されたことによって、いわゆる冠水

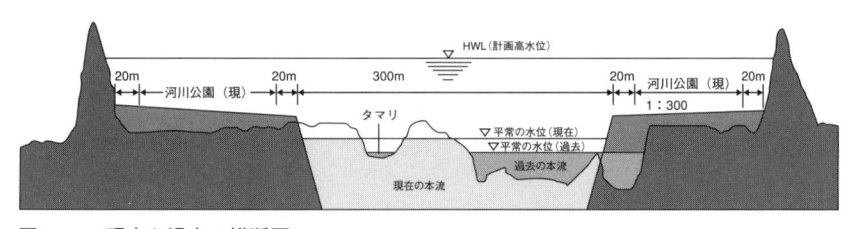

図4-7-1　現在と過去の横断図

域（普段は陸地になっているが、洪水時には水に浸かってしまうエリア）がきわめて小さくなり、川の横断方向の連続性が分断された形となった。（図4-7-1）

これにより、元々淀川を形づくっていたヨシ・ヤナギタデ等の湿地性植物が見られなくなり、オギ、セイタカヨシ、クズ等の陸域性植物への変移が急激に進行している。

こうした状況を受け、様々な取り組みを進めているところである。

２．ワンド再生の取り組み

まずはワンド再生の取り組みについて紹介する。淀川では、平成に入って以降、13個のワンド整備を行ったものを含めて2006年度末で46個のワンドが存在する。

具体の事例として、城北ワンド、楠葉ワンドの取り組みを示す（図4-7-2）。

城北ワンドでは、以前２〜３ｍ程度あった水位変動幅が80cmほどとなり環境の更新が少なくなり、周辺にヤナギが生え、ワンドの浅瀬部の面積が減少し環境が一転した。

このため、城北ワンドでは、実験ワンド、水際の改善と合わせたワンドの整備がなされている。

水際の改善と合わせたワンドの整備の様子を写真4-7-1で紹介して

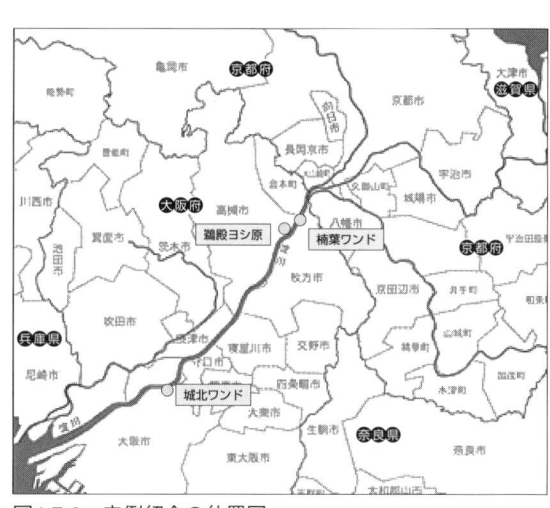

図4-7-2　事例紹介の位置図

いる。施工前は耕作等がなされていたが整備に合わせて水際が切り下げられ、ワンドも二つ作られ2001年に完成した。その後、順調に貝がすみ着き、魚も見られ、ワンドして機能するかに思われたが、抽水植物のスズメノヒエ類の侵入によりワンドとしてうまく機能していない。

今後、これらの知見をもとに、以前のワンドが維持できる再生を実施していく。

つぎに、楠葉(くずは)ワンドでの取り組みについて紹介する。

楠葉ワンドは、写真4-7-2のように、かってこの場所にワンドがあったものが、河道の拡幅等により消失した。

このため、楠葉ワンドでは、左岸側に5個（現在は8個）を全体計画として再生することとし、2002年（上流のワンド：1号ワンド）、2003年（下流のワンド：2号ワンド）に二つのワンドを完成させた（写真4-7-3）。この段

写真4-7-1　ワンドの変遷
左：施工前、中：施工後、右：施工後5年経過．

1974年　　　　　　　1987年（干陸化）　　　　　　2002年（再生化）

写真4-7-2　楠葉ワンドの変遷

階で、一端整備を止め下流のワンド整備に活かすため、モニタリングを実施することとした。

3年間モニタリングを実施した中で、魚についてはある程度の種類の回復が見られる。かつて存在したワンドでの魚類種数は26種が確認され（1973年）ていたが、再生ワンドでの魚類種数は20種が確認されている状況である。

魚類の種類数は以前に近づきつつあるものの、タナゴ類が見られない状況になっている。その原因については、二枚貝の再生産がうまく進んでいない状況にある。検討の結果、高水敷にへこむような形でワンドが存在することから、洪水時にワンドの上を走る十分な流れが発生していないことがわかった。

これらを受け、2006年度から上流部の切り下げ流れが入りやすくするとともに、下流域ワンドの整備を行って流れやすく改善を進めていくこととしている（写真4-7-4）。

写真4-7-3　完成した1・2号楠葉ワンド（2003年10月）矢印は水の流れの方向。

写真4-7-4　現在、整備中の3号ワンド（上）、上流部切り下げ（下）矢印は水の流れの方向。

3．鵜殿ヨシ原再生の取り組み

　鵜殿のヨシ原は約2kmにわたり約300～400mの幅、面積約75haの高水敷が広がっており、淀川最大のヨシ群落が形成されている（写真4-7-5）。鵜殿のヨシ原は古くから和歌に詠まれたり、雅楽のヒチリキの材料として宮中に献上されるなど、歴史・文化的に意義のあるものである。またオオヨシキリの繁殖やツバメの塒の場となるなど、ヨシ原特有の生物がすむ場であると共

写真4-7-5　鵜殿のヨシ原（2006年10月）矢印は水の流れの方向。

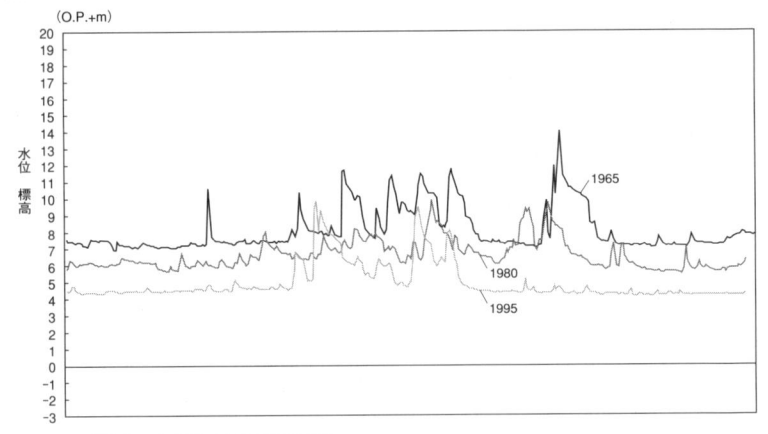

図4-7-3　鵜殿ヨシ原冠水頻度の変化
水位（標高）は、大阪湾最低潮位（O.P.）からの高さ。

に、伝統工芸のよしず等の材料を採取する場として、人と生物が共存してきた。

　ヨシ原は湿地環境の代表として貴重な水辺空間であり、カヤネズミやツバメのねぐらなどに代表される様々な生物が利用している重要な場所である。

　しかし、現在、鵜殿のヨシ原では、4m程度水辺との高低差が生まれ冠水頻度が低下し、陸域系のオギ、セイタカヨシなどに植生が変化し、ヨシ原が衰退しつつある（図4-7-3）。

　こうした状況を受け、暫定対策として、1998年から淀川の水をくみ上げヨシ群落の回復を助ける導水を実施している。

　口絵Ⅷ-2からわかるように、導水を開始してから水路の周辺がヨシを示す凡例に変わっていることが伺える。しかし、この対策はあくまで暫定であり、本来のヨシ原と河川水位の関係を復元することが必要である。

　そこで、1998年からヨシ原の高さを決めるため試験施工を行い、図4-7-4のとおり、青い水位変動に合わせた高さで2003年から本格的に回復のための切り下げ工事を実施している。その高さは現状から約4mの切り下げが必要となっている。

　1998年から試験施工を実施し、植生の回復状況から切り下げ高さを決定し2003年から施工を開始している。

　写真4-7-5の左側にへこんだ地形が見られるが、ここと道路を挟んだ川側が再生工事を実施した箇所である。

　工事では、ヨシの根があると考えられる表面から50cmから1mの層を表面に持ってきて、その下に元あった表土を敷き、ヨシが再生しやすいように工夫をしている。

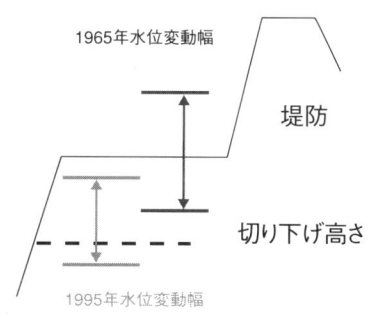

図4-7-4　以前の河川水位と現状の河川水位との関係

道路を挟んだ川側は、2002～2003年に工事を実施し、5年程度が経過している。現在は写真4-7-6のとおりほぼヨシ原が再生されているが、今後、以前のように植生密度が高く、茎径の大きなヨシ原環境が再生されるよう、モニタリングを行い順次施工を進めていく予定である。

写真4-7-6　2002～2003年度工事実施箇所

4．最後に

　この他、淀川の下流域では、潮が混ざる汽水域があり、ここでは柴島、海老江で干潟を再生している。ここでは、鳥のシギ、チドリがみられ貝のシジミが見られるようになり野鳥の観察、シジミとりなどで利用されている。

　以上、淀川での取り組みの事例として紹介させて頂いたが、淀川では縦断方向の回復（堰などでの魚を始めとする生物の移動を可能にする）、横断方向の回復（高水敷から水際の生物の移動のしやすさを可能にする）を基本として、淀川が良かったと言われている時代の昔の淀川に近づけるための取り組みを「川が川をつくる」ことを手伝うということを念頭に今後進めていくこととしている。

　最後に、これから自然回復の整備を進めようとされている方に対して、反省も含めて注意点を紹介する。まず初めに、地形、水の流れ、冠水頻度、川の周辺との関係などを考えて整備が必要であること、近い将来その環境が変わる要素はないか調べておくことをお奨めしたい。これらをよく調査していないとせっかくの整備も当初の目的と違ったものになってしまうことに注意が必要である。

今、淀川では、ボタンウキクサの繁殖やブルーギル・オオクチバスの増加などがある。また、アレチウリの繁殖など新たな課題に対する対応が必要となってきている。自然回復は、当初の想定どおりなかなか行かないことが多く、整備に当たっては、学識者の助言も含め色々なところから情報を仕入れ、関係する方々と一緒に考えていくことが必要である。

(志鹿浩幸)

4-8　桂川におけるアユモドキの保全

1．はじめに

　アユモドキ（口絵Ⅵ⑤、⑥）は日本固有の淡水魚で、コイ目ドジョウ科アユモドキ亜科に属する（細谷，2000）。その分布は本来より特異で、岡山県高梁川、旭川、吉井川、笹世川、足守川、広島県芦田川と琵琶湖・淀川水系の琵琶湖、宇治川、木津川、桂川、鴨川、清滝川、淀川のみに限られていた。日本の淡水魚相の成立を解明するうえで学術的にも極めて重要な種類であるが、絶滅が危惧され、1967年に国際生物学連合（IUCN）からThreatened species（DD，情報不足）、1977年に文化庁から種指定の天然記念物、2002年に京都府からは絶滅寸前種、環境省から2003年にCR（絶滅危惧ⅠA類）、2004年には種の保存法に基づく「国内希少野生動植物種」の指定を受けている。このように日本産の淡水魚では法的に最も手厚い保護を受けているにもかかわらず、本種は現在において、岡山県旭川・吉井川水系と淀川支流桂川のそれぞれ1カ所以外の地点では絶滅してしまった（環境省自然環境局野生生物課編，2003；　京都府企画環境部環境企画課編，2002；京都淡水魚研究グループ，1988；中村・元信，1971）。

　岡山県旭川の生息地では市民による長年の保全活動が行われ、個体群の現存が保たれている（例えば青，2005；坪川，1997）。また吉井川でも近年保全活動が開始されるとともに、飼育環境下における系統保存のための累代飼育が行われるようになった（阿部，2006）。淀川水系に関しては1992年、京都府下のアユモドキ生息地が京都府の自然200選に選定された。その後、桂川水系のうち、現在本種が生存している場所と別の地域では本種の生態を中心とした水田生態系魚類の調査が精力的に行われるとともに保全に対する生息環境配慮への提言等もなされてきた。さらに、この場所から得られた親魚を元にして、琵琶湖博物館や大阪府水生生物センター等において飼育状況下での系統保存が図られてきた。しかし、この場所は1987年末から1988年初めにかけて冬季に水が枯渇し、成魚の越冬場所が干上がって以来、本種の生存

が確認できていない（片野，1997.；京都府企画環境部環境企画課,年代不明；京都淡水魚研究グループ，1988；斉藤ほか，1988；八木ホタル・アユモドキ研究会，1994）。この点で、本種が現存する桂川水系の1カ所は琵琶湖・淀川水系において天然個体群が持続的に生存している唯一の生息地である。しかし、2003年に至るまで、この地域に生息する個体群の保全活動に資する調査はなされておらず、この地域における産卵場所、仔稚魚の成育場所を含む一般生態の内容は全くと言っていいほど解明されていなかった。

2．生態の概要と保全上の最重要項目

　そこで淀川水系に残された唯一の生息地である桂川水系に生息するアユモドキの産卵場所、仔稚魚の成育場所、未成魚・成魚の生息場所、それらの場所の移動とその時期、成熟・繁殖行動、個体群サイズ等の一般的な生態学的情報および各発育段階と生息場所利用の関係を解明するための調査を、2003年9月より文化庁、2004年からは環境省の調査許可をうけて開始し、現在に至っている。

　以下に、4年間にわたる調査で得られた本生息地でのアユモドキの生態の概要を述べる。

　この地域におけるアユモドキの成魚・未成魚の主な生息場所は桂川の一支流である。桂川合流地点の上手には灌漑用ゴム布引製起伏堰（以下、ラバー堰と呼ぶ）があり、その上流で魚類にとって遡上が不可能な垂直落差工のある約1.5km地点まで生息が確認されているものの、継続して多数の個体が集中して確認されるのはラバー堰上流部の約100mの範囲（以下、主生息場所と呼ぶ）およびその下流部から桂川合流地点の区間に限られる。

　3月後半から4月初旬にかけて、水温の上昇とともに主生息場所において本種の姿が確認できるようになる。この時点ではどの個体も痩せ細っているが5月末には体つきが回復すると同時に性的な成熟が進行する。雄では腹部を軽く圧迫すると精子が漏出する個体も出現する。雌では外部より腹部の膨

大により卵巣の成熟が進んでいることが確認できるようになるが、6月初旬になっても、腹部を軽く圧迫して成熟卵を漏出（ろうしゅつ）する個体は1匹も認められない。

　6月上旬、水田に取水を行うためにラバー堰が立ち上がり（写真4-8-1）、その上流部は6〜12時間という短時間の間に水位が一気に1m60cm前後まで上昇する。アユモドキの産卵は、このラバー堰の立ち上がった直後の1日から2日以内のみに行われる。産卵場所はラバー堰の上流部にあって、以前は陸地であったところが、それが立ち上がったことによって水没してできる広大な一時的水域のうちごく狭い範囲である。アユモドキの親魚は産卵場所として、川道から一度平坦部が5mほど続き、その後に土手の傾斜地がそれに連なるような河川段丘状の構造をしていて、陸生植物が生い茂った泥底で水の流れのない場所、といった条件が兼ね備わる場所しか選ばない。

　仔魚は産卵場所やその周辺の、土手斜面と河川敷の平坦部が接する付近の水没した部分で、水の流れはなく、水深30〜50cm、陸生植物がまばらなギャップ状の箇所のうち、土手の植生が覆い被さる泥底といった環境条件を満たす場所で、浮遊しながらミジンコ類を主とした動物性プランクトンを食べ、約1カ月間成長して稚魚となる。

　稚魚になると上述したような環境から離れ、本来の川道にある砂礫底に生

写真4-8-1　ラバー堰が稼働して水位が上昇
（2005年6月6日）

写真4-8-2　ラバー堰を下げて落水した
（2005年9月25日）

息場所を移すとともに分散を開始し、7月になると産卵場所より200mほど離れた上流部や、主生息場所に連なる農業用水路でも確認されるようになる。さらにラバー堰の下手でも生息が認められることから、分散が遡上のみならず降下行動を伴うことも示唆される。

9月中旬に稲刈りの準備のためにラバー堰を下げて落水が行われる（写真4-8-2）。ここの急激な水位の低下にともなって本種は主生息域に集結し、11月になると確認個体が少なくなり、冬にその姿をみることは希となる。越冬は桂川本流に降下して行われるものと考えられるが、条件がそろえばこの支流でも行われるものと思われる。

2003年は減反による生産量調整のためラバー堰の稼動がなかった。この年、アユモドキは繁殖を行わず、当歳魚は認められなかった。2004年はこれが稼動し、この年は当歳魚を認めることができた。そこで、2005・2006年も減反でラバー堰の稼動の予定がないところを、それに影響のない範囲内で最大水位までのラバー堰立ち上げを依頼し、これが実現した。その結果、両年ともに、アユモドキの当歳魚が確認された。

標識再捕獲法によってこの生息場所の個体数を推定したところ、2004年5月では前年産まれの個体は0匹、1歳以上の親魚は147尾だったものが、2006年9月末には当歳魚が約700尾、1歳以上の親魚が約300尾にまで回復した。

写真4-8-3　ラバー堰稼働前のアユモドキの繁殖場所

写真4-8-4　ラバー堰稼働直後のアユモドキの繁殖場所

成長した稚魚はコンクリート3面張りの農業用水路にも侵入し、成魚や未成魚の好む石垣や巨礫などの生息適所は他の河川と比較した場合、本生息範囲において著しく多い訳ではない。水質的にも良好とは言い難い状況にも短期間であれば耐えることができる。

　これらのことにより、この生息地におけるアユモドキ保全上最も重要なポイントはラバー堰を稼動させ、本種の産卵場所を創出して繁殖を保障することにあることがわかった。

3．生存に対する脅威と保全活動、および今後の課題

　現在、桂川に生息するアユモドキの生存を脅かす多くの脅威や保全上の課題が存在する。それらに対処するため、2001年より様々な活動が行われてきた。以下に、それぞれの脅威や課題に対して行われてきた活動内容を述べ、次に現時点においても対策がとられていない項目を述べる。

①NPO保全組織の結成と普及活動

　本種のように人里を生活の場としている希少生物を保護していくには、地元の人々がそれを保全するという明確な意志を持って活動を行うとともに地域住民の理解と協力なしには行えない。幸い、桂川流域で本種の生息する地域には過去20年来、地道な活動を続けている淡水魚研究会や生物に興味のある人たちが個々に調査活動や環境学習活動を行っていた。2001年、亀岡市文化資料館で、この地域の人々が調べた生物を紹介する特別展が企画され、アユモドキ保全の重要性に関する講演が行われたことを契機に、アユモドキの保全と人間の共生を目標とする組織づくりが進み、2005年にNPO「亀岡 人と自然のネットワーク」が設立された。また、2003年から他のNPO「淡水生物保全研究会」と協力して研究助成金を申請・獲得してきた。

　おりしも、京都府が2004年にアユモドキをケーススタディーとして希少生物を行政と市民団体が連携して保全する方策の研究会が設置され、2005年よ

り3年間、上記のNPOが受け入れ組織となって、アユモドキに係る調査費と、地元農業法人の参加協力の下にアユモドキ保全の重要性と稲作農業との関係を軸にした「カムバックアユモドキ大作戦」と称する環境学習事業、および保全事業と地域振興の両立をめざすうえで有効なエコフィールドミュージアムに関する研究会を設立し、地元、亀岡市、京都府の保全・開発部局を含む関係諸機関が参加して具体的な事業構想の検討が開始された。また、2004年にアユモドキが「国内希少野生動植物種」に指定されたのを期にアユモドキ保全をアピールするリーフレットも2005年、環境省と京都府の協同のもとに作成された。

亀岡市では2005年より市直轄の環境教育プログラムの一つにアユモドキ保全に関連する内容が導入された。また、亀岡市文化資料館で開催される一般市民を対象とした連続講座の中でアユモドキの生態の紹介と保全の重要性に関する複数回の講演も企画されるようになった。これとは別に、2005年より現在まで、地元の小学校や父母の会、ロータリークラブ等で本種の生態の説明と保全の重要性を普及する説明会が行われている。

さらに、環境省および亀岡市が主催者となってアユモドキに関係する開発・保全部局ならびに警察署が一堂に会して情報交換を行う淀川水系アユモドキ連絡協議会が2005年より、地元地区のアユモドキ連絡協議会が2006年より設立された。

②唯一の産卵場所とその創出

4年間の調査結果から、本種はラバー堰の稼動によって創出される一時的水域のごく狭い範囲で産卵することが明らかとなった（岩田、2006）。しかし、この堰の稼動はこの地域の稲作農業に強く依存しており、減反の年はこれが行われない。そこで、市の環境政策課をとおして地元自治会、土地改良区および土地改良区連合に、減反の年でも水田に影響のない範囲で最大限の水位になるようラバー堰の稼動を依頼し、これが実現するに至った。さらに

環境省からは2005年より、種の保存法に基づく継続的な財政支援をうけることができるようになった。

③生息場所の脆弱性と開発行為に対する調整
　この産卵場所の上流部は都市部を流下しているのに加え、JRや国道、および府道が多数横切っている。不測の事故などにより本種の生息する河川に有毒物質などが流れ込めば、この地域のアユモドキは絶滅する。
　本種の生息域の近傍まで河川改修工事が行われ、将来的には本生息場所を含む河川全体にわたる改修の可能性がある。また、隣接区域において都市開発、ならびに上流部を含む地域一帯で圃場整備事業の予定があり、これらの開発事業において本種の生息に配慮がされなければ、本種は確実に絶滅する。
　このような状況のなか、2004年の台風23号による災害復旧工事が本種の生息範囲の上流端で行われることとなり、亀岡市の環境政策課を介して、河川管理部局と、工事前の救出作業活動と本種の生存に配慮した工法の検討を行い、それに基づいた事業・工事が行われた。幸いにも、工事着工から5カ月後にはこの場所で本種が確認された。また、本種の生息地に隣接する区域の都市開発に向けて、市の開発部局と協議し、環境影響評価調査が2004年より開始され、この区域においてアユモドキを含む希少な生物が複数発見された。さらに、2008年度JR嵯峨野山陰線複線化にむけて本種の生息する河川を横断する鉄橋の複線化工事が開始されるのに先立ち、市の環境政策課とともに事業担当である鉄道事業課、JR西日本および施工業者を交えて、本種の生息に影響のない工法の検討を行った。これにより考案した配慮工法により、2007年6月、本種の生息環境に悪影響を与えることなく工事が終了した。

④堰による移動阻害と保護・増殖活動
　この場所に生息する本種の産卵は前述したようにラバー堰の稼動によって水位が上昇し、一時的水域が形成されることで行われるため、堰は本種の産

卵に欠かせない。一方で、本種は河川本流と繁殖場所である一時的水域の間を回遊する。そのため、ラバー堰が稼動した後にこの堰の下流に取り残された親魚は、産卵場所までたどりつけず産卵を行えない。また、本種の産卵は水位上昇の後に長期間続く訳ではなく、一時的水域が形成された直後にのみ行われる（岩田，2006；Abe *et al.,* 2007）。そのため一度堰が閉まって一時的水域が形成された後は、成熟個体を堰の下流部からその上流部に移動させても、産卵のタイミングを逸した場合、なかなか繁殖の機会がないことを意味する。このため少しでも多くの個体に産卵の機会を与えるべく、特にラバー堰の稼働日にはNPOのメンバーと亀岡市職員がその下流部の個体を保護・救出してその上流部の繁殖場所へ移動させる保護・増殖事業が2004年より行われるようになった。

⑤仔魚期の水位低下と水位調整に対する配慮

　ラバー堰が稼動した後、多量の降雨などによる急激な水位の上昇が水田に影響が及ばないよう水位の調節を行う。これによる下流部への大量の放水やその後の水位低下は本種の仔魚とその餌の流出や生息環境の急変という悪影響を与える。そこでこのような時は、地元土地改良区のラバー堰稼動担当者と市の環境政策課と意見の調整を行いながら、農業への影響を避けることを優先しつつも、本種の生存に配慮を行い、一気に堰を下げるのではなく、段階的に堰を操作しながら水位を低下させ、仔魚の生残への悪影響を最小限にとどめるよう配慮がなされるようになった。

⑥密漁者

　アユモドキは文化財保護法と種の保存法の両法律で守られているにも関わらず、保全活動を行っている生息地においても飼育や販売が目的の密漁が行われている。これに対して、2005年より京都府がパトロール時に着用するベストと腕章、および自動車に装着するステッカーを作成するとともに環境省

の財的支援を受け、地元自治会と市職員による密漁防止のための巡回が開始された。また、地元警察署による定期的なパトロールが行われるようになった。さらに、密漁防止の効率をあげるため、地元自治会自らが漁業協同組合へ依頼し、本種が最も高密度に生息する区間が2007年より周年にわたって全面禁漁区に指定された。

⑦今後の課題

なによりも産卵場所がたった1カ所であるため、これ以外の場所に早急に産卵場の造成を計る必要があるが、具体的な構想が立たない状態にある。また、唯一の産卵場所を創出させるラバー堰は現在、老朽化が進み、稼動に支障をきたす事態がこの2年間でも生じており、将来における大きな不安材料である。ラバー堰の功罪は、産卵場所を創出する一方で、これが稼動した後に多くの親魚が下流部に残され、繁殖に加われないことである。そのため、先に述べた保護・増殖事業が毎年、人の手によって行われている。堰による移動阻害は繁殖場所以外の上流部でも生じている。聞き取り調査で、かつて本種が生息していたとの情報がある上流部において、現在その生息が確認できない場所が多数存在する。現時点での生息場所と上流部の間には、魚類の遡上が不可能な高さの垂直落差工や堰堤を含む多数の人工工作物が設置されており、これらによって本来の生息範囲が極端に狭められていることは間違いない。本種が自力で遡上・降下移動のできる魚道の設置や人工工作物の構造上の改良が必要である。

また、先に述べたとおり、本種の生息域の近傍まで河川改修工事がせまり、将来的には本生息場所を含む河川全体に渡る改修の可能性がある。また、隣接区域において都市開発が、また、上流部を含む地域一帯で圃場整備事業の予定がある。これらの開発事業に対して現在のところ、具体的な配慮内容が検討されていない。

本種は巨礫や石垣の隙間に隠れる習性が強い。本生息地においても各所で

行われている河川や農業用水路の直線化やコンクリート護岸化による生息環境の消失は本種の生存に悪影響を与えている。今後、本種の生息環境向上のため、このような場所の再工事を必要とするが、具体的な対策を立てるまでには至っていない。

さらに、本種が生息している河川は5月下旬から6月初旬にかけて、田植えをするために水田への取水により流量が一気に減少し、年によっては川の水が広範囲にわたってなくなってしまう。このために過去3年間でも本種が何匹も死亡するという事態が生じている。かろうじて死亡を免れた個体も繁殖を間近にひかえているため、性成熟に関して甚大な影響を受けていると思われる。この水不足に対処するための方策は現在のところ見いだせない状況にある。

先に述べたように本生息地での個体数は順調に増加している。矢原・鷲谷（1996）は有効集団サイズは対象生物により一様ではないとしながらも、それが500以上必要と述べている。この点において、2006年における親魚の推定個体数は約300尾であり、有効集団サイズのさらなる回復が強く望まれる。

4年にわたる調査で、産卵環境や仔稚魚の成育環境に関する知見は多く得られつつあるが、本種の分散範囲や行動圏、生息場所の環境収容力、越冬環境、遺伝的多様性等といった保全上重要な知見がいまだ不足している。これらを解明するため、さらなる調査・研究が必要である。

4．琵琶湖淀川水系にアユモドキを蘇らせるために

生活史と生息場所利用という視点からみて、アユモドキの保全において最も重要な「場」は繁殖場所である。しかし、先に述べた条件を満たす環境は、現在、桂川と岡山県の2カ所以外はすでに失われてしまったと言っても過言ではない。実は、このような環境はかつて、雨季の降雨で水位が上昇し、その自然のリズムに従って水没する河川の氾濫原、河跡湖の岸辺や洪水林の周辺といった、モンスーン気候の影響下にある地域の至る所に存在していた。

それが近年の治水・利水を目的とする河川・湖沼開発や生産性を優先する稲作農法の改変によって、日本全国でことごとく失われてしまったのだ。その意味において、岩田（2006）はこのような環境をモンスーン気候遺存環境と呼んだ。アユモドキは琵琶湖・淀川水系に生息する生物のシンボルの一つといっても異論はないだろう。本種を復活させるためには上に述べたモンスーン気候遺存環境を再びとりもどすことである。それは、とりもなおさず、琵琶湖淀川水系の原風景を蘇らせることにほかならない。

　自然のリズムに合わせた水位の増減という視点で現在の琵琶湖をみたとき、極めて異常な現象が生じている。1992年に琵琶湖から流出する瀬田川洗堰操作規則が制定され、降雨量のもっとも多い梅雨期と台風期に、湖岸の浸水を避けるために水位を逆に下げているのである。また、湖岸の開発によって琵琶湖本体と内湖の連続性が本来の状態ではなくなり、内湖の水位が殆ど変化しなくなった（西野，2005）。さらに内湖自体もその周辺の水田地帯の環境も著しく改変された。琵琶湖におけるアユモドキの主な生息場所は内湖とそれに連なる流入河川であり（前畑，2003）、これらのことが繁殖・成育場所のみならず成魚の生息場所にも決定的な悪影響を与えたであろうことは想像に難くない。

　琵琶湖にアユモドキを再び蘇らせるにはモンスーン気候遺存環境の再創出が最も重要である。その際には自然のリズムに合わせた湖面の水位の増減が何よりも必要であり、その影響を受ける場所に繁殖・成育場所の条件が整う環境を整備しなければならない。すでに失われてしまった成魚の生息環境を造成することも大切である。かつてアユモドキが琵琶湖に多産していたころ、内湖にある石垣護岸の隙間を出入りしては遊泳する本種の姿が見られたという（川那部浩哉，私信）。このような環境を内湖のみならず、流入河川や農業用水路にも再生させることが肝心である。そして、琵琶湖、内湖、流入河川・農業用水路の間を本種が不自由なく遡上・降下移動ができるように人工工作物の構造を再検討し、君塚（1990）のいう良好な生物学的水循環

を再構築することも忘れてはならない。

　現在の淀川本流部も琵琶湖と同様に淀川大堰の操作によって自然のリズムに合わせた水位の変化が生じにくくなっている。さらに、ここでは琵琶湖にはない問題が存在する。それは河床低下である。

　淀川にはかつて本種の稚魚が採集されたタマリや池状の場所が河川敷内に僅かながら残っている。しかし、大量の降雨等で河川水位が通常より約1m高い状態になっても、河床低下でそのような場所と河川本流部とが連続しない（紀平肇・上原一彦，私信；3-4参照）。そのため、仮に河川本流部にアユモドキの成魚が生息していたとしても繁殖が不可能なのである。

　従って、この場所にアユモドキを呼び戻すには琵琶湖と同じことをするに加えて、以前の繁殖場所自体を元の環境に戻すとともに河川本流部とそれらの場所を連続させる水路を作出して、本種の成魚が水位増加にあわせてそこに到達できる状態を復活させる必要がある。

5．おわりに

　桂川水系に生息するアユモドキの保全活動は、先に述べたように、他の保全活動と比較して場合、短時間のうちにその成果が表れた例といえるだろう。その理由は、NPOを結成して保全活動の現場を組織的に支える人づくりを進めてきた活動と期を同じくして、他のNPOと協力して調査を進めるとともに、環境省・文化庁と京都府、亀岡市の各保全・教育部局が本種を保全するための連携と研究会・啓発事業ならびに組織造りが迅速に進み、それらをとおして地元自治会、土地改良区、農事法人、漁業協同組合等の現場で本種の保全に直結する関係諸機関の協力が得られたことにある。そして、これらの人的ネットワークのもとに、調査で得られた情報を直ちに関係諸機関に連絡し、それらが連携をとりあいながら保全に関する具体的な方策を協議し、実行できたことにある。しかし、なお本種の生息を脅かす脅威がいくつも存在し、今後さらに関係諸機関と調整していかなければならない。

いずれにしろ、琵琶湖・淀川水系にアユモドキを蘇らせるには地域住民、行政関係各部局、保全団体や研究者が組織・個人を問わず一丸となって保全活動を展開していくことがなによりも必要であり、それが実現した時、琵琶湖・淀川水系の原風景が戻ってくるのである。

（岩田明久）

引用文献

1章

秋田裕毅（1997）びわ湖底遺跡の謎．創元社．

東幹夫（1973）びわ湖における陸封型アユの変異性に関する研究．IV. 集団構造と変異性の特徴についての試論．日本生態学会誌，23：255-265．

池田碩（2005）琵琶湖周辺内湖とその成因．pp. 33-40．西野麻知子・浜端悦治（編）「内湖からのメッセージ―琵琶湖周辺の湿地保全と生物多様性保全―」サンライズ出版．

市原実（2001）大阪堆積盆地―その形成と古瀬戸内河湖水系―．アーバンクボタ，39：1-13．

大阪府（2000）大阪府における保護上重要な野生生物．大阪府．

大阪府（2007）大阪府公共用水域等水質調査結果．http://www.epcc.pref.osaka.jp/center_etc/water/data_base/index.html

大阪府淡水試験場（1973）淀川改修工事による魚類への影響予察調査の概要．

大津市（1982）大津市史 近代第5巻．大津市．

Oka, A. (1917) *Ancyrobdella biwae* n. g. n. sp. ein merkwurdiger Russelegal aus Biwa-see. Annot. Zool. Japon., 9：185-193．

小川力也・長田芳和（1999）イタセンパラの生息環境からみた淀川水系の変遷とその保全・復元に向けて．pp. 223-239．森誠一（編）「淡水生物の保全生態学」．信山社サイテック．

巨椋池土地改良区（1962）巨椋池干拓史．巨椋池土地改良区．

巨椋池土地改良区（2001）巨椋池干拓六十年史．巨椋池土地改良区．

梶山彦太郎・市原実（1986）大阪平野のおいたち．青木書店．

角野康郎（1994）日本水草図鑑．文一総合出版．

河合禎次・谷田一三（編）（2005）日本産水生昆虫 科・属・種への検索．東海大学出版会．1342pp.

Kawai, K., H. Okamoto and H. Imabayashi (2002a) Five new species of five genera from Japan. Med. Entomol. Zool., 53：73-82．

Kawai, K., K. Suitsu and H. Imabayashi (2002b) Chironomid fauna in the Lake Biwa area. Med. Entomol. Zool., 53：273-280．

川那部浩哉・水野信彦・細谷和海（2001）改訂版 日本の淡水魚．山と渓谷社．

環境省自然環境局野生生物課（2003）改訂・日本の絶滅のおそれのある野生生物―レッドデータブック―4．汽水・淡水魚類．自然環境研究センター．

環境省（2007）http://www.env.go.jp/press/press.php?serial=8648

紀平肇（1992）淀川の調査20年．2．淡水貝類の宝庫淀川の危機．オウミア，40：3-4．

紀平肇・長田芳和（1974）魚類および貝類．pp. 202-251．「淀川の河川敷における生態調査報告書」．近畿地方建設局淀川工事事務所．

紀平肇・松田征也・内山りゅう（2003）日本産淡水貝類図鑑Ⅰ．琵琶湖・淀川産の淡水貝類．ピーシーズ

京都府企画環境部環境企画課(2002)京都府レッドデータブック2002 上巻　野生生物編. 京都府.
近畿地方建設局(1974)淀川百年史. 近畿地方建設局.
近畿地方整備局(2002)パンフレット琵琶湖・淀川. 近畿地方整備局.
倉田享(1975)琵琶湖開発の歴史と現況. pp.3-29. 藤永太一郎(編)「琵琶湖の開発と汚染」. 時事通信社.
Coulter, G. W. (ed.) (1991) Lake Tanganyika and its Life. Oxford University Press.
小出博(1978)利根川と淀川―東日本・西日本の歴史的展開. 中央公論社.
国土交通省河川局(2008)淀川水系河川基本方針.
Kobayakawa, M. and S. Okuyama (1994) Catfish fossils from the sediments of ancient Lake Biwa. Arc. Hydrobiol. Beih. Ergebn. Limnol., 44:425-431.
近藤高貴(2008)日本産イシガイ目貝類図譜. 日本貝類学会特別出版物第3号.
Goulden, C. E., T. Sitnikova, J. Gelhaus and B. Boldgov (eds.) (2006) The Geology, Biodiversity and Ecology of Lake Hovsgol (Mongolia). Backhuys.
ゴールドシュミット(1999)ダーウィンの箱庭　ヴィクトリア湖. 草思社
Sasa, M. and M. Kikuchi (1995) Chironomidae (Diptera) of Japan. University of Tokyo Press.
Sasa, M and M. Nishino (1995) Notes on the chironomid species collected in winter on the shore of Lake Biwa. Jpn. J. Sanit. Zool, 46:1-8.
Sasa, M and M. Nishino (1996) Two new species of Chironomidae collected in winter on the shore of Lake Biwa, Honshu, Japan. Med. Entomol. Zool, 47:317-322.
滋賀県(1971~2008)滋賀県環境白書.
滋賀県(2008a)滋賀の環境. 滋賀県.
滋賀県(2008b)第41回滋賀県政世論調査. 滋賀県.
滋賀県生きもの総合調査委員会(2006)滋賀県で大切にすべき野生生物―滋賀県レッドデータブック2005年版. サンライズ出版.
滋賀県水産試験場(1999)平成7年度琵琶湖沿岸帯調査報告書.
滋賀県埋蔵文化財センター(2005)縄文時代の炭化球根出土　米原市入江内湖遺跡. 滋賀埋文ニュース第303号.
Smith, R. J. and H. Janz (2008) Recent species of the family Candonidae (Ostracoda, Crustacea) from the ancient Lake Biwa, central Japan. J. Nat. Hist., 42:2865-2922.
諏訪部純・中田外司・木村幸一・松元佳織(2001)近畿地方の古地理に関する調査. 国土地理院時報, 94:77-86.
田中阿歌麿(1919)湖沼めぐり. 博物社.
田中正明(2004)日本湖沼誌2―プランクトンから見た富栄養化の現状―. 名古屋大学出版会.
Tanida, K., M. Uenishi and M. Nishino (1999) Trichoptera of Lake Biwa: a check-list and the zoogeographical prospect. pp. 389-410. "Proceedings of the 9th International Symposium on Trichoptera 1998". Chiang Mai.
津田松苗(1964)汚水生物学. 北隆館.
鉄川精・松岡数充・田村利久(1981)淀川―自然と歴史―. 松籟社.
長田芳和(1975)淀川の魚. 淡水魚, 1:7-15.
長田芳和(2000)淡水魚類. pp. 139-172. 大阪府「大阪府における保護上重要な野生生物」.
成田哲也・S. I. Kiyashko (2002)琵琶湖におけるユスリカ幼虫属の深浅分布. YUSURIKA, 21:14.
Nishino, M. (1980) Geographical variations in body size, brood size and egg size of a freshwater shrimp, *Palaemon paucidens* de Haan, with some discussion on brood habit. Jpn.

J. Limnol., 41:185-202.
西野麻知子（編）（1991）琵琶湖の底生動物．I　貝類編．滋賀県琵琶湖研究所．
西野麻知子（編）（1992）琵琶湖の底生動物．II　水生昆虫編．滋賀県琵琶湖研究所．
西野麻知子（1993）底生動物からみた琵琶湖の生物進化 1. オウミア（琵琶湖研究所ニュース），42：3-5.
西野麻知子（2001）琵琶湖はカワニナの湖．pp. 67-72. 琵琶湖百科編集委員会（編）「知ってますかこの湖を—びわ湖を語る50章—」．サンライズ出版．
西野麻知子（2003）水位低下が底生動物に与えた影響について．滋賀県琵琶湖研究所所報，20：116-133.
西野麻知子（2005）内湖の変遷．pp. 41-49. 西野麻知子・浜端悦治（編）「内湖からのメッセージ—琵琶湖周辺の湿地再生と生物多様性保全—」．サンライズ出版．
西野麻知子（2007）琵琶湖の固有種．琵琶湖ハンドブック編集委員会（編）「琵琶湖ハンドブック」．滋賀県．
西野麻知子・浜端悦治（2005）内湖からのメッセージ—琵琶湖周辺の湿地再生と生物多様性保全—．サンライズ出版．
Nishino, M. and N. C. Watanabe (2000) Evolution and endemism in Lake Biwa, with special reference to its gastropod mollusc fauna. Adv. Ecol. Res., 31:151-180.
西村三郎（1974）日本海の成立—生物地理学からのアプローチ—．築地書館．
日本地図センター（編）（2006）伊能大図総覧．河出書房新社．
波部忠重（1973）軟体動物．pp. 309-341. 上野益三（編）「川村日本淡水生物学」．北隆館．
濱修（1994）湖底の遺跡と集落分布．琵琶湖博物館開設準備室研究報告，2:97-110.
浜端悦治（1991）琵琶湖の沈水植物の分布と地域区分．pp.35-46. 滋賀県琵琶湖研究所（編）「琵琶湖の景観生態学的区分」．滋賀県琵琶湖研究所．
Hamabata, E. and Y. Kobayashi (2002) Present status of submerged macrophyte growth in Lake Biwa. Recent recovery following a summer decline in the water level. Lakes and Reservoirs. Research and Management, 7：331-338.
林一正・森圭一・東怜・川那部浩哉（1966）貝類班中間報告．pp.607-707. 近畿地方建設局（編）「びわ湖生物資源調査団中間報告」．近畿地方建設局．
林一正（1972）琵琶湖産有用貝類の生態について（後編）．貝類学雑誌, 31:71-101.
原田英司・西野麻知子（2004）琵琶湖のテナガエビの由来に関する一考察．滋賀県琵琶湖研究所所報, 21:91-110.
東光治（1962～1963）淀川の魚．よど川，5～9号．
琵琶湖自然史研究会（1994）琵琶湖の自然史—琵琶湖とその生物のおいたち—．八坂書房．
琵琶湖干拓史編纂事務局（1970）琵琶湖干拓史．
藤井伸二・志賀隆・金子有子・栗林実・野間尚彦（2008）琵琶湖におけるミズヒマワリ（キク科）の侵入とその現状および駆除に関するノート．水草研究会誌, 89:9-21.
藤岡康弘（2009）川と湖の回遊魚ビワマスの謎を探る．サンライズ出版．
Huzita, K. (1962) Tectonic development of the Median Zone (Setouti) of southwest Japan, since the Miocene-Wish special reference to the characteristic structure of central Kinki area. J. Geosci., Osaka City Univ., 6:103-144.
藤野良幸（1975）琵琶湖総合開発と環境保全．pp. 123-148. 藤永太一郎（編）「琵琶湖の開発と汚染」．時事通信社．
藤原公一・臼杵崇広・根本守仁（1999）ニゴロブナ資源を育む場としてのヨシ群落の重要性とその管理のあり方．滋賀県琵琶湖研究所所報, 16：86-93.

Foissner, W., Y. Kusuoka and S. Shimano (2008) Morphology and gene sequence of *Levicoleps biwae* n. gen. n. sp. (Ciliophora, Prostomatida), a proposed endemic from the ancient Lake Biwa, Japan. J. Eukaryot. Microbiol., 55:185-200.

細谷和海 (2005) 琵琶湖の淡水魚の回遊様式と内湖の役割. pp. 118-125. 西野麻知子・浜端悦治 (編) 「内湖からのメッセージ—琵琶湖周辺の湿地保全と生物多様性保全—」サンライズ出版.

松浦茂樹 (2000) 利根川・淀川の一千年. 河川, 624:30-37.

Matsuoka, K. (1987) Malacofaunal succession in Pliocene to Pleistocene non-marine sediments in the Omi and Ueno basins, central Japan. J. Earth Sci., Nagoya Univ., 35: 23-115.

水野信彦 (1965) 淀川下流域の水質汚濁と魚類分布. 大阪学芸大学紀要, 13:203-210.

水野信彦 (1968) 大阪府の川と魚の生態. 大阪府水産林務課.

水野信彦 (1987) 日本の淡水魚の成立. pp. 232-244. 水野信彦・後藤晃 (編) 「日本の淡水魚類—その分布、変異、種分化をめぐって—」. 東海大学出版会.

水本三郎・小林吉三・田沢茂・葭原利雄 (1962) セタシジミの異常斃死に関する研究 2 異常斃死の実態調査について. 滋賀県水産試験場研究報告, 15:1-15.

宮地伝三郎・川村多実二 (1935) 京都府下の淡水魚. 京都府史蹟名勝天然記念物調査報告:1-46.

村瀬忠義 (1979) 滋賀県の植物地理概説. pp.899-929. 滋賀県自然環境研究会 (編) 「滋賀県の自然」. 滋賀県.

Meyers, P.A., K. Takemura and S. Horie (1993) Reinterpretation of Late Quaternary sediment chronology of Lake Biwa, Japan, from correlation with marine glacial-interglacial cycles. Quat. Res., 39:154-162.

森野浩・宮崎伸之 (1994) バイカル湖. 古代湖のフィールドサイエンス. 東京大学出版会.

矢部和夫 (1993) 北海道の湿原. pp. 40-52. 東正剛・阿部永・辻井達一 (編) 「生態学からみた北海道」. 北海道大学刊行会.

山本敏哉・遊磨正秀 (1999) 琵琶湖におけるコイ科仔魚の初期生態—水位調節に翻弄された生息環境. pp. 193-203. 森誠一 (編) 「淡水生物の保全生態学—復元生態学に向けて—」. 信山社サイテック.

淀川水系流域委員会水位操作ワーキング資料 (2006) http://www.yodoriver.org/kaigi/suii-wg/kentoukai4/pdf/suii-kentoukai_4th_s01.pdf

レッドデータブック近畿研究会 (2001) 改訂 近畿地方の保護上重要な植物—レッドデータブック近畿2001—. 平岡環境科学研究所.

Reynolds, C. S. (2004) Lakes, limnology and limnetic ecology:towards a new synthesis. pp. 1-7. O'Sullivan, P. E. and C. S. Reynolds ceds. "The Lakes Hand Book. vol 1. Limnology and Limnetic Ecology". Blackwell.

Watanabe, N. C. and M. Nishino (1995) A study on taxonomy and distribution of the freshwater snail, genus *Semisulcospira* in Lake Biwa, with descriptions of eight new species. Lake Biwa Study Monogr., 6:1-36.

2章

Agami, M. and Y. Waisel (1986) The role of mallard ducks (*Anas platyrhynchos*) in distribution and germination of seeds of the submerged hydrophyte *Najas marina* L.. Oecologia, 68:473-475.

生嶋功 (1966) びわ湖の水生高等植物. pp. 313-341.「びわ湖生物資源調査団中間報告」. 近畿

地方建設局.

井鷺裕司・金子有子・近藤俊明（2005）琵琶湖周辺に生育するヨシのクローン構造. pp. 99-105. 西野麻知子・浜端悦治（編）「内湖からのメッセージ―琵琶湖周辺の湿地再生と生物多様性保全―」サンライズ出版.

Ishii, J. and Y. Kadono (2001) Classification of two *Phragmites* species, *P. australis* and *P. japonica*, in the Lake Biwa - Yodo River system, Japan. Acta Phytotax. Geobot., 51(2)：187-201.

Ishii, J. and Y. Kadono (2002) Factors influencing seed production of *Phragmites australis*. Aquat. Bot., 72(2):129-141.

石田朗（1993）カワウの生息が樹木に与える影響と林分の遷移. 関西自然保護機構会報, 14:99-106.

石田朗（1997）カワウの生息が森林生態系に及ぼす影響―カワウ生息地の維持・管理に向けての基礎的研究―. 名古屋大学森林科学研究, 16:75-119.

上田篤（2001）社叢とは何か. pp. 3-32. 上田正昭・上田篤（編）「鎮守の森は甦る」. 思文閣出版.

上田恵介（編）（1999）種子散布. 助け合いの進化論 1 鳥が運ぶ種子. 築地出版.

梅原徹・栗林実（1991）減びつつある原野の植物. Nature Study, 37(8):3-7.

遠藤修一（1999）水と風と. pp. 13-25. 滋賀大学教育学部附属環境教育故障実習センター（編）琵琶湖から学ぶ. 大学教育出版.

大久保卓也（2005）内湖の水質浄化能. pp. 195-202. 西野麻知子・浜端悦治（編）「内湖からのメッセージ―琵琶湖周辺の湿地再生と生物多様性保全―」. サンライズ出版.

角野康郎（1991）滋賀県の水生植物. pp. 1275-1294. 滋賀県自然誌編集委員会（編）「滋賀県自然誌」. 滋賀県自然保護財団.

金子有子（2005）琵琶湖におけるヨシ帯の保全施策. pp. 80-98. 西野麻知子・浜端悦治（編）「内湖からのメッセージ―琵琶湖周辺の湿地再生と生物多様性保全―」サンライズ出版.

神谷要・國井秀伸（2001）汽水性沈水植物リュウノヒゲモ（*Potamogeton pectinatus* L.）に与える水鳥の影響. 水草研究会会報. 72:33-35.

Kamiya, K. and K. Ozaki (2002) Satellite tracking of Bewick's Swan migration from Lake Nakaumi, Japan. Waterbirds, 25：128-131.

神谷要・矢部徹・浜端悦治（2005）フライウェー湿地における水鳥の種子散布について. 第52回日本生態学会要旨集.

亀山章・倉本宣・日置佳之（2002）自然再生：生態工学的アプローチ. ソフトサイエンス社.

川崎健史（1977）タブノキ考. 滋賀県立短期大学学術雑誌, 18:102-107.

環境庁（1980）第2回自然環境保全基礎調 植生調査報告書25. 滋賀県現存植生図. 環境庁.

環境庁（編）（1991）日本の巨樹・巨林 近畿版. 大蔵省印刷局.

環境庁（1996）第4回自然環境保全基礎調査 植生調査報告書（全国版）.（財）自然環境研究センター.

北村四郎（編）（1968）滋賀県植物誌. 保育社.

北村四郎・村田源・堀勝（1957）原色日本植物図鑑（上）. 保育社.

北村四郎・村田源（1961）原色日本植物図鑑（中）. 保育社.

北村四郎・村田源・小野鐵夫（1964）原色日本植物図鑑（下）. 保育社.

吉良竜夫（1949）日本の森林帯. 日本林業技術協会.

吉良竜夫（1972）社寺林の保護. pp. 37-45.「滋賀県の自然保護に関する調査報告」. 滋賀県.

吉良竜夫・安藤萬喜男・立花吉茂・久礼八郎・松井良栄（1979）びわ湖集水域の生態地域区分. pp. 58-66.「びわ湖とその集水域の環境動態」環境科学研究報告集 B24-R12-2. 文部省

「環境科学」特別研究「びわ湖およびその集水域の環境動態」研究班.
吉良竜夫（1991）ヨシの生態おぼえがき. 滋賀県琵琶湖研究所所報, 9:29-37.
Gustafsson, A. and M. Simak (1963) X-ray photography and seed sterility in *Phragmites communis* Trin. Hereditas, 49:442-450.
Guppy, H. B. (1894) Water-Plants and their ways. Science-gossip, 145-147.
Green, A. J., J. Figuerola and M. I. Sanchez (2002) Implications of waterbird ecology for the dispersal of aquatic organisms. Acta Oecol., 23:177-189.
倉田亮（1984）内湖――その生態学的機能――. 滋賀県琵琶湖研究所所報, 2:46-54.
国際湿地連合（2007）世界水鳥個体数推定. 第4版.
国土交通省（2007a）霞ヶ浦の現状と課題. 国土交通省.
国土交通省（2007b）木曽川水系の現状と課題（流水管理・水利用・環境）. 国土交通省.
国土交通省（2008）釧路川水系流域及び河川の概要. 国土交通省.
Saltonstall, K. (2002) Cryptic invasion by a non-native genotype of the common reed, *Phragmites australis*, into North America. PNAS, 99:2445-2449.
Saltonstall, K. (2003) Microsatellite variation within and among North American lineages of *Phragmites australis*. Molec. Ecol., 12:1689-1702.
里内勝（1991）西の湖の水質と物質収支. pp. 1901-1924. 滋賀県自然誌編集委員会（編）「滋賀県自然誌」.（財）滋賀県自然保護財団.
滋賀県（1972）滋賀県の自然保護に関する調査報告. 滋賀県.
滋賀県（1974）滋賀県の現存植生と貴重自然. 滋賀県.
滋賀県（2004）琵琶湖湖辺域保全・再生指針. 滋賀県.
滋賀県（2009）平成20年度ヨシ群落現存状況調査の概要. 滋賀県.
滋賀県教育委員会（編）（1979）名勝史跡　竹生島保存管理計画. 滋賀県.
滋賀県湖北地域振興局環境農政部環境課（2006）早崎内湖干拓環境モニタリング調査. 滋賀県.
滋賀自然環境研究会（編）（1979）滋賀県の自然. 滋賀県自然保護財団.
滋賀自然環境研究会（編）（1995）竹生島植生復元計画策定調査報告書. 滋賀自然環境研究会.
滋賀県琵琶湖研究所湖岸プロジェクト班（1987）湖岸システムの機能とその評価に関する総合研究報告書. 滋賀県琵琶湖研究所.
滋賀県琵琶湖研究所琵琶湖集水域班（1986）琵琶湖集水域の現況と湖水への物質移動に関する総合研究. 滋賀県琵琶湖研究所.
市立長浜城歴史博物館（1987）湖北の絵図　長浜町絵図の世界. 市立長浜城歴史博物館.
市立長浜城歴史博物館（1992）竹生島宝厳寺. 市立長浜城歴史博物館.
市立長浜城歴史博物館（2004）北国街道と脇往還――街道が生んだ風景と文化――. 市立長浜城歴史博物館.
Charalambidou, I. and L. Santamaria (2002) Waterbirds as endozoochorous dispersers of aquatic organisms : a review of experimental evidence. Acta Oecologica, 23:165-176.
種生物学会（編）（2002）保全と復元の生物学. 野生生物を救う科学的思考. 文一総合出版.
菅沼孝之（1972）滋賀県のヤブツバキ・クラス域極盛相植生. 滋賀県の自然保護に関する調査報告, 23-36. 滋賀県.
須川恒（2000）水鳥を通して知る琵琶湖周辺の注目すべき湿地の存在とその保全. 滋賀県琵琶湖研究所所報, 18:97-103.
Smits, A. J. M., R. Van Ruremonde and G. Van der Velde (1989) Seed dispersal of three nymphaeid macrophytes. Aquat. Bot., 35:167-180.
Darwin, C. (1859) On the Origin of Species by means of Natural Selection. Murray.

立花吉茂（1980）ヨシ（*Phragmites communis* Trin.）の種子繁殖とその初期成長．pp. 90-96.「びわ湖とその集水域の環境動態　昭和54年度報告」．文部省「環境科学」特別研究．

立花吉茂（1992）ヨシ群落の再生（ヨシ群落　その生態・機能・再生―琵琶湖セミナーから―）．オウミア（琵琶湖研究所ニュース），41:4.

中島拓男（2001）湖岸域の重要性．pp. 117-122. 琵琶湖百科編集委員会（編）「知っていますかこの湖を―びわ湖を語る50章」．サンライズ出版．

西野麻知子（編）（1992）琵琶湖の底生動物―水辺の生きものたち―II. 水生昆虫編．滋賀県琵琶湖研究所．

西野麻知子（2003）内湖の特性と保全の方向性について．滋賀県琵琶湖研究所所報，20:12-26.

西野麻知子・大野朋子・前中久行・浜端悦治・佐久間維美（2006）琵琶湖周辺水域の生物多様性と微地形．地盤工学会誌「土と基礎」，12:78-86.

西野麻知子・浜端悦治（2004）生物多様性から見た内湖復元の重要性について．滋賀県琵琶湖研究所所報，21:113-122.

西野麻知子・浜端悦治（2005）内湖からのメッセージ―琵琶湖周辺の湿地再生と生物多様性保全―．サンライズ出版．

西野麻知子・浜端悦治・金子有子・福田大輔・細谷和海・井鷺裕司（2006）貴重植物、ヨシおよび在来魚からみた内湖の生物多様性．滋賀県琵琶湖・環境科学研究センター試験研究報告，1:89-106.

西野麻知子・細谷和海・藤田朝彦・大野朋子・前中久行・浜端悦治・藤井伸二・金子有子・前迫ゆり・神谷要（2008）流域の地域特性に基づく生物多様性保全手法の構築．滋賀県琵琶湖環境科学研究センター試験研究報告，3:134-167.

Nishino, M. and N. C. Watanabe（2000）Evolution and endemism in Lake Biwa, with special reference to its gastropod mollusc fauna. Adv. Ecol. Res., 31:151-180.

日本生態学会生態系管理専門委員会（2005）自然再生事業指針．保全生態学研究，10:63-75.

布谷知夫（1999）ヨシの地下茎の生態．関西自然保護機構会報，21（2）:95-102.

服部保（1985）日本本土のシイ-タブ型照葉樹林の群落生態学的研究．神戸群落生態研究会，1:1-98.

浜端悦治（1989）「琵琶湖の沈水植物」．滋賀県琵琶湖研究所．

浜端悦治（1991）琵琶湖の沈水植物群落に関する研究（1）潜水調査による種組成と分布．日本生態学会誌，41（2）:125-139.

浜端悦治・西川博章（2005）貴重種の現状と保全．pp. 64-75. 西野麻知子・浜端悦治（編）「内湖からのメッセージ―琵琶湖周辺の湿地再生と生物多様性保全―」．サンライズ出版．

樋口広芳（2005）鳥たちの旅．NHKブックス．

Figuerola, J. and A. J. Green（2002）Dispersal of aquatic organisms by waterbirds: a review of past research and priorities for future studies. Freshw. Biol., 47:483-494.

藤井伸二（1994a）琵琶湖岸の植物―海岸植物と原野の植物．植物分類地理，45（1）:45-66.

藤井伸二（1994b）琵琶湖湖岸の「原野の植物」とその現状（1）．Nature Study, 40（9）:3-8.

藤井伸二（1998）滋賀県で生育が再確認されたヌマゼリの生態．植物分類地理，49（2）:201-204.

藤井伸二（2004）私のフィールドノートから 35（最終回）養浜工事の結末例．Nature Study, 50（2）:6-7.

藤井伸二・永益英敏・栗林実（1999）近畿地方新産のヤナギトラノオとその分布．植物分類地理，50（1）:142-145.

藤井伸二・西川博章・栗林実（2007）近畿地方新産のツルスゲとその分布および生態．分類，7

(1):43-49.
Horikawa, Y. (1972) Atlas of the Japanese Flora. Gakken.
前迫ゆり (1985) オオミズナギドリの影響下における冠島のタブノキ林の群落構造. 日本生態学会誌, 35:387-400.
Maesako, Y. (1999) Impacts of streaked shearwater (*Calonectris leucomelas*) on tree seedling regeneration in a warm-temperate evergreen forest on Kanmurijima Island, Japan. Plant Ecol., 145:183-190.
前迫ゆり (2002) 土中営巣性海鳥生息地におけるタブノキ実生の初期生長. 植生学会誌, 19:33-41.
前迫ゆり (2003) オオミズナギドリ繁殖地におけるタブノキの実生生長と照葉樹林の保全. 野生生物保護学会誌, 8:11-17.
前田琢 (1996) 第4章 生態系の保全. pp. 71-102. 樋口広芳 (編)「保全生物学」. 東京大学出版会.
Mader, E., W. V. Vierssen and K. Schwenk (1998) Clonal diversity in the submerged macrophyte *Potamogeton pectinatus* L. inferred from nuclear and cytoplasmic variation. Aquat. Bot., 62：147-160.
三浦泰三ほか (1977) 琵琶湖南湖における水生植物群集に関する研究. 京都大学大津臨湖実験所.
南尊演 (1991) 愛知川河辺林の山地性植物. Nature Study, 37(3):9-11.
宮脇昭 (編) (1984) 日本植生誌 近畿. 至文堂.
村上悟・片岡優子・山崎歩 (2000) 湖北地方のオオヒシクイの生態と生息地保全. 滋賀県琵琶湖研究所所報, 18:109-115.
山階鳥類研究所 (2002) 鳥類アトラス,鳥類回収記録解析報告書 (1961年～1995年). 山階鳥類研究所.
鷲谷いづみ・草刈秀紀 (編) (2003) 自然再生事業,生物多様性の回復をめざして. 築地書館
渡辺一郎 (2000) 伊能忠敬の地図を読む. 河出書房新社.

3章

綾史郎・斎藤あずさ・福永康彦・西谷大輔 (1998) 淀川河道とワンド群の形成と変遷. 河川技術に関する論文集, 4:89-94.
綾史郎 (1999) 淀川ワンドの形成と変遷. pp.41-78. (財) 河川環境管理財団大阪研究所. 「ワンドの機能と保全・創造―豊かな河川環境を目指して」.
綾史郎 (2005) 河川環境と流況・位況. 流水・土砂の管理と河川環境の保全・復元に関する研究 (改訂版), 25-33. (財) 河川環境管理財団.
井上和也・青木治男・中西史尚 (2008) ワンド干し上げによる生物環境の変化. 河川環境総合研究報告書, 14:45-52.
大家正太郎・宮下敏夫・川村厚生 (1975) 淀川の魚類及び環境と改修工事による影響について. 大阪府淡水魚試験場研究報告, 3.
小川力也・長田芳和 (1999) イタセンパラの生息環境から見た淀川水系の変遷とその保全・復元に向けて. pp. 223-239, 森誠一 (編)「淡水生物の保全生態学」信山社サイテック.
沖山宗雄 (編) (1993) 日本産稚魚 第二版. 東海大学出版会.
奥田昇・小宮竹史・加藤義和・奥崎穣・堀道雄・陀安一郎・永田俊 (2007) 魚類標本が語る琵琶湖生態系100年史：安定同位体による食物網動態解析. 2007年度魚類学会年会講演要旨.
河合典彦 (1989) 変貌するワンドの環境. 淡水魚保護, 2:67-68. (財) 淡水魚保護協会.
河合典彦 (2001) 景観にみる城北ワンド群の変貌,水位の安定化がもたらしたもの. ボテジャコ,

5:11-19. 魚類自然史研究会.

河合典彦（2003）大規模河川改修が淀川の水環境にもたらした功罪，淀川下流の城北ワンド群を中心に. 海洋と生物, 149:467-475.

河合典彦（2005）復元ワンドの環境と生態系の再生. pp. 184-191.「城北地区の復元ワンド，流水・土砂の管理と河川環境の保全・復元に関する研究（改訂版）」.（財）河川環境管理財団.

河合典彦（2005）淀川における河川環境の変化と課題. pp. 13-23.「流水・土砂の管理と河川環境の保全・復元に関する研究（改訂版）」.（財）河川環境管理財団.

河合典彦（2008）淀川の河川構造改変がもたらしたシンボルフィッシュ・イタセンパラの盛衰，危機的状況に陥った豊かな淡水漁類相とその復活にむけて（前編・後編）. 遺伝, 62：78-83, 103-108.

環境省（2003）「改訂・日本の絶滅のおそれのある野生生物─レッドデータブック─4 汽水・淡水魚類」. 環境省.

環境省（2007）http://www.env.go.jp/press/press.php?serial=8648

環境省自然環境局（編）（2004）ブラックバス、ブルーギルが在来生物群集及び生態系に与える影響と対策.（財）自然環境センター.

Kira, T., S. Ide, F. Fukada and M. Nakamura (2005) Lake Biwa experience and lessons learned brief. pp. 59-74. The International Lake Environment Committee foundation (eds.) "Managing lakes and their basins for sustainable use: A report for Lake basin managers and stakeholders".

紀平肇・長田芳和（1974）魚類および貝類. 淀川の河川敷における生態調査報告書：202-251. 建設省近畿地方建設局.

紀平肇・長田芳和・木村英造（1988）ワンド・タマリの保全，淡水魚貝類を中心に. 関西自然保護機構会報, 15:19-26. 関西自然保護機構.

シーボルト（斉藤信 訳）（1967）江戸参府紀行. 東洋文庫 87. 平凡社.

滋賀県（1992）ヨシ群落現存量等把握調査報告書（魚類調査編）

滋賀県生きもの総合調査委員会（2006）滋賀県で大切にすべき野生生物 滋賀県レッドデータブック2005年版. サンライズ出版.

Temminck, G. J. and H. Schlegel (1846) Pisces in Siebold's Fauna Japonica. Lungduni Batavorum, Leiden.

寺島彰（1977）琵琶湖に生息する侵入魚─特に，ブルーギルについて─. 淡水魚, 3：38-43.

中井克樹（2002）琵琶湖における外来魚問題の経緯と現状. 遺伝, 56:35-41.

中井克樹・浜端悦治（2002）琵琶湖〜外来魚に席巻される古代湖. pp. 265-268. 日本生態学会（編）「外来種ハンドブック」. 地人書館.

中川雅博・鈴木誉士（2007）琵琶湖の堅田内湖に生息するフナ属魚類を中心とした主要コイ科魚類の季節的消長. 関西自然保護機構会誌, 29(1):27-37.

中村守純（1969）日本のコイ科魚類. 資源科学研究所.

中村守純・元信堯（1971）アユモドキの生活史. 資源科学研究所彙報, 75：9-15.

長田芳和（1975）淀川の魚. 淡水魚, 1:7-15.（財）淡水魚保護協会.

西野麻知子・細谷和海（2004）琵琶湖周辺内湖における外来魚仔稚魚と在来魚仔稚魚の関係. 滋賀県琵琶湖研究所所報, 21：91-110.

西野麻知子（2005a）内湖の変遷. pp. 41-49. 西野麻知子・浜端悦治（編）「内湖からのメッセージ─琵琶湖周辺の湿地再生と生物多様性保全─」. サンライズ出版.

西野麻知子（2005b）琵琶湖と内湖の関係. pp. 54-61. 西野麻知子・浜端悦治（編）「内湖から

のメッセージ―琵琶湖周辺の湿地再生と生物多様性保全―」．サンライズ出版．
西野麻知子（2005c）内湖魚類相の特性．pp. 141-155．西野麻知子・浜端悦治（編）「内湖からのメッセージ―琵琶湖周辺の湿地再生と生物多様性保全―」．サンライズ出版．
西野麻知子・大高明史（2005）内湖の無脊椎動物相．pp. 156-163．西野麻知子・浜端悦治（編）「内湖からのメッセージ―琵琶湖周辺の湿地再生と生物多様性保全―」．サンライズ出版．
西野麻知子・浜端悦治・金子有子・福田大輔・細谷和海・井鷺祐司（2006）貴重植物、ヨシおよび在来魚からみた内湖の生物多様性．滋賀県琵琶湖・環境科学研究センター試験研究報告，1：89-106．
西野麻知子・細谷和海・藤田朝彦・鈴木誉士・大野朋子・前中久行・浜端悦治・藤井伸二・神谷要・金子有子・兼子伸吾・井鷺祐司（2007）生物多様性に配慮した流域管理手法の構築．滋賀県琵琶湖環境科学研究センター試験研究報告，2：135-151．
西野麻知子・大野朋子・前中久行・藤田朝彦・細谷和海（2009）流域の地域特性に基づく生物多様性保全手法の構築．滋賀県琵琶湖環境科学研究センター研究報告書，4：106-125．
Nelson, J. S. 2006. Fishes of the World, 4th ed. John Wiley & Sons, Inc.
野村一夫・萩野哲・木村明雄・柳昌之（1970）淀川のイタセンパラ採集記．Nature study, 16：82．
東光治（1949）淀川の魚．大阪博物学会誌，創立25周年記念号，25：26-31．
平井賢一（1970）びわ湖内湾の水生植物帯における仔稚魚の生態．Ⅰ．仔稚魚の生活場所について．金沢大学教育学部紀要，19：93-105．
琵琶湖河川事務所・琵琶湖開発総合管理所（2004）生命のゆりかご、琵琶湖を守る．
藤田朝彦（2007）琵琶湖最後のアユモドキ．ボテジャコ，12：47-49．
藤田朝彦・西野麻知子・細谷和海（2008）魚類標本から見た琵琶湖内湖の原風景．魚類学雑誌，55：77-93．
福田大輔・辻野寿彦・細谷和海・西野麻知子（2005）湖北野田沼における在来魚と外来魚の現状．pp. 126-140．西野麻知子・浜端悦治（編）「内湖からのメッセージ―琵琶湖周辺の湿地再生と生物多様性保全―」．サンライズ出版．
細谷和海（1987）タモロコ属魚類の系統と形質置換．pp. 31-40．水野信彦・後藤晃（編）「日本の淡水魚類―その分布、変異、種分化をめぐって―」．東海大学出版会．
細谷和海（2002）魚類を中心とした内湖の生物多様性維持機構．平成14年度滋賀県琵琶湖研究所委託研究報告書．
細谷和海（2005）琵琶湖の淡水魚の回遊様式と内湖の役割．pp. 118-125．西野麻知子・浜端悦治（編）「内湖からのメッセージ―琵琶湖周辺の湿地再生と生物多様性保全―」．サンライズ出版．
Hosoya, K., H. Ashiwa, M. Watanabe, K. Mizuguchi and T. Okazaki (2003) *Zacco sieboldii*, a species distinct from *Zacco temminckii* (Cyprinidae). Ichthyo. Res., 50:1-8.
前畑政善（2001）サンフィッシュ科　オオクチバス．pp. 494-503．川那部浩哉・水野信彦・細谷和海（編）「改訂版　日本の淡水魚」．山と渓谷社．
松浦啓一（2003）標本学．東海大学出版会．
三浦泰蔵・須永哲雄・川那部浩哉・牧岩男・東幹夫・田中晋・平井賢一・成田哲也・友田淑郎・水野信彦・名越誠・高松史朗・白石芳一・小野寺好之・鈴木紀雄・柳島静江（1966）魚類．pp. 711-906．近畿地方建設局（編）「びわ湖生物資源調査団中間報告」．近畿地方建設局．
水野信彦（1968）大阪府の川と魚の生態．「大阪府下における河川漁業権漁場の実態調査報告書」．大阪府水産林務課．
美濃部博・桑村邦彦（2001）琵琶湖周辺の内湖における魚類相の変化と生息環境分析―在来種

の繁殖・生息の場としての生態的機能復元に向けて—. 応用生態工学, 4:27-38.
宮地伝三郎（1935）京都府下の淡水魚.「京都府史蹟名勝天然記念物調査報告書」.
宮地伝三郎（1981）太湖のシジミと琵琶湖のセタシジミ. 京都日中学術交流懇談会会報, 9:16-19.
Yamashita, K. (1979) Origin and dispersion of wheats with special reference to peripheral diversity. Seiken Ziho, 27/28:48-58.
山本敏哉・遊磨正秀（1999）琵琶湖におけるコイ科仔魚の初期生態—水位調節に翻弄された生息環境. pp. 193-203. 森誠一（編）「淡水生物の保全生態学—復元生態学に向けて—」. 信山社サイテック.
淀川工事事務所（2000）平成11年度淀川生態環境調査検討業務報告書.

4章

青雅一（2005）岡山の淡水魚保護の現状と岡山淡水魚研究会の30年. 魚類学雑誌, 52:58-61.
阿部司（2006）岡山県瀬戸町アユモドキ繁殖地の現状と開発計画について. 日本生態学会中四国地区会報, 60:59-60.
Abe, T., I. Kobayashi, M. Kon and T. Sakamoto (2007) Spawning of kissing loach (*Leptobotia curta*) is limited to periods following the formation of temporary waters. Zool. Sci., 24:922-926.
安室知（1998）ホリ（堀）とギロン（内湖）の村　滋賀県守山市木浜（琵琶湖）. pp. 100-127. 安室知「水田をめぐる民俗学的研究—日本稲作の展開と構造—」. 慶友社.
生嶋功（1966）水草班中間報告. pp. 313-341. びわ湖生物資源調査団（編）「びわ湖生物資源調査団中間報告（一般調査の部）」. 近畿地方建設局.
生嶋功（1977）葭地について. pp. 1-5.「琵琶湖の葭地等に関する予察的検討結果報告書」. 葭地保全造成検討委員会.
岩田明久（2006）特集　水田生態系の危機　アユモドキの生存条件について水田農業の持つ意味. 保全生態学研究, 11:133-141.
近江八幡市史編集委員会（2006）近江八幡の歴史　第2巻　匠と技. 近江八幡市.
片野修（1997）アユモドキ. pp. 95-103. 長田芳和・細谷和海（編）「日本の希少淡水魚の現状と系統保存. 緑書房.
環境省自然環境局野生生物課（編）（2003）改訂・日本の絶滅のおそれのある野生生物—レッドデータブック—4　汽水・淡水魚類. 自然環境研究センター.
君塚芳輝（1990）河川改修による魚類の生息環境の変化—近頃の魚の悩み（中）—. にほんのかわ, 49:21-39.
京都淡水魚研究グループ（1988）天然記念物アユモドキの生息環境創成に関する研究Ⅱ. 公益信託TaKaRaハーモニストファンド(2):87-99.
京都府企画環境部環境企画課（編）（2002）京都府レッドデータブック上巻　野生生物編. 京都府企画環境部環境企画課.
京都府企画環境部環境企画課（編）（年代不明）京都府の自然200選〈総合版〉.
近畿地方建設局・水資源開発公団（1993）琵琶湖開発事業誌　淡海よ永遠に　実施・管理編. 近畿地方建設局・水資源開発公団.
吉良竜夫（1991）ヨシの生態おぼえがき. 滋賀県琵琶湖研究所所報, 9:29-37.
斉藤憲治・片野修・小泉顕雄（1988）淡水魚の水田周辺における一時的水域の侵入と産卵. 日本生態学会誌, 38:35-47.
滋賀県（1992）ヨシ群落現存量等把握調査報告書（ヨシ群落調査編）. 滋賀県.

滋賀県（2000）環境白書　平成12年版. 滋賀県.
滋賀県（2006）魚のゆりかご水田技術指針. 滋賀県.
滋賀県教育委員会（1981）琵琶湖総合開発地域民俗文化財特別調査報告書3　内湖と河川の漁法. 滋賀県教育委員会.
坪川健吾（1997）市民レベルでの淡水魚保護活動―岡山淡水魚研究会20年間の活動から―. pp. 261-269. 長田芳和・細谷和海（編）「日本の希少淡水魚の現状と系統保存」緑書房.
中村守純・元信堯（1971）アユモドキの生活史. 資源科学研究所彙報, 75:9-15.
西川嘉廣（2002）ヨシの文化史　水辺から見た近江の暮らし. サンライズ出版.
西野麻知子・浜端悦治（2005）内湖からのメッセージ―琵琶湖周辺の湿地再生と生物多様性保全―. サンライズ出版.
西野麻知子（2005）琵琶湖と内湖との関係. pp. 53-61. 西野麻知子・浜端悦治（編）「内湖からのメッセージ―琵琶湖周辺の湿地再生と生物多様性保全―」. サンライズ出版.
布谷知夫（1999）ヨシの地下茎の生態. 関西自然保護機構会報, 21(2):93-102.
根来建一郎・水野寿彦・渡辺仁治（1966）付着藻類班中間報告. pp. 342-349. びわ湖生物資源調査団（編）「びわ湖生物資源調査団　中間報告（一般調査の部）」. 近畿地方建設局.
細谷和海（2000）ドジョウ科. pp. 272-277. 中坊徹次（編）「日本産魚類検索 全種の同定 第二版」. 東海大学出版会.
前畑政善（2003）アユモドキ. pp. 48-49. 環境省自然環境局野生生物課（編）「改訂・日本の絶滅のおそれのある野生生物―レッドデータブック―4　汽水・淡水魚類」. 自然環境研究センター.
八木ホタル・アユモドキ研究会（1994）八木町西田地内用水路におけるアユモドキ生息調査結果報告書:1-12.
矢原徹一・鷲谷いづみ（1996）保全生態学入門. 文一総合出版.

あとがき

　琵琶湖には多くの固有種が生息していますが、その一部が下流の淀川にもすんでいることを知っている人は、それほど多くありません。私たちが10年ほど前から琵琶湖周辺内湖の生物を調べていくうちに、固有種のみならず、多くの在来種が内湖や淀川、また巨椋池に共通して分布していたことがわかってきました。水辺や水中の生物からみると、琵琶湖・淀川水系を一体の存在として捉えるべきではないか、と考えるようになったのが、本書をまとめようと考えたきっかけです。

　琵琶湖をはじめとする古代湖には、多くの固有種が生息することが知られていますが、琵琶湖よりはるかに成立年代が古く、固有種の数もずっと多いバイカル湖やタンガニィカ湖では、湖と流出入河川との間で多くの共通種がみられるという事実は知られていません。琵琶湖の生物多様性というと、固有種の存在がクローズアップされがちですが、本水系全体からみると、在来生物相の豊かさが際だっています。その豊かさを支えてきた要因の一つが、かつて琵琶湖・淀川水系に広がっていた氾濫原や低湿地という環境です。このような特性は、ある意味、本水系に特徴的といえるかも知れません。

　上記のような考えに至った背景には、2001年から8年間、国土交通省近畿整備局の諮問機関である淀川水系流域委員会の委員として、本水系の治水、利水、環境の問題を考える機会を与えられたことが大きかったと思います。歴代委員の方々をはじめ、近畿地方整備局の皆様には本当にお世話になりました。なお4章では、実際に整備事業で行われている保全・再生事業の一部について、事業担当者の方に執筆いただきました。

　本書をまとめながら強く感じたことは、生息環境の物理的改変、すなわち地形改変が在来生物の減少要因の上位を占めているという事実でした。今日

大きな問題となっている外来生物も、地形改変で在来の生物群集が大きな痛手を負ってから、増加し始めるというプロセスを辿っているように思えます。また在来生物が多く残っていた地域は、地形改変が小さく、自然の環境要素が残されていた地域や、アユモドキのように自然が本来有していた要素（条件）がたまたま人為的に提供されていた地域でした。4章で紹介した保全・再生の試みも、琵琶湖・淀川水系本来の地形や攪乱を取り戻す試みといえるでしょう。そう考えると、自然環境の保全・再生とは、本来の自然（原風景）とは何か、を改めて問い直す作業でもあるのだといえます。

　なお琵琶湖周辺の内湖については、前著『内湖からのメッセージ』に詳述したため、本書では概観するに留めました。また、本水系の自然再生の試みについては、本書で紹介した事例以外にも、外来生物駆除など行政や市民による様々な活動が行われていることを付け加えておきます。残念ながら、琵琶湖・淀川水系の一つである（あった）、猪名川や大和川、また各河川上流部の生物多様性には十分触れることができませんでした。これは、今後の課題にしたいと思います。

　最後に、以下の機関、方々には、本文中の図版、写真、資料を提供していただきました（敬称略）：国土交通省近畿地方整備局淀川河川事務所、琵琶湖河川事務所、滋賀県水産試験場、内山りゅう、西村武司。これらの機関、方々に厚く御礼申し上げるとともに、私たちの研究を支え、励ましてくださった旧 琵琶湖研究所、琵琶湖環境科学研究センターのスタッフの皆様に深く感謝します。

西野麻知子

■**執筆者一覧**（50音順、所属は2009年3月31日現在）

東 善広（あづま よしひろ）	滋賀県琵琶湖環境科学研究センター 主任研究員	（1章コラム）
岩田 明久（いわた あきひさ）	京都大学アジア・アフリカ研究センター 准教授	(4-8)
大野 朋子（おおの ともこ）	大阪府立大学大学院生命環境科学研究科 助教	(2-3)
金子 有子（かねこ ゆうこ）	滋賀県琵琶湖環境科学研究センター 専門研究員	(2-4)
神谷 要（かみや かなめ）	中海水鳥国際交流基金財団 指導員	(2-5、2章コラム)
河合 典彦（かわい のりひこ）	大阪市立大桐中学校 教諭	(3-4)
志鹿 浩幸（しか ひろゆき）	猪名川河川事務所 河川管理課長	(4-7)
寺川 庄蔵（てらかわ しょうぞう）	びわ湖自然環境ネットワーク 代表	(4-2)
西野 麻知子（にしの まちこ）	滋賀県琵琶湖環境科学研究センター 総合解析部門長	(1-1、1-2、1-3、2-3、2-5、3-2、3-3)
藤井 伸二（ふじい しんじ）	人間環境大学人間環境学部 准教授	(2-1、2-2)
藤井 節生（ふじい せつお）	国土交通省琵琶湖河川事務所 河川環境課長	(4-3、4-4、4-5)
細谷 和海（ほそや かずみ）	近畿大学大学院農学研究科 教授	(3-1、3-2、3-3、3章コラム)
藤田 朝彦（ふじた ともひこ）	近畿大学農学部研究員（執筆時）	(3-2、3-3、3章コラム)
堀 明弘（ほり あきひろ）	滋賀県農政水産部農村振興課 主査	(4-6)
前迫 ゆり（まえさこ ゆり）	大阪産業大学大学院人間環境学研究科 教授	(2-6)
前中 久行（まえなか ひさゆき）	大阪府立大学大学院生命環境科学研究科 教授	(2-3)
牧野 厚史（まきの あつし）	琵琶湖博物館 専門学芸員	(4-1)

■**写真撮影者**

口絵Ⅱ　②滋賀県琵琶湖環境科学研究センター
口絵Ⅲ　②西野麻知子
口絵Ⅳ　藤井伸二
口絵Ⅴ　1・2 藤井伸二、3 西村武司
口絵Ⅵ　1・2①〜⑤ 細谷和海、2⑥ 岩田明久
口絵Ⅶ　1① 淀川水系イタセンパラ研究会、②・④ 森宗智彦、③ 河合典彦

■編者略歴

西野麻知子（にしのまちこ）

1982年3月　京都大学大学院理学研究科博士課程単位取得退学
1982年4月　京都大学研修員
1982年10月　滋賀県琵琶湖研究所研究員
　　　　　現在　滋賀県琵琶湖環境科学研究センター総合解析部門長。理学博士。
　　専門　陸水動物学
　　　　　琵琶湖の底生動物をつうじて琵琶湖固有種の進化、琵琶湖の環境変化を研究してきたが、最近は琵琶湖・淀川水系の生物多様性保全に関する研究を行っている。
　　主な著書等
　　　　「琵琶湖底生動物図説」（監修　2008，（独）水資源機構琵琶湖開発総合管理所）
　　　　「内湖からのメッセージ」（編著　2005，サンライズ出版）
　　　　「水産海洋ハンドブック」（共著　2004，生物研究社）
　　　　「ユスリカの世界」（共著　2001，培風館）
　　　　「琵琶湖を語る50章」（共著　2001，サンライズ出版）
　　　　「滋賀の水生動物・図解ハンドブック」（監修　1996，新学社）

とりもどせ！琵琶湖・淀川の原風景
水辺の生物多様性保全に向けて

2009年5月20日　初版　第1刷発行

編　者	西野麻知子
発行者	岩根順子
発行所	サンライズ出版株式会社

〒522-0004
滋賀県彦根市鳥居本町655-1
　TEL　0749-22-0627
　FAX　0749-23-7720

印刷・製本　P-NET信州

©MACHIKO NISHINO 2009
Printed in Japan
ISBN978-4-88325-352-4

乱丁・落丁本は小社にてお取り替えします。
定価はカバーに表示しています。

サンライズ出版の本

内湖からのメッセージ
―琵琶湖周辺の湿地再生と生物多様性保全―
西野麻知子・浜端悦治 編　定価2940円（本体2800円）

琵琶湖及び内湖に生息する各種の生物多様性の現状とその保全、「早崎内湖ビオトープネットワーク調査」での内湖再生の可能性と課題について詳述。

ISBN978-4-88325-269-5

琵琶湖流域を読む 上・下
―多様な河川世界へのガイドブック―
琵琶湖流域研究会 編

琵琶湖流域の生態・治水・利水の歴史や現状を多面的に論じた水環境問題を考えるための必携書。上巻は安曇川から北部を回り愛知川までの5編、下巻は日野川から湖西の川と琵琶湖についての5編からなる。

琵琶湖流域を読む（上）定価3045円（本体2900円）
ISBN978-4-88325-223-7
琵琶湖流域を読む（下）定価3255円（本体3100円）
ISBN978-4-88325-224-4

高島の植物 上・下
グリーンウォーカークラブ編

1999年発行の『朽木の植物』増補版として、マキノ高原や安曇川流域を含めた高島市の植物、約690種を収録。上巻は双子葉植物離弁花、下巻は双子葉植物合弁花・単子葉植物類・裸子植物類を収録。

高島の植物（上）定価1890円（本体1800円）
ISBN978-4-88325-328-9
高島の植物（下）定価1890円（本体1800円）
ISBN978-4-88325-329-6

びわ湖の森の生き物1
空と森の王者イヌワシとクマタカ
山崎 亨著　定価1680円（本体1600円）

イヌワシとクマタカの対照的な狩りの姿や子育てなど、日本の山岳地帯の気候と地形に見事に適応した生態を紹介。

ISBN978-4-88325-372-2

びわ湖の森の生き物2
ドングリの木はなぜイモムシ、ケムシだらけなのか？
寺本憲之著　定価1890円（本体1800円）

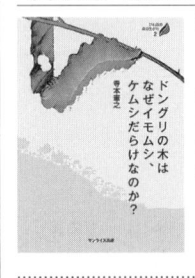

天蚕の飼料樹であるクヌギなどの害虫を調べるとガ・チョウ類が7割以上を占めることがわかった。ドングリの木から昆虫の食性と種分化の仕組みを考察。

ISBN978-4-88325-374-6

びわ湖の森の生き物3
川と湖の回遊魚ビワマスの謎を探る
藤岡康弘著　定価1890円（本体1800円）

琵琶湖と川を行き来するサケ科魚類、ビワマス。アマゴなど近縁種との比較実験を通して、湖で進化してきた淡水魚の独自性に迫る。

ISBN978-4-88325-381-4